スーパークラスの抽出 382

ステートメントの関数内への移動 221

ステートメントのスライド 231

ステートメントの呼び出し側への移動 225

仲介人の除去 199

デッドコードの削除 246

問い合わせと更新の分離 314

問い合わせによる一時変数の置き換え 185

問い合わせによる導出変数の置き換え 256

問い合わせによるパラメータの置き換え 332

特殊ケースの導入 296

パイプラインによるループの置き換え 240

パラメータオブジェクトの導入 146

パラメータによる関数の統合 318

パラメータによる問い合わせの置き換え 335

ファクトリ関数によるコンストラクタの置き換え 342

フィールドの移動 215

フィールドの押し下げ 368

フィールドの引き上げ 361

フィールド名の変更 252

フェーズの分離 160

フラグパラメータの削除 322

変数のインライン化 129

変数のカプセル化 138

変数の抽出 125

変数の分離 248

変数名の変更 143

ポリモーフィズムによる条件記述の置き換え 279

メソッドの押し下げ 367

メソッドの引き上げ 358

ループの分離 236

レコードのカプセル化 168

リファクタリング

既存のコードを安全に改善する

第2版

Martin Fowler［著］
児玉公信・友野晶夫・平澤 章・梅澤真史［共訳］

Ohmsha

Authorized translation from the English language edition, entitled REFACTORING: IMPROVING THE DESIGN OF EXISTING CODE, 2nd Edition, by FOWLER, MARTIN, published by Pearson Education, Inc, Copyright © 2019.
All rights reserved. No part of this book may be reproduced or transmitted in any form or by any means, electronic or mechanical,
including photocopying, recording or by any information storage retrieval system, with out permission from Pearson Education, Inc.
JAPANESE langnage edition published by OHMSHA LTD, Copyright © 2019.
JAPANESE translation rights arranged with PEARSON EDUCATION, INC. through JAPAN UNI AGENCY, INC., TOKYO JAPAN

本書を発行するにあたって、内容に誤りのないようできる限りの注意を払いましたが、本書の内容を適用した結果生じたこと、また、適用できなかった結果について、著者、出版社とも一切の責任を負いませんのでご了承ください。

本書は、「著作権法」によって、著作権等の権利が保護されている著作物です。本書の複製権・翻訳権・上映権・譲渡権・公衆送信権（送信可能化権を含む）は著作権者が保有しています。本書の全部または一部につき、無断で転載、複写複製、電子的装置への入力等をされると、著作権等の権利侵害となる場合があります。また、代行業者等の第三者によるスキャンやデジタル化は、たとえ個人や家庭内での利用であっても著作権法上認められておりませんので、ご注意ください。

本書の無断複写は、著作権法上の制限事項を除き、禁じられています。本書の複写複製を希望される場合は、そのつど事前に下記へ連絡して許諾を得てください。

出版者著作権管理機構
（電話 03-5244-5088, FAX 03-5244-5089, e-mail：info@jcopy.or.jp）

JCOPY ＜出版者著作権管理機構 委託出版物＞

cindy へ

目 次

初版の「本書に寄せて」 xi

はじめに xiii

第1章 リファクタリング──最初の例 　　1

スタート地点 1

着手前のコメント 4

リファクタリングの第一歩 5

statement 関数の分割 6

現況：入れ子になった関数がたくさん 22

計算とフォーマットにフェーズを分割 24

現況：二つのファイル（とフェーズ）への分離 31

型による計算処理の再編成 34

現況：ポリモーフィックな Calculator でデータを作成 ... 41

まとめ 43

第2章 リファクタリングの原則 　　45

リファクタリングの定義 45

二つの帽子 46

リファクタリングを行う理由 47

いつリファクタリングをすべきか 50

リファクタリングの問題点 56

リファクタリングとアーキテクチャ、そして Yagni ... 63

リファクタリングとソフトウェア開発プロセス 64

iv

リファクタリングとパフォーマンス	65
リファクタリングの起源	68
自動化されたリファクタリング	70
さらに興味のある方へ	71

第3章　コードの不吉な臭い 73

不可思議な名前	74
重複したコード	74
長い関数	75
長いパラメータリスト	76
グローバルなデータ	76
変更可能なデータ	77
変更の偏り	78
変更の分散	79
特性の横恋慕	79
データの群れ	80
基本データ型への執着	80
重複したスイッチ文	81
ループ	82
怠け者の要素	82
疑わしき一般化	82
一時的属性	83
メッセージの連鎖	83
仲介人	84
インサイダー取引	84
巨大なクラス	84
クラスのインタフェース不一致	85
データクラス	85
相続拒否	86
コメント	86

v

第4章　テストの構築　　89

自己テストコードの意義 89

テストのためのサンプルコード 91

最初のテスト 95

テストの追加 97

フィクスチャの変更 100

境界値の検査 101

これより先には 104

第5章　カタログの紹介　　107

リファクタリングのフォーマット 107

リファクタリングの選択 108

第6章　リファクタリングはじめの一歩　　111

関数の抽出 112

関数のインライン化 121

変数の抽出 125

変数のインライン化 129

関数宣言の変更 130

変数のカプセル化 138

変数名の変更 143

パラメータオブジェクトの導入 146

関数群のクラスへの集約 150

関数群の変換への集約 155

フェーズの分離 160

第7章 カプセル化 167

レコードのカプセル化 168

コレクションのカプセル化 176

オブジェクトによるプリミティブの置き換え 181

問い合わせによる一時変数の置き換え 185

クラスの抽出 189

クラスのインライン化 193

委譲の隠蔽 196

仲介人の除去 199

アルゴリズムの置き換え 202

第8章 特性の移動 205

関数の移動 206

フィールドの移動 215

ステートメントの関数内への移動 221

ステートメントの呼び出し側への移動 225

関数呼び出しによるインラインコードの置き換え 230

ステートメントのスライド 231

ループの分離 236

パイプラインによるループの置き換え 240

デッドコードの削除 246

第9章 データの再編成 247

変数の分離 248

フィールド名の変更 252

問い合わせによる導出変数の置き換え 256

参照から値への変更 260

値から参照への変更 264

第10章　条件記述の単純化 267

条件記述の分解 268

条件記述の統合 271

ガード節による入れ子の条件記述の置き換え 274

ポリモーフィズムによる条件記述の置き換え 279

特殊ケースの導入 296

アサーションの導入 309

第11章　API のリファクタリング 313

問い合わせと更新の分離 314

パラメータによる関数の統合 318

フラグパラメータの削除 322

オブジェクトそのものの受け渡し 327

問い合わせによるパラメータの置き換え 332

パラメータによる問い合わせの置き換え 335

setter の削除 339

ファクトリ関数によるコンストラクタの置き換え 342

コマンドによる関数の置き換え 345

関数によるコマンドの置き換え 352

第12章　継承の取り扱い 357

メソッドの引き上げ 358

フィールドの引き上げ 361

コンストラクタ本体の引き上げ 363

メソッドの押し下げ 367

フィールドの押し下げ 368

サブクラスによるタイプコードの置き換え 369

サブクラスの削除 376

スーパークラスの抽出 382

viii

クラス階層の平坦化 387

委譲によるサブクラスの置き換え 388

委譲によるスーパークラスの置き換え 407

文献リスト 413

訳者あとがき 419

索　引 421

初版の「本書に寄せて」

「リファクタリング」は Smalltalker の間で生まれました。しかし、他のプログラミング言語のコミュニティで受け入れられるのにそう長くはかかりませんでした。リファクタリングはフレームワークの開発に不可欠な考え方なので、「フレームワーク設計者」が自らの技法について語るときに、その言葉が自然に口をついて出てくることになったからです。クラス階層を洗練しているときや、コードを何行削減できるかを熱く語っているときに、何度も「リファクタリング」と口にすることになりました。すぐれたフレームワーク設計者は、フレームワークが最初から正しいものにはならないことを知っています。それは経験を重ねて進化していくものだからです。また、コードを書くよりも、読んで修正することのほうが多いということもわかっています。リファクタリングは、コードを読みやすくして、修正しやすいものに保つための鍵なのです。これは特にフレームワークにおいて言えることですが、ソフトウェア一般にも当てはまります。

しかし、ここで問題となることがあります。リファクタリングはリスクが高いのです。現在動作しているコードを変更しなければならず、それが新たなバグを引き起こすかもしれません。リファクタリングは、やり方を間違えると何日もの手戻りになりますし、何週間にも及んでしまうこともあります。またリファクタリングは、手順を守らずやみくもに行うとリスクが高まります。コードを軽く修正するつもりで始めたのに、新たに変更すべきところが判明して深みにはまっていきます。コードを修正するほど問題がわき起こり、次々と変更しなければならなくなります。そして、ついには脱出できないほどの大穴を自らコードにあけてしまうのです。こうしたことを避けるために、リファクタリングは体系的に行わなければなりません。私が仲間とともに「デザインパターン」訳注1 の本を書いたとき、デザインパターンはリファクタリングの目標を提供すると述べました。しかし、目標を特定することは問題の一部に過ぎません。そこに向かってコードをきちんと変換していく作業自体が、また別の課題として存在します。

Martin Fowler および共著者の方々は、このリファクタリング作業に焦点を当てることで、オブジェクト指向ソフトウェア開発に多大な貢献をしたと言えます。本書では、リファクタリングの原則とベストプラクティスを説明し、コードを改善するために、いつ、どのようにリファクタ

訳注1 『オブジェクト指向における再利用のためのデザインパターン』（エリック・ガンマ ほか著、ソフトバンククリエイティブ）

初版の「本書に寄せて」

リングを行うべきかを解説しています。本書の核となっているのはリファクタリングの包括的な
カタログです。各リファクタリングでは、すぐれたコードへ変換していくための動機と手順が詳
しく述べられています。中には「メソッドの抽出」や「フィールドの移動」のように当たり前と思
えるものもあるかもしれません。

　しかし侮ってはいけません。正しい手順の理解は、秩序を保ったままでリファクタリングを行
うのに不可欠なことです。本書のリファクタリングをマスターすれば、小さなステップでコード
を変更していくことができるようになります。これによって、設計を改善する際のリスクを軽減
できます。これらのリファクタリング手順と名称とを、すぐにでも皆さんの開発用の語彙として
加えましょう。

　私自身がこの秩序だった「一度に 1 ステップずつ」のリファクタリングを経験したのは、Kent
Beck と 30,000 フィートの高地^{訳注2}でペア・プログラミング^{訳注3}をしていたときです。彼は、本
書にあるリファクタリングの手順が、実際に機能することを示してくれました。私はこの実践的
な方式が、いかに役立つかに驚かされました。修正されるコードに自信を持てるようになっただ
けでなく、ストレスを感じなくなりました。さあ、リファクタリングをぜひ実践してみてくださ
い。コードも、それを書いた皆さん自身もすっきりすることでしょう。

――Erich Gamma, Object Technology International, Inc.

Jannuary 1999

訳注2　Kent Beck と Erich Gamma は、当時スイスでシステム開発を行っていた。
訳注3　二人一組となって設計、コーディング作業を行うこと。Kent Beck が考案した「エクストリーム・プログラミング」のプラクティス
　　　　の一つ。

はじめに

　昔々、ある開発プロジェクトに、既存のコードを診断するため、コンサルタントが加わることになりました。システムの核となるクラス階層を調べるうちに、彼はそれがかなり雑然としたものであることに気づきました。上の階層のクラスでは、クラスの共通の振る舞いを想定して、それが継承されるようにコーディングされていました。ところが、その振る舞いはすべてのサブクラスに適用できるわけではなく、サブクラスで頻繁にオーバーライドされていたのです。スーパークラスを少し修正すれば、オーバーライドの必要性はずっと削減できそうに思えました。また、別の箇所では、スーパークラスの意図がうまく理解されずに、スーパークラスの振る舞いが複数のサブクラスにコピーされているところもありました。さらにサブクラスどうしで同じことをしていて、クラス階層の上のほうにまとめあげれば、ずっとすっきりする箇所も見られました。

　コンサルタントはプロジェクトマネージャに対し、コードをレビューして整理する必要があると言いました。しかしプロジェクトマネージャは乗り気ではありませんでした。コードは正常に動作しているし、スケジュール上のプレッシャーもかなりあったので、プロジェクトマネージャはその作業に取りかからせるのは後にすると言いました。

　そこでコンサルタントは、そのクラス階層を利用して仕事をしているプログラマたちに対しても、問題を説明しました。彼らは熱心に理解しようとしました。そしてこの問題は必ずしも自分たちの過失ではないということがわかりました。ときには外部の目が、問題を見つけるのに必要になることもあるのです。彼らは二日ほどかけてクラス階層を整理しました。結果として、機能は同じままで、コードの半分がクラス階層から削除されることになりました。つまり非常に満足な結果が得られたのです。新たなクラスの追加も、システムの他の箇所でそれらのクラスを使うのも、すばやく簡単にできるようになりました。

　プロジェクトマネージャは渋い顔をしました。スケジュールは厳しく、実現すべき要求もたくさん残っていました。2、3か月のうちにシステムを実際にリリースしなければならないというのに、二人のプログラマが何の機能も付け加えずに丸二日を費やしたのです。古いコードは確かに動いていました。設計し直したところでコードがちょっと「きれい」に「美しく」なるに過ぎません。プロジェクトは、動くコードのリリースが第一であって、アカデミックな趣味を満足させるためのものではありません。コンサルタントは、似たようなコードのクリーニング作業が、シ

xiii

はじめに

ステムの他の主要な部分にも必要であると言いました。その作業でプロジェクトが1～2週間停止するかもしれません。しかも、単にコードの見かけを良くするために行われ、その間、実装できていない部分の作り込みをいっさいしないと言うのです。

　さて、この話をどう思われるでしょうか。コンサルタントがさらにコードを整理すべきと言ったのは正しいでしょうか。それとも古くからソフトウェアエンジニアに伝わってきた格言、「動くものには手をつけるな」に従いますか。

　この判断には偏見が混ざってしまいます。実は、このコンサルタントは私自身だったからです。6か月後、プロジェクトは失敗に終わりました。原因の多くはコードがあまりに複雑怪奇となり、デバッグや、満足のいくパフォーマンスチューニングが不可能になってしまったことにあります。

　プロジェクトを再開させるため、Kent Beckというコンサルタントが新たに加わりました。ほとんどのシステムをゼロから書き直さなければならないという使命を、彼は背負うこととなりました。彼は、今までとは明らかに違う手法を採用しました。特筆すべきは、リファクタリングを使って、コードを常にきれいに保つべきと彼が主張したことでした。リファクタリングが開発チームの力の向上にいかに役立ったかという経験が、この本の初版を書く動機となりました。Kentをはじめとした開発者が、ソフトウェアの品質向上のためにリファクタリングしていく中で得た知見を、少しでも伝えられればと思ったのです。

　それからというもの、リファクタリングはプログラミングの共通語彙として、広く受け入れられるものになっていきました。初版はかなりの貢献をしたと言えます。とはいえ、プログラミングの本にとっては、18年というのは老齢とも言えるもので、そろそろ書き直しが必要に感じられました。そしていざ着手してみると、ほとんどのページに手を加えていくことになったのです。しかし、ある意味、変わったのはごくわずかと言えます。リファクタリングのエッセンスは同じだからです。キーとなるリファクタリングのほとんどは本質的に変わっていません。それでもこの書き直しによって、より多くの人々がリファクタリングを効率良く学べるようになることを願っています。

リファクタリングとは？

　リファクタリングとは、ソフトウェアの外部の振る舞いを保ったままで、内部の構造を改善していく作業を指します。非常に統制された方法でコードを洗練していくため、バグの入り込む余地は最小化されます。リファクタリングを行えば、以前に書いたコードの設計が向上することになります。

　「実装した後で、設計を改善する」。これは奇妙な言い方でしょうか。設計をまず行い、その後で実装すべきというのが従来のソフトウェア業界の一般常識でした。長い期間にわたってコードは修正され、設計に基づいたシステムの統一性、構造といったものは次第に崩れていきます。そしてコードはゆっくりとエンジニアリングからハッキングの世界へ沈み込んでいくのです。

　リファクタリングはこの慣習に逆らうものです。リファクタリングをすることで、間違った設計によるカオス状態のコードを、すぐれた設計のコードへと再構築できます。各ステップは単純

xiv

すぎるほど単純です。属性をあるクラスから別のクラスへと移す、メソッドの一部を抜き出して新たなメソッドを作る、コードを継承階層の上下に移動する、といったものです。しかしこうした小さな変化の蓄積によって、抜本的な設計の向上が期待できるのです。これはよく言われるソフトウェアは劣化するものだという考えとは、まったく逆のものです。

リファクタリングによって、作業配分が変わってきます。設計の作業が、始めの工程で集中的に発生するのではなく、全工程を通じて継続的に行われるようになります。システムを実際に構築することで、どのように設計を改善すべきかが把握できるようになります。この相互作用によって、プログラムは開発が続く間ずっと、良い設計のまま存続していくのです。

本書の内容

本書はリファクタリングのガイドブックです。プログラミングを職業とする方のために書かれました。本書では系統立った効果的なリファクタリング手法を説明していきます。本書を読めばコード中にバグを加えずに、ソフトウェアの構造を体系的に改善できるようになるでしょう。

導入から始めるのが、この手の解説書では一般的です。私もそうしたいところですが、概念的な話や定義からリファクタリングのイメージをつかんでもらうのは難しいと感じています。そこで、例を示すことから始めようと考えました。第1章では、典型的な悪い設計のプログラムを取り上げ、リファクタリングによって、わかりやすく変更しやすいプログラムにしていきます。その過程で、リファクタリングの手順と、リファクタリングの有用な適用例をいくつも見ることができます。リファクタリングが実際のところ何を意味しているのかを概観したいならば、この章はまさにうってつけです。

第2章では、より理論的に、リファクタリングの一般原則、定義、使うべき理由を説明しています。リファクタリングに伴う問題点についても概観します。第3章では、「鼻につく」コードを嗅ぎ分け、それをリファクタリングで一掃する方法を解説しています。ここは Kent Beck に助けてもらいました。また、テストはリファクタリングで非常に重要な役割を持つため、第4章では、コード中にテストを組み入れていく方法を述べます。

残りは、本書の核と言うべき、リファクタリングのカタログになっています。これは決して完全なカタログではありません。多くの開発者にとって必要な、鍵となるリファクタリングを取り上げています。このカタログは、私が1990年代の後半にリファクタリングを習得し始めた頃に書き留めたノートに端を発していて、今でさえ、忘れてしまったときにそのノートを参照することがあります。たとえば「**フェーズの分離（p.160）**」をしたくなった場合、そこには安全なステップを踏んでリファクタリングしていくやり方が示されています。本書のこの部分は、折に触れて何度も参照していただくと役に立つでしょう。

はじめに

Web を第一とした本

ワールド・ワイド・ウェブは社会に巨大な影響を及ぼしてきました。特に私たちが情報を集めるやり方は大幅に変わってきています。本書の初版を書いていた頃には、ソフトウェア開発に関する知識の大半は書物から得られるものでした。しかし今はほとんどの情報がオンラインで手に入ります。私のような執筆者にとって、これは立ちはだかる難問です。はたして本の役割はまだあるのでしょうか。今の時代の中で、本はどうあるべきなのでしょうか。

本書のような技術書が果たす役割はまだあると思います。しかし、変わらなければならない部分も多々あります。本の価値は、広範な知識体系が一貫した形でまとめられていることにあります。本書でも、さまざまなリファクタリングを、一貫性のある統合した形でまとめあげるよう心がけました。

しかしそうした統合された存在というのは、いわば抽象的な書物と考えることができます。今までは紙の本として存在していましたが、今後もそうである必要はありません。出版業界はまだ紙の本を主体として考えています。電子書籍を積極的に導入している人もいますが、しょせんは紙の本の構成に基づいたものが、電子的な体裁を保っているに過ぎません。

この本では異なるアプローチを取ることにしました[訳注1]。Web サイトこそが本書の標準形です。印刷版や電子書籍版を購入すると、Web サイトにアクセスできるようになっています（InformITでの登録方法については注釈を参照してください）。紙の本は Web サイトからの抜粋であり、印刷に適した形で再構成されたものです。Web サイト上のすべてのリファクタリングを含もうとするものではありません。本体の Web サイトに、今後さらにリファクタリングを追加していくことを考えています。電子書籍版も、Web 版のまた別の形であって、印刷版と同じリファクタリングを含むだけということにはならないでしょう。電子書籍であればページを追加しても重くならないし、購入後に更新を加えていくことも容易です。

皆さんが本書をオンラインの Web サイトで読んでいるのか、スマートフォン上の電子書籍や、通常の書籍で読んでいるのか、私にはわかりません。あるいは執筆時点では思いもつかないような方法が出てくるかもしれません。どのような形を選ばれても、役に立つものになるように最善を尽くしました。

Web 版にアクセスして、最新の情報や修正を参照するには、『リファクタリング第 2 版』の書籍を使って InformIT のサイト上で登録を行う必要があります。登録の手続きは、informit.com/register からログイン（アカウントがない場合は作成）した状態で行ってください。ISBN の「9780134757599」を入力すると、質問を聞かれますが、リファクタリング第 2 版の書籍か電子書籍があれば回答できます。登録ができたら、アカウントのページから「Digital Purchases」（デジタルによる購入）のタブを選び、書籍タイトルのリンクをクリックすることで Web 版を開くことができます。

訳注1 　Web 版の提供は英語のみです。http://informit.com/register から InformIT の会員となり、「Register Product」をクリックして ISBN 欄に原著と同じ番号 9780134757599 を入力します。質問が出るので答えると、Web 版が読めるようになります。ヘッダメニューから「Account」→「Digital Purchases」とたどると購入商品が一覧されるので、リファクタリングの商品の箇所にある「Launch」のリンクをクリックします（なお、操作の仕方は 2019 年 10 月時点のものです）。

JavaScript による例

　ソフトウェア開発の技術的な分野ではほとんどそうですが、コンセプトを示すにはコード例が
きわめて重要です。とはいえリファクタリングは異なる言語でもほぼ同じような形になります。
ときにはプログラミング言語固有の事項に注意を払わなければならないこともありますが、リ
ファクタリングの核となる要素は変わりません。

　本書ではリファクタリングの例を示すために JavaScript を選びました。ほとんどの人が読める
であろうと考えたからです。だからといって、皆さんが使っている他の言語にリファクタリング
を適用しづらいことにはならないはずです。言語の込み入った部分には踏み込まないようにして
いるので、JavaScript をざっと知ってさえいればリファクタリングの例を把握できます。本書で
私が JavaScript を使っているからといって、言語そのものをお勧めしているわけでもありません。

　例では JavaScript を使っていますが、本書のテクニックは JavaScript に限定されるものでは
ありません。現に初版では Java を採用していましたが、Java のクラスをまったく書いたことが
ない人たちを含めて、多くの読者に有益と感じてもらえました。いろいろなプログラミング言語
を例で使うことで、リファクタリングの汎用性を示そうともしてみましたが、読者が混乱すると
思い、とりやめました。それでも本書はあらゆるプログラミング言語を利用する開発者に向けて
書かれています。例を示した箇所以外では、プログラミング言語について何の想定もしていませ
ん。読者の皆さんが、私の汎用的なコメントを吸収し、今使っている言語に当てはめてくれるこ
とを期待します。JavaScript の例を別の言語にぜひ応用してみてください。

　そのため、言語固有の話をしている場合を除き、「クラス」「モジュール」「関数」といった用語
は、一般的なプログラミング言語における意味で使っています。決して JavaScript の言語モデル
上の用語としてではありません。

　例を示すのに使っているだけなので、JavaScript に詳しくない人にとってなじみのないスタイ
ルを使うことは避けています。本書は「JavaScript でのリファクタリング」を扱ったものではあ
りません。一般的なリファクタリングの内容を、JavaScript を使って説明したものです。コール
バック関数から promise へ、さらに async/await へ書き換えるなど、JavaScript 固有のリファク
タリングを扱った本はたくさんありますが、それらは本書の範囲外です。

本書の対象読者

　本書はソフトウェア開発を普段から行っている職業プログラマを対象にしています。例や
説明の中に、実際に読んで理解できるコードを多く含めるようにしました。コードはすべて
JavaScript となっていますが、ほとんどの言語に応用可能です。本書の内容の理解には、ある程
度のプログラミングの経験を想定していますが、それほど詳しい知識は前提としていません。

　本書が対象としている読者は、主にリファクタリングを学びたいと思っている開発者です。し
かし本書は、すでにリファクタリングを理解している人にとっても、教材としての価値があるも
のです。さまざまなリファクタリングがどのように行われるのかを本書では念入りに説明してい

はじめに

ます。経験のある開発者であれば、仲間へのメンタリングに使えるでしょう。

本書はコードに焦点を当てていますが、リファクタリングはシステムの設計にも大きな影響をもたらします。上級の設計者やアーキテクトがリファクタリングの原則を理解し、プロジェクトで活用するのはきわめて重要なことです。リファクタリングは、尊敬され経験を積んだ開発者にこそ受け入れられるものです。そうした開発者はリファクタリングの背後にある原則を理解し、その原則を自らの作業環境に適応させることができます。これは特に JavaScript 以外の言語を選択した場合に当てはまります。私が示した例を、他の言語に応用する必要が出てくるからです。

以下、すべてを読まなくとも、大体の知識を得られるように、お勧めしたい読み方を示しておきます。

- **リファクタリングとは何かを知りたいとき**——第 1 章を読んでください。リファクタリングが行われる過程を例で示してあります。

- **なぜリファクタリングすべきかを知りたいとき**—— 最初の第 1 章、第 2 章を読んでください。リファクタリングとは何であり、なぜリファクタリングすべきかがわかるでしょう。

- **どこをリファクタリングすべきかを知りたいとき**——第 3 章を読んでください。リファクタリングの必要性を示す典型的な兆候について述べています。

- **実際にリファクタリングを行おうとする場合**——まずは第 1 章から第 4 章までを、じっくりと読まれることをお勧めします。次にカタログ部分をざっと読むようにします。最初はどこに何が書かれているかを大体知っていれば十分です。詳細について把握する必要はありません。実際にリファクタリングを行う必要が生じたときに、あらためて読むことが有効です。カタログは参照用の書き方なので、一度に読むのは大変だからです。

本書の重要な点として、さまざまなリファクタリングに名前を付けたことがあります。用語の定義によってコミュニケーションが進みます。ある開発者が、「コードの一部を抽出して関数にしたほうが良い」「計算ロジックを別のフェーズに分割したほうが良い」などと他の開発者に伝えたいときに、「**関数の抽出**（p.112）」や「**フェーズの分離**（p.160）」という名前を使うことで理解してもらえます。こうした語彙は、自動化されたリファクタリング機能を選択するときにも役立ちます。

先人の礎の上に

まず本書は、リファクタリングの基礎を 1990 年代に築き上げてきた方々の功績に負うところが非常に大きいと言えます。彼らの経験から学んだことが、私が初版を書くための動機や知識となりました。あれから何年も経ちましたが、彼らが築いた礎に感謝するのは大事なことです。本来でしたら、そうした方々に初版を書いていただければ良かったのですが、時間と余力をたまたま持て余していたのが私だったのです。

xviii

リファクタリングの父は二人います。**Ward Cunningham** と **Kent Beck** です。彼らは黎明期からリファクタリングを開発プロセスの中心にすえ、その利点が活かせるようにプロセスをうまく発展させていきました。特に Kent は、リファクタリングの重要性を私との協同作業の中で示してくれ、それが本書を書くことにつながりました。

Ralph Johnson は、イリノイ大学アーバナシャンペーン校の著名な研究グループを率いています。そこでは、オブジェクト指向の実践に役立つ多大な貢献がなされています。彼はリファクタリングのリーダーとも言える人で、研究生は初期の頃にこの分野で重要な成果を残しています。最初に **Bill Opdyke** が、リファクタリングについて博士論文で詳しく述べました。また **John Brant** と **Don Roberts** は単に論文を書くのにとどまらず、最初の自動リファクタリングツールの開発を行いました。それが Refactoring Browser、すなわちリファクタリングを行うための Smalltalk のブラウザです。

初版から現在に至るまで、たくさんの人々がリファクタリングの分野を進展させてきました。特に大きな貢献は、開発環境に自動リファクタリングの機能が追加されていったことで、これにより開発者の作業は大幅に軽減されました。ショートカットを入力するだけで、あちこちで使われている関数の名前を変更できるのを、今では当たり前のように思ってしまいがちですが、この背後には、開発者を助けようとする IDE 開発チームの努力があるのです。

謝辞

こうした参考になる成果があるのにも関わらず、本書を書くにはさらにサポートが必要になりました。初版は何よりも **Kent Beck** との経験と、彼からの励ましによって成り立っています。彼がリファクタリングを私に教えてくれ、リファクタリング手順を書き留めていくことを思いつかせてくれました。さらに最終的に書物の形になるように助けてくれたのです。「コードの不吉な臭い」の概念を発案したのも彼です。彼自身が初版を書けばもっと良いものになっただろうとも思いますが、代わりに「エクストリーム・プログラミング」の基礎となる本訳注2を書いていたのです。

私の知る限り技術書の著者はレビューアに感謝するのが常というものです。自分では気づけなかった大きな誤りが、仲間のレビューアからの指摘により修正され、初めて本が完成します。私自身はそれほど向いているとも思えないので、レビューア側に立つことはあまりありません。それだけにレビューを進んでする方を本当に尊敬しています。誰かの著作をレビューしても報酬が得られるわけでもないのですから、まさに寛大な気持ちの賜物です。

本書に取りかかり始めたときに、メーリングリストを作成しアドバイスを受けるようにしました。進んでいくにつれて草稿をこのグループに送り、フィードバックを得るようにしました。メーリングリストで発言してくれた、以下の方々に感謝いたします。**Arlo Belshee, Avdi Grimm, Beth Anders-Beck, Bill Wake, Brian Guthrie, Brian Marick, Chad Wathington,**

訳注2 「エクストリームプログラミング」(ケント・ベック ほか著、オーム社)

Dave Farley, David Rice, Don Roberts, Fred George, Giles Alexander, Greg Doench, Hugo Corbucci, Ivan Moore, James Shore, Jay Fields, Jessica Kerr, Joshua Kerievsky, Kevlin Henney, Luciano Ramalho, Marcos Brizeno, Michael Feathers, Patrick Kua, Pete Hodgson, Rebecca Parsons, Trisha Gee。

このグループの中でも、特にJavaScriptについてはBeth Anders-Beck, James Shore, Pete Hodgsonに助けてもらいました。感謝いたします。

最初のドラフトができた段階で、別のレビューアに原稿を送りました。新鮮な目で全体を通してレビューしてもらいたかったからです。William CharginとMichael Hungerは、信じられないほど詳細にわたるコメントをくれました。Bob MartinとScott Davisからも有益なコメントをいただきました。Bill Wakeは最初のドラフトの全体的なレビューをメーリングリスト上で行ってくれました。

ThoughtWorks社の同僚たちも、常に私の著作に対して、アイデアやフィードバックを与えてくれました。数え切れないほどの質問、コメント、意見をもらい、それがこの本を発案し仕上げるための力となりました。かなりの時間を書籍の執筆に充てることができたのも、ThoughtWorks社が許可してくれたからこそです。特にCTOのRebecca Parsonsには普段の会話からもアイデアを得ており、感謝したいと思います。

ピアソンのGreg Doenchは私の主編集者で、出版に至るまでの多くの問題を解決してくれました。Julie Nahilは制作進行を担当してくれました。校正のDmitry Kirsanov、組版、索引のAlina Kirsanovaとも再び仕事ができて満足しています。

第1章

リファクタリング──最初の例

　リファクタリングについてどう書き進めるべきでしょう。伝統的な説明のやり方として、歴史や簡単な原理といった、概要から述べる方法があります。カンファレンスなどで、こうしたことがあると、私はたいてい眠くなってしまいます。意識は優先度の低いバックグラウンド・プロセスに入り込み、発表者が例を出してくるまでポーリングするのです。

　例が示されると、私は目を覚まします。そこで初めて、実際に何をしようとしているのかが理解できるからです。概要が示されるだけでは、全貌を知るだけの知識にはならず、どのように応用すればよいのかもわかりません。例を見ることで理解が進みます。

　そこで本書は、リファクタリングの例から始めたいと思います。その過程の中で、リファクタリングがどのように行われるのかを示し、リファクタリングの感覚を伝えていきます。その後で、通常の概要的な導入に入っていきたいと思います。

　ところが導入となる例を考えるにあたり、大問題に直面しました。あまりに大きなプログラムを題材にすると、それ自体の把握が難しくなって、リファクタリングの過程も、読者が追っていくには複雑すぎてしまいます（初版で実際に少しやってみました。比較的小さな例を二つほど考えましたが、それでもそれぞれ 100 ページを超える代物になりそうでした）。だからといってすぐに把握できるような小さなものにすると、リファクタリングの良さ自体がわからなくなってしまいます。

　これは、現場レベルの大規模プログラムで有用な技術を説明する際に、典型的に見られることです。私は苦境に立たされることになりました。率直に言って、これから使用する小さなプログラムでは、リファクタリングを行うだけの価値はありません。しかしこれが大きなシステムの一部であったとすれば、リファクタリングが重要な意味を持ち始めることになります。今から示す例は、くれぐれも、大きなシステムの文脈上で考えるようにしてください。

スタート地点

　初版では、ビデオレンタル店の料金を計算して印刷するプログラムを題材にしました。今では

第 1 章　リファクタリング—最初の例

「ビデオレンタル店とは何でしょう」といった質問も出かねません。その質問に答える代わりに、もっと古典的で、しかし今でも通用するようなものに、元々の例をアレンジすることにしました。

　各種イベントに劇団員を派遣して演劇のパフォーマンスを行う会社を考えます。顧客がいくつか劇を選択し、席数や演じた劇の種類に応じて会社が請求するというのが、通常の処理になります。この会社は今のところ悲劇と喜劇の 2 種類を提供します。演じた劇に対する請求だけでなく、ボリューム特典のポイントもあり、次回以降に割引として使えるようになっています。これは常連客を獲得するための仕組みです。

　この会社は、演劇に関するデータを、単純な JSON のファイルで保持しています。たとえば次のようになります。

plays.json...
```
{
  "hamlet": {"name": "Hamlet", "type": "tragedy"},
  "as-like": {"name": "As You Like It", "type": "comedy"},
  "othello": {"name": "Othello", "type": "tragedy"}
}
```

　請求に関するデータも、やはり JSON です。

invoices.json...
```
[
  {
    "customer": "BigCo",
    "performances": [
      {
        "playID": "hamlet",
        "audience": 55
      },
      {
        "playID": "as-like",
        "audience": 35
      },
      {
        "playID": "othello",
        "audience": 40
      }
    ]
  }
]
```

　請求書（invoice）を印刷するためのコードは、次に示すような単純な関数になっています。

```
function statement (invoice, plays) {
  let totalAmount = 0;
  let volumeCredits = 0;
  let result = `Statement for ${invoice.customer}\n`;
```

```
const format = new Intl.NumberFormat("en-US",
                    { style: "currency", currency: "USD",
                      minimumFractionDigits: 2 }).format;

for (let perf of invoice.performances) {
  const play = plays[perf.playID];
  let thisAmount = 0;

  switch (play.type) {
  case "tragedy":
    thisAmount = 40000;
    if (perf.audience > 30) {
      thisAmount += 1000 * (perf.audience - 30);
    }
    break;
  case "comedy":
    thisAmount = 30000;
    if (perf.audience > 20) {
      thisAmount += 10000 + 500 * (perf.audience - 20);
    }
    thisAmount += 300 * perf.audience;
    break;
  default:
      throw new Error(`unknown type: ${play.type}`);
  }

  // ボリューム特典のポイントを加算
  volumeCredits += Math.max(perf.audience - 30, 0);
  // 喜劇のときは10人につき、さらにポイントを加算
  if ("comedy" === play.type) volumeCredits += Math.floor(perf.audience / 5);
  // 注文の内訳を出力
  result += `  ${play.name}: ${format(thisAmount/100)} (${perf.audience} seats)\n`;
  totalAmount += thisAmount;
}
result += `Amount owed is ${format(totalAmount/100)}\n`;
result += `You earned ${volumeCredits} credits\n`;
return result;
}
```

テスト用データでこのコードを動かしてみると、次のような出力が得られます。

```
Statement for BigCo
  Hamlet: $650.00 (55 seats)
  As You Like It: $580.00 (35 seats)
  Othello: $500.00 (40 seats)
Amount owed is $1,730.00
You earned 47 credits
```

着手前のコメント

さて、このプログラムの設計についてどのような印象を持ちましたか。プログラムは非常に短いため、理解を助けるための構造も必要ではなく、まあ耐えられる範囲とも言えます。あえて例のために小さくしなければならなかったという点を考慮してください。仮にもっと大規模な、数百行のプログラムとして考えてみるとどうでしょうか。規模が大きくなると、一つの関数だけでは理解が難しくなってきます。

それでもプログラムは動くため、構造についてとやかく言うのは単なる審美的判断であり、「醜い」コードを毛嫌いしているだけなのでしょうか。結局のところ、コンパイラはコードが汚いものであろうが、きれいに書かれていようが一向に気にしません。しかし変更となると、そこには人間が関わる必要が出てきます。人間はまず間違いなく、コードのきれいさを気にします。設計のまずいシステムは変更が難しくなります。どの部分を変更すればよいのか、振る舞いの実現への変更が既存コードにどう影響するのかが特定しづらくなるからです。そして変更すべき箇所がわかりにくいと、間違えて新たなバグを埋め込む可能性も非常に高くなります。

このため、私が何百行もあるプログラムの変更を行う際には、まず関数やその他のプログラム上の要素を利用し、コードを構造化された形にして、プログラムが何を行っているかを容易に理解できるようにしていきます。もしもプログラムに構造が欠けているなら、たいていの場合、まず構造を足していくほうが簡単です。その後で必要な変更を施していくのです。

> 構造的に機能を加えにくいプログラムに新規機能を追加しなければならない場合には、まず機能追加が簡単になるようにリファクタリングをしてから追加すること。

この例では、ユーザが変更を要求しているとします。一つ目は、請求書を HTML で印刷したいというものです。この変更要求がもたらす影響はどれほどでしょうか。出力用に文字列を連結しているすべての箇所に条件文を追加していくことになるのでしょうか。そんなことをしたら関数がとんでもなく複雑化してしまいます。こうしたとき、たいていの人は、元の関数をコピーして HTML を出力するように変更することを考えるでしょう。もちろんそれ自体は面倒なことではありません。しかし将来にわたってあらゆる問題を引き起こすことになります。料金計算ロジックに変更が発生した場合、オリジナルと複製の両方の関数を変更しなければなりませんし、互いに不整合がないことを確認しなければなりません。もしも変更が絶対にないプログラムを書いているのなら、コピー&ペーストも悪くないでしょう。しかしプログラムが長く使われる場合には、コピー&ペーストは災いのもとです。

ここで現に浮かんでくるのは二つ目の変更要求です。この会社は、演劇の種類を増やしたいと考えています。史劇、牧歌劇、牧歌喜劇、牧歌史劇、歴史悲劇、歴史牧歌悲喜劇、分類不能なもの、あるいはレパートリーにない詩劇など。いつ何を演目にするのか、まだはっきりとは定まっていません。こうした変更は、請求額とボリュームポイント計算方法の双方に影響を及ぼすでしょう。経験のある開発者なら、どのような分類を顧客が考えてくるにせよ、それがまた6か

月以内に変更されると思うのが普通です。結局のところ、変更要求が来るときにはこっそりとひとりずつではなく、群れをなしてやってくるのです[訳注1]。

　演劇の分類方法と料金計算のルール変更に対処するためには、statement 関数を書き換える必要があります。しかし仮に statement 関数を htmlStatement 関数にコピーした場合には、両方の変更に不整合がないことを確かめる必要が出てきます。さらにルールがもっと複雑化したとすると、どこを変更すべきかがますますわかりにくくなり、誤りなく実施することも困難になってきます。

　こうした変更こそがリファクタリングをしなければならない原動力になります。コードが正常に動作しており、今後の変更の予定もないのであれば、放置しておいてまったく問題はありません。改善は良いことでしょうが、コードを理解する必要がないのであれば、実際のところ何の問題も起きません。しかしコードの動作を理解して、流れを追わなければならない状況になったときには、行動を起こす必要があります。

リファクタリングの第一歩

　リファクタリングを行うとき、最初にすることは常に同じです。対象となるコードについてきちんとしたテスト群を作り上げることです。テストは不可欠です。リファクタリングは非常に秩序だっていて、新たなバグを生み出しにくくなっていますが、人間が作業する以上、間違いを犯す可能性があります。プログラムが大きくなるほど、加えた変更が意図せず他の部分を壊してしまう可能性も高くなります。デジタル時代では「脆きものよ、汝の名はソフトウェア」なのです。

　statement 関数の戻り値は文字列なので、請求明細をいくつか作り、明細ごとにさまざまな種類の演劇が含まれるようにし、請求書の文字列が生成されるようにします。そして、想定される正しい結果の文字列と比較します。こうした一連のテストを、テストフレームワークを使って用意して、開発環境のコマンド一つでまとめて実行できるようにします。テストの実行は数秒で終わります。これを何度も頻繁に走らせるようにします。

　重要なことはテスト結果の表示の仕方です。結果の文字列がすべて等しければ緑色で、違っていればその行を赤色で表示するかのどちらかです。つまりテストが結果を自己診断するのです。これは不可欠な機能で、これがないと、表示されたテスト結果と机上の値とを手動でチェックすることとなり、作業効率が落ちてしまいます。最近のテストフレームワークは、自己診断テストを作成し走らせるための機能を一通り提供しています。

リファクタリングに入る前に、しっかりとした一連のテスト群を用意しておくこと。これらのテストには自己診断機能が不可欠である。

訳注1　原文は "After all, when feature requests come, they come not as single spies but in battalions."。ハムレットの四幕五場 "When sorrows come, they come not single spies, but in battalions."（「悲しみはひとりで来るのではない。大群をなしてやってくるのだ。」）のもじり。

第1章　リファクタリング—最初の例

　リファクタリングをする上で、テストは頼みの綱です。思わぬ間違いから守ってくれるバグ発見器のようなものです。実現したいことを2回、つまりコードそのものとそのテストコードを書くことで、両方で間違えない限り、発見器を欺くことができなくなります。作業をダブルチェックすることで、間違ったことをしてしまう可能性を減らせます。テストの作成には時間がかかりますが、結局はずっと得をすることになります。後のデバッグの時間が減るからです。これはリファクタリングの肝となる部分なので、第4章で詳しく説明します。

statement 関数の分割

　こうした長い関数をリファクタリングするときは、全体をいくつかに分割できる箇所を探します。まず目につくのは、中央付近にある switch 文です。

```javascript
function statement (invoice, plays) {
  let totalAmount = 0;
  let volumeCredits = 0;
  let result = `Statement for ${invoice.customer}\n`;
  const format = new Intl.NumberFormat("en-US",
                        { style: "currency", currency: "USD",
                          minimumFractionDigits: 2 }).format;
  for (let perf of invoice.performances) {
    const play = plays[perf.playID];
    let thisAmount = 0;

    switch (play.type) {
    case "tragedy":
      thisAmount = 40000;
      if (perf.audience > 30) {
        thisAmount += 1000 * (perf.audience - 30);
      }
      break;
    case "comedy":
      thisAmount = 30000;
      if (perf.audience > 20) {
        thisAmount += 10000 + 500 * (perf.audience - 20);
      }
      thisAmount += 300 * perf.audience;
      break;
    default:
        throw new Error(`unknown type: ${play.type}`);
    }

    // ボリューム特典のポイントを加算
    volumeCredits += Math.max(perf.audience - 30, 0);
    // 喜劇のときは 10 人につき、さらにポイントを加算
    if ("comedy" === play.type) volumeCredits += Math.floor(perf.audience / 5);
    // 注文の内訳を出力
    result += `  ${play.name}: ${format(thisAmount/100)} (${perf.audience} seats)\n`;
```

6

```
      totalAmount += thisAmount;
    }
    result += `Amount owed is ${format(totalAmount/100)}\n`;
    result += `You earned ${volumeCredits} credits\n`;
    return result;
  }
```

コードのこの部分を見ると、1回の演目に対する料金を計算していることが読み取れます。これはコードについて理解できたことの一つです。しかし、Ward Cunningham が言ったように、しょせんすぐに消えてしまう評判の悪いストレージ、頭の中にあるものに過ぎません。頭の中のものをコードに移動させることで、永続化しなければなりません。そうすれば、後で見たときに、コード自身が何をしているかを語ってくれるようになり、再び思い巡らす必要がなくなります。

理解したことをコードに埋め込んでいく方法とは、意味のあるコードの塊を関数にして、何をしているかを端的に示す名前を付けることです。たとえば amountFor(aPerformance) といった関数です。こうした関数を抽出するときには、間違う危険性を最小限にする一連の手続きがあります。私は、この手続きを書き留め、後から参照しやすいように「**関数の抽出（p.112）**」と名前を付けました。

まず、コードを関数に抽出することで、スコープ外になる変数がないかを見定める必要があります。この例の場合、perf, play, thisAmount の三つがあります。最初の二つは抽出したコード内で使いますが、変更されません。そのためパラメータとして渡すことができます。値を変更する変数については、より注意を払う必要があります。ここでは一つだけなので、戻り値にすることが可能です。さらに変数を初期化する処理を抽出した部分に移動できます。結果は次のようになります。

function statement...
```
  function amountFor(perf, play) {
    let thisAmount = 0;
    switch (play.type) {
    case "tragedy":
      thisAmount = 40000;
      if (perf.audience > 30) {
        thisAmount += 1000 * (perf.audience - 30);
      }
      break;
    case "comedy":
      thisAmount = 30000;
      if (perf.audience > 20) {
        thisAmount += 10000 + 500 * (perf.audience - 20);
      }
      thisAmount += 300 * perf.audience;
      break;
    default:
        throw new Error(`unknown type: ${play.type}`);
    }
    return thisAmount;
  }
```

第1章　リファクタリング—最初の例

本書の例に、*function someName...* といった見出しがある場合には、続くコードが、その名前の関数、ファイル、クラスなどのスコープ内にあることを示します。このスコープ内には別の処理も含まれているはずですが、議論している箇所と関係なければ省略します。

statement 関数では、thisAmount の計算のために、この新たな関数を呼び出すようにします。

top level...

```javascript
function statement (invoice, plays) {
  let totalAmount = 0;
  let volumeCredits = 0;
  let result = `Statement for ${invoice.customer}\n`;
  const format = new Intl.NumberFormat("en-US",
                        { style: "currency", currency: "USD",
                          minimumFractionDigits: 2 }).format;
  for (let perf of invoice.performances) {
    const play = plays[perf.playID];
    let thisAmount = amountFor(perf, play);

    // ボリューム特典のポイントを加算
    volumeCredits += Math.max(perf.audience - 30, 0);
    // 喜劇のときは10人につき、さらにポイントを加算
    if ("comedy" === play.type) volumeCredits += Math.floor(perf.audience / 5);

    // 注文の内訳を出力
    result += `  ${play.name}: ${format(thisAmount/100)} (${perf.audience} seats)\n`;
    totalAmount += thisAmount;
  }
  result += `Amount owed is ${format(totalAmount/100)}\n`;
  result += `You earned ${volumeCredits} credits\n`;
  return result;
}
```

こうした変更を行ったら、どこかが壊れていないかを確認するため、すかさずコンパイルしてテストします。リファクタリングのたびにテストをするのは、単純ですが大切な習慣です。過ちは犯しやすいものです。少なくとも私にとってはそうです。変更するたびにテストしておけば、間違ってしまったときに、直前に変更したごく一部のコードのみを読めばエラーを見つけられます。バグを見つけて修正する作業がずっと簡単になるのです。これがリファクタリングの中心となるプロセス、すなわち、小さな変更と変更のたびのテストです。一度に多くのことをしすぎてしまうと、間違ったときに、長く込み入ったデバッグ作業に追いこまれることになります。小さく変更して、即座にフィードバックを受けられるようにするのが、こうした混沌を避けるための秘訣なのです。

ここでは「コンパイル」という用語を、JavaScript の実行に必要となる、なんらかの処理を指して使っています。もちろん JavaScript は基本的にそのままで実行できるため、特に何もいらないこともありますが、コードを出力用ディレクトリにまとめたり、Babel［babel］のようなプロセッサを使ったりすることもあるでしょう。

8

> 💡 リファクタリングでは小さなステップでプログラムを変更していく。そのため間違ってもバグを見つけるのは簡単である。

　JavaScript なので、amountFor は statement 内にネストした関数として抽出できます。包含する関数のスコープ内のため、新たに抽出した関数にデータを渡す必要がないという点で、このやり方は有効です。この例の場合は大して違いがありませんが、ちょっとだけ問題が減ります。

　今回はテストが成功しました。次のステップはローカルのバージョン管理システムにコミットすることです。git や mercurial のようなバージョン管理システムであれば、コミットをプライベートにしておくことができます。リファクタリングが成功するたびにコミットしておけば、たとえ壊してしまったとしても、動いていた状態に戻すことができます。変更をコミットしておき、意味のある単位としてまとまってから、共有のリポジトリに変更をプッシュすればよいのです。

　「関数の抽出（p.112）」は自動化されていることが多いリファクタリングです。もし Java でプログラミングしているなら、このリファクタリングを行う IDE のショーカットキーを本能的に押していたでしょう。本書の執筆時点では、JavaScript の開発ツールでこのリファクタリング機能をきちんとサポートしているものはありません。そのため手作業で行うことになります。ローカル変数に気を配る必要がありますが、それほど難しいものではありません。

　「関数の抽出（p.112）」が適用できたので、抽出された関数をよりわかりやすくするために、手軽に行えることがないか検討してみます。まず変数名を変えることで明確になる箇所があります。thisAmount を result に変えてみましょう。

function statement...
```
  function amountFor(perf, play) {
    let result = 0;
    switch (play.type) {
    case "tragedy":
      result = 40000;
      if (perf.audience > 30) {
        result += 1000 * (perf.audience - 30);
      }
      break;
    case "comedy":
      result = 30000;
      if (perf.audience > 20) {
        result += 10000 + 500 * (perf.audience - 20);
      }
      result += 300 * perf.audience;
      break;
    default:
        throw new Error(`unknown type: ${play.type}`);
    }
    return result;
  }
```

　私のコーディング規約では、関数の戻り値を示す変数名は常に result です。こうすると役割

が明確になります。ここで再びコンパイルし、テストし、コミットします。次に第一引数の名前を変更します。

function statement...
```javascript
function amountFor(aPerformance, play) {
  let result = 0;
  switch (play.type) {
  case "tragedy":
    result = 40000;
    if (aPerformance.audience > 30) {
      result += 1000 * (aPerformance.audience - 30);
    }
    break;
  case "comedy":
    result = 30000;
    if (aPerformance.audience > 20) {
      result += 10000 + 500 * (aPerformance.audience - 20);
    }
    result += 300 * aPerformance.audience;
    break;
  default:
      throw new Error(`unknown type: ${play.type}`);
  }
  return result;
}
```

　これも私のコーディング規約に沿ったものです。JavaScript のような動的型付け言語では、名前から型がわかるようになっているほうが便利です。そのため私はデフォルトでは型の名前を引数に入れ込むようにしています。特定の役割を持つことを名前で伝えたい場合でなければ、さらに不定冠詞を先頭に付けます。これは Kent Beck［Beck SBPP］から教わった習わしで、ずっと役に立っています。

　　コンパイラがわかるコードは誰にでも書ける。すぐれたプログラマは人間にとってわかりやすいコードを書く。

　こうした名前の付け替えを、わざわざする必要があるのでしょうか。間違いなくあります。すぐれたコードは、何を行っているのかを雄弁に語ります。変数名はコードを明快にするための鍵です。理解しやすくするための変数名の変更を躊躇してはいけません。検索、置換のツールさえあれば、たいていの場合、難しくはないはずです。テストや、静的型付けのサポートがあれば、たとえ間違ってもすぐにその箇所がわかります。自動化されたリファクタリングツールがあれば、多くの箇所で使われている関数であっても名前の変更は簡単にできるでしょう。
　次のリネーム候補は、引数である play です。しかしこの変数は少し違う運命を辿ります。

play 変数の削除

　amountFor 関数のパラメータが、どこから渡されているかを見ていきます。aPerformance はループ変数です。当然ループの1回ごとに値が変化します。しかし play は performance から取得できるため、パラメータで渡す必要はありません。amountFor 関数の中でいつでも取り出せます。長い関数を分割していくときには、play のような変数は排除すべきです。なぜなら一時変数があるとローカルスコープの変数が増えてしまい、抽出が面倒になるからです。ここで使うリファクタリングは「**問い合わせによる一時変数の置き換え（p.185）**」です。

　まず代入している箇所の右辺値を関数に置き換えます。

function statement...
```
function playFor(aPerformance) {
  return plays[aPerformance.playID];
}
```

top level...
```
function statement (invoice, plays) {
  let totalAmount = 0;
  let volumeCredits = 0;
  let result = `Statement for ${invoice.customer}\n`;
  const format = new Intl.NumberFormat("en-US",
                        { style: "currency", currency: "USD",
                          minimumFractionDigits: 2 }).format;
  for (let perf of invoice.performances) {
    const play = playFor(perf);
    let thisAmount = amountFor(perf, play);

    // ボリューム特典のポイントを加算
    volumeCredits += Math.max(perf.audience - 30, 0);
    // 喜劇のときは10人につき、さらにポイントを加算
    if ("comedy" === play.type) volumeCredits += Math.floor(perf.audience / 5);

    // 注文の内訳を出力
    result += `  ${play.name}: ${format(thisAmount/100)} (${perf.audience} seats)\n`;
    totalAmount += thisAmount;
  }
  result += `Amount owed is ${format(totalAmount/100)}\n`;
  result += `You earned ${volumeCredits} credits\n`;
  return result;
```

　コンパイル、テストしてコミットします。次に「**変数のインライン化（p.129）**」を適用します。

top level...
```
function statement (invoice, plays) {
  let totalAmount = 0;
  let volumeCredits = 0;
  let result = `Statement for ${invoice.customer}\n`;
  const format = new Intl.NumberFormat("en-US",
```

第1章　リファクタリング─最初の例

```
                        { style: "currency", currency: "USD",
                          minimumFractionDigits: 2 }).format;
  for (let perf of invoice.performances) {
    const play = playFor(perf);
    let thisAmount = amountFor(perf, playFor(perf));

    // ボリューム特典のポイントを加算
    volumeCredits += Math.max(perf.audience - 30, 0);
    // 喜劇のときは 10 人につき、さらにポイントを加算
    if ("comedy" === playFor(perf).type) volumeCredits += Math.floor(perf.audience / 5);

    // 注文の内訳を出力
    result += `  ${playFor(perf).name}: ${format(thisAmount/100)} (${perf.audience} seats)\n`;
    totalAmount += thisAmount;
  }
  result += `Amount owed is ${format(totalAmount/100)}\n`;
  result += `You earned ${volumeCredits} credits\n`;
  return result;
```

　コンパイル、テスト、コミットします。インライン化できたので、amountFor に「**関数宣言の変更（p.130）**」を適用し、play パラメータを削除していきます。これは 2 段階で行います。まず amountFor の中で新たな関数を使って play を取得するようにします。

function statement...
```
  function amountFor(aPerformance, play) {
    let result = 0;
    switch (playFor(aPerformance).type) {
    case "tragedy":
      result = 40000;
      if (aPerformance.audience > 30) {
        result += 1000 * (aPerformance.audience - 30);
      }
      break;
    case "comedy":
      result = 30000;
      if (aPerformance.audience > 20) {
        result += 10000 + 500 * (aPerformance.audience - 20);
      }
      result += 300 * aPerformance.audience;
      break;
    default:
        throw new Error(`unknown type: ${playFor(aPerformance).type}`);
    }
    return result;
  }
```

　コンパイル、テスト、コミットします。その後パラメータを削除します。

12

top level...

```
function statement (invoice, plays) {
  let totalAmount = 0;
  let volumeCredits = 0;
  let result = `Statement for ${invoice.customer}\n`;
  const format = new Intl.NumberFormat("en-US",
                        { style: "currency", currency: "USD",
                          minimumFractionDigits: 2 }).format;
  for (let perf of invoice.performances) {
    let thisAmount = amountFor(perf, playFor(perf));

    // ボリューム特典のポイントを加算
    volumeCredits += Math.max(perf.audience - 30, 0);
    // 喜劇のときは 10 人につき、さらにポイントを加算
    if ("comedy" === playFor(perf).type) volumeCredits += Math.floor(perf.audience / 5);

    // 注文の内訳を出力
    result += `  ${playFor(perf).name}: ${format(thisAmount/100)} (${perf.audience} seats)\n`;
    totalAmount += thisAmount;
  }
  result += `Amount owed is ${format(totalAmount/100)}\n`;
  result += `You earned ${volumeCredits} credits\n`;
  return result;
```

function statement...

```
function amountFor(aPerformance, play}) {
  let result = 0;
  switch (playFor(aPerformance).type) {
  case "tragedy":
    result = 40000;
    if (aPerformance.audience > 30) {
      result += 1000 * (aPerformance.audience - 30);
    }
    break;
  case "comedy":
    result = 30000;
    if (aPerformance.audience > 20) {
      result += 10000 + 500 * (aPerformance.audience - 20);
    }
    result += 300 * aPerformance.audience;
    break;
  default:
      throw new Error(`unknown type: ${playFor(aPerformance).type}`);
  }
  return result;
}
```

　再び、コンパイル、テスト、コミットします。

　このリファクタリングを怪訝に思うプログラマもいるかもしれません。古いコードでは play を取得する処理はループにつき 1 回でしたが、リファクタリングにより、3 回も実行されるよう

になっています。リファクタリングとパフォーマンスの相互作用については後で詳しく説明していきます。ここで指摘したいのは、この変更はパフォーマンスに大きな影響を与えないし、たとえそうであっても、コードが整然としていれば後からチューニングが容易にできるということです。

　ローカル変数を削除することによる大きな利点は、扱うべきローカルスコープが減ることにより、メソッドの抽出がずっと楽になることです。実際、抽出を行う前に、私は必ずローカル変数を削除するようにしています。

　amountFor の引数が片付いたので、関数を呼んでいる箇所に戻りましょう。amountFor は一度代入されるだけで更新されない一時変数のために使われています。そこで「**変数のインライン化（p.129）**」を適用することにします。

top level...
```javascript
function statement (invoice, plays) {
  let totalAmount = 0;
  let volumeCredits = 0;
  let result = `Statement for ${invoice.customer}\n`;
  const format = new Intl.NumberFormat("en-US",
                        { style: "currency", currency: "USD",
                          minimumFractionDigits: 2 }).format;
  for (let perf of invoice.performances) {

    // ボリューム特典のポイントを加算
    volumeCredits += Math.max(perf.audience - 30, 0);
    // 喜劇のときは 10 人につき、さらにポイントを加算
    if ("comedy" === playFor(perf).type) volumeCredits += Math.floor(perf.audience / 5);

    // 注文の内訳を出力
    result += `  ${playFor(perf).name}: ${format(amountFor(perf)/100)} (${perf.audience} seats)\n`;
    totalAmount += amountFor(perf);
  }
  result += `Amount owed is ${format(totalAmount/100)}\n`;
  result += `You earned ${volumeCredits} credits\n`;
  return result;
```

ボリューム特典ポイントの計算部分の抽出

　statement 関数の中身は今のところ次のようになっています。

top level...
```javascript
function statement (invoice, plays) {
  let totalAmount = 0;
  let volumeCredits = 0;
  let result = `Statement for ${invoice.customer}\n`;
  const format = new Intl.NumberFormat("en-US",
                        { style: "currency", currency: "USD",
                          minimumFractionDigits: 2 }).format;
  for (let perf of invoice.performances) {
```

```
    // ボリューム特典のポイントを加算
    volumeCredits += Math.max(perf.audience - 30, 0);
    // 喜劇のときは 10 人につき、さらにポイントを加算
    if ("comedy" === playFor(perf).type) volumeCredits += Math.floor(perf.audience / 5);

    // 注文の内訳を出力
    result += `  ${playFor(perf).name}: ${format(amountFor(perf)/100)} (${perf.audience} seats)\n`;
    totalAmount += amountFor(perf);
  }
  result += `Amount owed is ${format(totalAmount/100)}\n`;
  result += `You earned ${volumeCredits} credits\n`;
  return result;
```

play 変数を削除したおかげで、ローカルスコープの変数の一つがなくなり、ボリュームポイントの計算部分を切り出すのが簡単になりました。

しかし抽出するには、まだ二つのローカル変数に対処する必要があります。perf 変数は簡単に引数として渡せます。一方 volumeCredits はループ中で値が更新されるアキュムレータなので、少し厄介です。まずは抽出した関数の中でローカルな volumeCredits を初期化した上で、戻り値として返すようにしてみます。

function statement...
```
function volumeCreditsFor(perf) {
  let volumeCredits = 0;
  volumeCredits += Math.max(perf.audience - 30, 0);
  if ("comedy" === playFor(perf).type) volumeCredits += Math.floor(perf.audience / 5);
  return volumeCredits;
}
```

top level...
```
function statement (invoice, plays) {
  let totalAmount = 0;
  let volumeCredits = 0;
  let result = `Statement for ${invoice.customer\}\n`;
  const format = new Intl.NumberFormat('en-US',
                        { style: "currency", currency: "USD",
                          minimumFractionDigits: 2 }).format;
  for (let perf of invoice.performances) {
    volumeCredits += volumeCreditsFor(perf);

    // 注文の内訳を出力
    result += `  ${playFor(perf).name}: ${format(amountFor(perf)/100)} (${perf.audience} seats)\n`;
    totalAmount += amountFor(perf);
  }
  result += `Amount owed is ${format(totalAmount/100)}\n`;
  result += `You earned ${volumeCredits} credits\n`;
  return result;
```

第 1 章　リファクタリング—最初の例

必要のない（むしろ明らかに誤解を招く）コメントを削除しました。再びコンパイル、テスト、コミットして、新しく作成した関数内の変数名を変えます。

function statement...
```
function volumeCreditsFor(aPerformance) {
  let result = 0;
  result += Math.max(aPerformance.audience - 30, 0);
  if ("comedy" === playFor(aPerformance).type) result += Math.floor(aPerformance.audience / 5);
  return result;
}
```

ここでは 1 回のステップで示しましたが、実際には今までの例と同じく、コンパイル、テスト、コミットしながら一つずつ変更しています。

format 変数の削除

では、もう一度 statement 関数を見てみましょう。

top level...
```
function statement (invoice, plays) {
  let totalAmount = 0;
  let volumeCredits = 0;
  let result = `Statement for ${invoice.customer}\n`;
  const format = new Intl.NumberFormat("en-US",
                        { style: "currency", currency: "USD",
                          minimumFractionDigits: 2 }).format;
  for (let perf of invoice.performances) {
    volumeCredits += volumeCreditsFor(perf);

    // 注文の内訳を出力
    result += `  ${playFor(perf).name}: ${format(amountFor(perf)/100)} (${perf.audience} seats)\n`;
    totalAmount += amountFor(perf);
  }
  result += `Amount owed is ${format(totalAmount/100)}\n`;
  result += `You earned ${volumeCredits} credits\n`;
  return result;
```

前にも書きましたが、一時変数は問題のもとです。ルーチン内でのみ有効なため、長く複雑なルーチンができてしまいがちです。そこで次のリファクタリングとして、一時変数をいくつか置き換えます。最も簡単なのは format です。これは関数を一時変数に代入しているだけですが、別の関数として独立させるほうが望ましいでしょう。

16

function statement...
```
function format(aNumber) {
  return new Intl.NumberFormat("en-US",
                      { style: "currency", currency: "USD",
                        minimumFractionDigits: 2 }).format(aNumber);
}
```

top level...
```
function statement (invoice, plays) {
  let totalAmount = 0;
  let volumeCredits = 0;
  let result = `Statement for ${invoice.customer}\n`;
  for (let perf of invoice.performances) {
    volumeCredits += volumeCreditsFor(perf);

    // 注文の内訳を出力
    result += ` ${playFor(perf).name}: ${format(amountFor(perf)/100)} (${perf.audience} seats)\n`;
    totalAmount += amountFor(perf);
  }
  result += `Amount owed is ${format(totalAmount/100)}\n`;
  result += `You earned ${volumeCredits} credits\n`;
  return result;
```

　　変数にバインドされた関数を独立した関数にすることもリファクタリングですが、名前を付け
てカタログに載せるまではしていません。そこまでする必要はないと判断したリファクタリング
は他にもたくさんあります。単純で比較的まれなので、省くことにしました。

　format という名前についても見過ごせないものがあります。何をしているかを十分に表して
いないからです。formatAsUSD だと少し長すぎます。文字列のテンプレート内の小さなスコー
プで使われているだけだからです。ここで強調すべきは金額のフォーマットを行っていることな
ので、「関数宣言の変更（p.130）」を適用してそのことを明確にします。

top level...
```
function statement (invoice, plays) {
  let totalAmount = 0;
  let volumeCredits = 0;
  let result = `Statement for ${invoice.customer}\n`;
  for (let perf of invoice.performances) {
    volumeCredits += volumeCreditsFor(perf);

    // 注文の内訳を出力
    result += ` ${playFor(perf).name}: ${usd(amountFor(perf))} (${perf.audience} seats)\n`;
    totalAmount += amountFor(perf);
  }
  result += `Amount owed is ${usd(totalAmount)}\n`;
  result += `You earned ${volumeCredits} credits\n`;
  return result;
```

17

function statement...

```
function usd(aNumber) {
  return new Intl.NumberFormat("en-US",
                       { style: "currency", currency: "USD",
                         minimumFractionDigits: 2 }).format(aNumber/100);
}
```

　名前付けは重要で、かつ難しいことです。大きな関数を小さく分割したとしても、名前が悪ければ価値はありません。名前が適切であれば、何をしているか突き止めようと関数の中身を読む必要がなくなります。とはいえ最初から適切な名前を付けるのは難しいため、そのときに浮かんだベストな名前を付け、後から積極的に修正するようにします。しばらくしてコードを振り返ったときに初めて、ベストな名前が見つかることもよくあります。

　名前の変更とともに、重複していた 100 で割る処理を関数内に移動しました。金額をセントにして整数で保持する手法は一般的なものです。これで、浮動小数点で金額を扱う危険を避けつつ、計算が行えるようになります。そうした最小単位での整数値を金額として表示するときには小数点表記が必要になるため、フォーマット用の関数側で割り算を行うようにします。

ボリューム特典ポイント集計箇所の削除

　次に目指すのは volumeCredits の削除です。ループ処理で変数の値を集計しているため、最も込み入ったリファクタリングになります。手始めに「**ループの分離（p.236）**」を用いて、volumeCredits を集計している箇所を分離します。

top level...

```
function statement (invoice, plays) {
  let totalAmount = 0;
  let volumeCredits = 0;
  let result = `Statement for ${invoice.customer}\n`;

  for (let perf of invoice.performances) {
    // 注文の内訳を出力
    result += `  ${playFor(perf).name}: ${usd(amountFor(perf))} (${perf.audience} seats)\n`;
    totalAmount += amountFor(perf);
  }
  for (let perf of invoice.performances) {
    volumeCredits += volumeCreditsFor(perf);
  }

  result += `Amount owed is ${usd(totalAmount)}\n`;
  result += `You earned ${volumeCredits} credits\n`;
  return result;
}
```

　その後で「**ステートメントのスライド（p.231）**」を行い、変数の宣言をループの直前に移動させます。

top level...
```
function statement (invoice, plays) {
  let totalAmount = 0;
  let result = `Statement for ${invoice.customer}\n`;
  for (let perf of invoice.performances) {

    // 注文の内訳を出力
    result += `  ${playFor(perf).name}: ${usd(amountFor(perf))} (${perf.audience} seats)\n`;
    totalAmount += amountFor(perf);
  }
  let volumeCredits = 0;
  for (let perf of invoice.performances) {
    volumeCredits += volumeCreditsFor(perf);
  }
  result += `Amount owed is ${usd(totalAmount)}\n`;
  result += `You earned ${volumeCredits} credits\n`;
  return result;
}
```

volumeCredits 変数を更新する部分を 1 か所にまとめたことで、「**問い合わせによる一時変数の置き換え（p.185）**」の適用が簡単になります。前と同様に、まずこの変数の計算処理全体を「**関数の抽出（p.112）**」により独立させます。

function statement...
```
function totalVolumeCredits() {
  let volumeCredits = 0;
  for (let perf of invoice.performances) {
    volumeCredits += volumeCreditsFor(perf);
  }
  return volumeCredits;
}
```

top level...
```
function statement (invoice, plays) {
  let totalAmount = 0;
  let result = `Statement for ${invoice.customer}\n`;
  for (let perf of invoice.performances) {

    // 注文の内訳を出力
    result += `  ${playFor(perf).name}: ${usd(amountFor(perf))} (${perf.audience} seats)\n`;
    totalAmount += amountFor(perf);
  }
  let volumeCredits = totalVolumeCredits();
  result += `Amount owed is ${usd(totalAmount)}\n`;
  result += `You earned ${volumeCredits} credits\n`;
  return result;
}
```

すべてを抽出したら、「**変数のインライン化（p.129）**」を適用できます。

第 1 章　リファクタリング—最初の例

top level...
```
function statement (invoice, plays) {
  let totalAmount = 0;
  let result = `Statement for ${invoice.customer}\n`;
  for (let perf of invoice.performances) {

    // 注文の内訳を出力
    result += ` ${playFor(perf).name}: ${usd(amountFor(perf))} (${perf.audience} seats)\n`;
    totalAmount += amountFor(perf);
  }

  result += `Amount owed is ${usd(totalAmount)}\n`;
  result += `You earned ${totalVolumeCredits()} credits\n`;
  return result;
```

　ここで作業を一旦止めて、これまでの作業を振り返ってみます。まずこの変更によるパフォーマンスへの影響について、またもや心配する人がいると思います。多くの開発者はループの繰り返しを嫌がります。しかしほとんどの場合、この程度のループの繰り返しでは、パフォーマンスには影響を与えません。リファクタリングの前と後で実行時間を計ってみても、おそらく速度に有意な変化はないでしょう。概してそういうものです。プログラマは、たとえ経験が豊富だったとしても、コードが実際にどのように動くかについて、間違った判断をしがちです。賢いコンパイラや、キャッシュ技術などが、私たちの直感を上回る動きをするからです。ソフトウェアの速度性能に影響する箇所は、実際のところコード全体のごく一部に過ぎません。それ以外をチューニングしても大した効果はないのです。

　しかし、「ほとんど」は「常に」とは違います。リファクタリングによって、パフォーマンスに重大な影響を及ぼしてしまうこともときにはあります。たとえそうなったとしても、私はかまわず作業を継続します。なぜならよく整理されたコードのほうが、後からパフォーマンスの最適化がしやすいからです。リファクタリングの結果、重大なパフォーマンス上の問題が出た場合、後でパフォーマンスチューニングのために時間を割きます。もしかしたら速度のために、リファクタリングした箇所を元に戻さなければならないかもしれません。しかし、たいていの場合はリファクタリングによって、より効果的なパフォーマンスチューニングが施しやすくなっています。結局は明確で速いコードが実現できるのです。

　リファクタリングにおけるパフォーマンスの影響について総じて言えるのは、ほとんどの場合無視できるということです。もしリファクタリングで速度が落ちるようなことがあったなら、まずリファクタリングを終わらせ、その後でチューニングしていくのがよいでしょう。

　もう一つ注意してほしいのは、**volumeCredits** を削除していくまでに、いかに小さなステップを踏んできたかです。ここで今までの四つのステップを列挙しますが、それぞれコンパイル、テスト、ローカルリポジトリへのコミットの作業を伴っています。

- 「ループの分離（**p.236**）」値の集計処理を分離するため
- 「ステートメントのスライド（**p.231**）」初期化の処理を集計処理の直前に移動させるため
- 「関数の抽出（**p.112**）」合計を計算する関数を定義するため
- 「変数のインライン化（**p.129**）」変数を完全に削除するため

20

statement 関数の分割

　私自身、ときにはこうした細かなステップで作業しないこともあります。しかし問題が複雑になり始めた場合は、まず作業を細かく分解していくようにします。特に、リファクタリング途中でテストが失敗したときには、問題をただちに把握して修正できないなら、まず直近の正常なコミットに戻って、より小さなステップでやり直すようにしています。このやり方は、コミットを頻繁に行っているからこそ有効になるものです。特に困難なコードに対処しているときは、小さなステップがすばやさを生み出す鍵になります。

　同様の手順で totalAmount 変数も削除していきます。まずループを分割し（コンパイル、テスト、コミット）、それから変数初期化のコードを移し（やはりコンパイル、テスト、コミット）、その次に関数を抽出します。ここで少し悩ましいのは、新しい関数の名前は totalAmount がうってつけですが、すでに変数名がそうなっているため、同時には使えないということです。そこで新しい関数には仮の名前を付けて抽出します（ここでもコンパイル、テスト、コミット）。

function statement...

```javascript
function appleSauce() {
  let totalAmount = 0;
  for (let perf of invoice.performances) {
    totalAmount += amountFor(perf);
  }
  return totalAmount;
}
```

top level...

```javascript
function statement (invoice, plays) {
  let result = `Statement for ${invoice.customer}\n`;
  for (let perf of invoice.performances) {
    result += `${playFor(perf).name}: ${usd(amountFor(perf))} (${perf.audience} seats)\n`;
  }
  let totalAmount = appleSauce();

  result += `Amount owed is ${usd(totalAmount)}\n`;
  result += `You earned ${totalVolumeCredits()} credits\n`;
  return result;
```

　それから変数のインライン化を行い（コンパイル、テスト、コミット）、関数を意味のある名前に直します（コンパイル、テスト、コミット）。

top level...

```javascript
function statement (invoice, plays) {
  let result = `Statement for ${invoice.customer}\n`;
  for (let perf of invoice.performances) {
    result += `${playFor(perf).name}: ${usd(amountFor(perf))} (${perf.audience} seats)\n`;
  }
  result += `Amount owed is ${usd(totalAmount())}\n`;
  result += `You earned ${totalVolumeCredits()} credits\n`;
  return result;
```

第 1 章　リファクタリング―最初の例

function statement...
```
function totalAmount() {
  let totalAmount = 0;
  for (let perf of invoice.performances) {
    totalAmount += amountFor(perf);
  }
  return totalAmount;
}
```

　ついでに抽出した関数の中で使っている変数名を、私のいつものコーディング規約に合わせます。

function statement...
```
function totalAmount() {
  let result = 0;
  for (let perf of invoice.performances) {
    result += amountFor(perf);
  }
  return result;
}
function totalVolumeCredits() {
  let result = 0;
  for (let perf of invoice.performances) {
    result += volumeCreditsFor(perf);
  }
  return result;
}
```

現況：入れ子になった関数がたくさん

　ではここで立ち止まって、コード全体がどうなったか確認してみましょう。

```
function statement (invoice, plays) {
  let result = `Statement for ${invoice.customer}\n`;
  for (let perf of invoice.performances) {
    result += `  ${playFor(perf).name}: ${usd(amountFor(perf))} (${perf.audience} seats)\n`;
  }
  result += `Amount owed is ${usd(totalAmount())}\n`;
  result += `You earned ${totalVolumeCredits()} credits\n`;
  return result;

  function totalAmount() {
    let result = 0;
    for (let perf of invoice.performances) {
      result += amountFor(perf);
    }
    return result;
  }
```

22

現況：入れ子になった関数がたくさん

```javascript
function totalVolumeCredits() {
  let result = 0;
  for (let perf of invoice.performances) {
    result += volumeCreditsFor(perf);
  }
  return result;
}
function usd(aNumber) {
  return new Intl.NumberFormat("en-US",
                    { style: "currency", currency: "USD",
                      minimumFractionDigits: 2 }).format(aNumber/100);
}
function volumeCreditsFor(aPerformance) {
  let result = 0;
  result += Math.max(aPerformance.audience - 30, 0);
  if ("comedy" === playFor(aPerformance).type) result += Math.floor(aPerformance.audience / 5);
  return result;
}
function playFor(aPerformance) {
  return plays[aPerformance.playID];
}
function amountFor(aPerformance) {
  let result = 0;
  switch (playFor(aPerformance).type) {
  case "tragedy":
    result = 40000;
    if (aPerformance.audience > 30) {
      result += 1000 * (aPerformance.audience - 30);
    }
    break;
  case "comedy":
    result = 30000;
    if (aPerformance.audience > 20) {
      result += 10000 + 500 * (aPerformance.audience - 20);
    }
    result += 300 * aPerformance.audience;
    break;
  default:
      throw new Error(`unknown type: ${playFor(aPerformance).type}`);
  }
  return result;
}
}
```

　コードの構造は前よりもずっと良くなりました。トップレベルの statement 関数はたったの
7 行となり、請求書印刷のためのフォーマットを行うだけとなりました。計算のロジックはすべ
て少数のヘルパー関数群に移動しました。これによってレポート作成処理の大きな流れはもちろ
ん、個々の計算処理も理解しやすくなっています。

第 1 章　リファクタリング—最初の例

計算とフォーマットにフェーズを分割

　ここまでのリファクタリングでは、理解しやすく、論理的な部品として見やすくするために、関数に構造を加えることを主眼としてきました。これはリファクタリングの序盤ではよくあることです。込み入っている箇所を小さな単位に分割していくことは、名前付けと同じくらい重要なのです。さて、次はいよいよ当初の目標である、機能の変更に入っていきます。具体的には、HTML でも出力できるようにすることです。すでに多くの点で、やりやすくなっています。計算のコードが分離されているので、トップレベルの 7 行ほどの関数に対応した形で、HTML を出力するためのコードを書くだけです。問題となるのは、分割した関数がすべて statement 関数の中に記述されていることです。整理されているとはいえ、新しいトップレベルの関数に、これらのヘルパー関数群をコピー＆ペーストしたくはありません。プレーンテキスト版と HTML 版とで、同じ関数群を計算のために使いたいのです。

　これを実現する方法はいろいろありますが、私は「フェーズの分離（p.160）」が良いと思います。ここでは全体の処理を二つのフェーズに分けます。前半フェーズでは請求書出力のためのデータを計算し、後半フェーズではデータをプレーンテキストや HTML に出力します。前半フェーズで中間的なデータ構造を作り、それを後半フェーズに渡します。

　まず後半フェーズを作成するために「関数の抽出（p.112）」を適用することから「フェーズの分離（p.160）」を開始していきます。この例の場合、請求書を印刷するコードは、実のところ statement メソッド全体にわたっています。そこでトップレベルの関数 renderPlainText を定義し、ネストした関数も含めて移動します。

```javascript
function statement (invoice, plays) {
  return renderPlainText(invoice, plays);
}

function renderPlainText(invoice, plays) {
  let result = `Statement for ${invoice.customer}\n`;
  for (let perf of invoice.performances) {
    result += `  ${playFor(perf).name}: ${usd(amountFor(perf))} (${perf.audience} seats)\n`;
  }
  result += `Amount owed is ${usd(totalAmount())}\n`;
  result += `You earned ${totalVolumeCredits()} credits\n`;
  return result;

  function totalAmount() {...}
  function totalVolumeCredits() {...}
  function usd(aNumber) {...}
  function volumeCreditsFor(aPerformance) {...}
  function playFor(aPerformance) {...}
  function amountFor(aPerformance) {...}
}
```

24

いつものように、コンパイル、テスト、コミットします。次に二つのフェーズ間で受け渡す中間データ構造を作成します。そして、このデータオブジェクトを renderPlainText の引数として渡します（コンパイル、テスト、コミットします）。

```javascript
function statement (invoice, plays) {
  const statementData = {};
  return renderPlainText(statementData, invoice, plays);
}

function renderPlainText(data, invoice, plays) {
  let result = `Statement for ${invoice.customer}\n`;
  for (let perf of invoice.performances) {
    result += `  ${playFor(perf).name}: ${usd(amountFor(perf))} (${perf.audience} seats)\n`;
  }
  result += `Amount owed is ${usd(totalAmount())}\n`;
  result += `You earned ${totalVolumeCredits()} credits\n`;
  return result;

  function totalAmount() {...}
  function totalVolumeCredits() {...}
  function usd(aNumber) {...}
  function volumeCreditsFor(aPerformance) {...}
  function playFor(aPerformance) {...}
  function amountFor(aPerformance) {...}
}
```

renderPlainText で使われる他の引数について考えてみます。個々に引数で渡しているものも、中間データ構造に集約したいところです。そうすることで、計算処理をすべて statement 関数に移動し、renderPlainText は引数 data で渡されたデータを加工するだけにできるからです。

まずは customer（顧客情報）を invoice から取り出して、中間オブジェクトに加えます（コンパイル、テスト、コミットします）。

```javascript
function statement (invoice, plays) {
  const statementData = {};
  statementData.customer = invoice.customer;
  return renderPlainText(statementData, invoice, plays);
}

function renderPlainText(data, invoice, plays) {
  let result = `Statement for ${data.customer}\n`;
  for (let perf of invoice.performances) {
    result += `  ${playFor(perf).name}: ${usd(amountFor(perf))} (${perf.audience} seats)\n`;
  }
  result += `Amount owed is ${usd(totalAmount())}\n`;
  result += `You earned ${totalVolumeCredits()} credits\n`;
  return result;
```

第1章　リファクタリング─最初の例

　同様に performance（公演）も中間オブジェクトに追加します。これにより renderPlain
Text の invoice パラメータが不要になります（コンパイル、テスト、コミットします）。

top level...
```
function statement (invoice, plays) {
  const statementData = {};
  statementData.customer = invoice.customer;
  statementData.performances = invoice.performances;
  return renderPlainText(statementData, invoice, plays);
}

function renderPlainText(data, plays) {
  let result = `Statement for ${data.customer}\n`;
  for (let perf of data.performances) {
    result += `  ${playFor(perf).name}: ${usd(amountFor(perf))} (${perf.audience} seats)\n`;
  }
  result += `Amount owed is ${usd(totalAmount())}\n`;
  result += `You earned ${totalVolumeCredits()} credits\n`;
  return result;
}
```

function renderPlainText...
```
function totalAmount() {
  let result = 0;
  for (let perf of data.performances) {
    result += amountFor(perf);
  }
  return result;
}
function totalVolumeCredits() {
  let result = 0;
  for (let perf of data.performances) {
    result += volumeCreditsFor(perf);
  }
  return result;
}
```

　次に、演劇のタイトルも中間データオブジェクトから取得できるようにしたいと思います。そ
のためには play（演劇）由来のデータ値を、中間データオブジェクトの performance レコード
に付加する必要があります（コンパイル、テスト、コミットします）。

```
function statement (invoice, plays) {
  const statementData = {};
  statementData.customer = invoice.customer;
  statementData.performances = invoice.performances.map(enrichPerformance);
  return renderPlainText(statementData, plays);

  function enrichPerformance(aPerformance) {
    const result = Object.assign({}, aPerformance);
    return result;
  }
}
```

26

今の段階では、単に performance オブジェクトのコピーを作っているに過ぎませんが、すぐ後でデータを追加していきます。コピーを作成しているのは、関数に渡したデータを変更されたくないからです。できる限りデータは不変にしておくべきでしょう。可変な状態はすぐに腐ってしまうからです。

　　　result = Object.assign({}, aPerformance) というイディオムは、JavaScript になじみのない方には奇妙に見えるでしょう。これはシャローコピー^{訳注2}になります。私はこのための関数を作りたくなりますが、JavaScript では非常に頻発するイディオムなので、その必要もないと感じる JavaScript のプログラマも多いと思います。

　play のための場所が用意できたので、追加していきます。まず playFor 関数に「**関数の移動（p.206）**」を適用して、statement 関数側に移動します（コンパイル、テスト、コミットします）。

function statement...
```
function enrichPerformance(aPerformance) {
  const result = Object.assign({}, aPerformance);
  result.play = playFor(result);
  return result;
}

function playFor(aPerformance) {
  return plays[aPerformance.playID];
}
```

　そして、renderPlainText の中で playFor を使っているすべての箇所を、data 経由の取得に置き換えます（コンパイル、テスト、コミットします）。

function renderPlainText...
```
function renderPlainText(data, plays) {
  let result = `Statement for ${data.customer}\n`;
  for (let perf of data.performances) {
    result += `${perf.play.name}: ${usd(amountFor(perf))} (${perf.audience} seats)\n`;
  }
  result += `Amount owed is ${usd(totalAmount())}\n`;
  result += `You earned ${totalVolumeCredits()} credits\n`;
  return result;

  function volumeCreditsFor(aPerformance) {
    let result = 0;
    result += Math.max(aPerformance.audience - 30, 0);
    if ("comedy" === aPerformance.play.type) result += Math.floor(aPerformance.audience / 5);
    return result;
  }
```

訳注2　階層が1段階のみの浅いコピー。プロパティの値がオブジェクトの場合は、コピー元とコピー先とで同じオブジェクトを保持することになる。この例では基本データ型のみを保持するオブジェクトを使っているため、浅いコピーでも不変性を確保できる。

第 1 章　リファクタリング―最初の例

```javascript
function amountFor(aPerformance) {
  let result = 0;
  switch (aPerformance.play.type) {
  case "tragedy":
    result = 40000;
    if (aPerformance.audience > 30) {
      result += 1000 * (aPerformance.audience - 30);
    }
    break;
  case "comedy":
    result = 30000;
    if (aPerformance.audience > 20) {
      result += 10000 + 500 * (aPerformance.audience - 20);
    }
    result += 300 * aPerformance.audience;
    break;
  default:
      throw new Error(`unknown type: ${aPerformance.play.type}`);
  }
  return result;
}
```

amountFor も同じようにして **statement** 側に移動させます（コンパイル、テスト、コミット します）。

function statement...
```javascript
function enrichPerformance(aPerformance) {
  const result = Object.assign({}, aPerformance);
  result.play = playFor(result);
  result.amount = amountFor(result);
  return result;
}

function amountFor(aPerformance) {...}
```

function renderPlainText...
```javascript
let result = `Statement for ${data.customer}\n`;
for (let perf of data.performances) {
  result += `${perf.play.name}: ${usd(perf.amount)} (${perf.audience} seats)\n`;
}
result += `Amount owed is ${usd(totalAmount())}\n`;
result += `You earned ${totalVolumeCredits()} credits\n`;
return result;

function totalAmount() {
  let result = 0;
  for (let perf of data.performances) {
    result += perf.amount;
  }
  return result;
}
```

28

次はボリューム特典ポイントを集計する関数を statement 側に移動します（コンパイル、テスト、コミットします）。

function statement...

```
function enrichPerformance(aPerformance) {
  const result = Object.assign({}, aPerformance);
  result.play = playFor(result);
  result.amount = amountFor(result);
  result.volumeCredits = volumeCreditsFor(result);
  return result;
}

function volumeCreditsFor(aPerformance) {...}
```

function renderPlainText...

```
function totalVolumeCredits() {
  let result = 0;
  for (let perf of data.performances) {
    result += perf.volumeCredits;
  }
  return result;
}
```

最後に、合計値を出している二つの関数を移動します。

function statement...

```
const statementData = {};
statementData.customer = invoice.customer;
statementData.performances = invoice.performances.map(enrichPerformance);
statementData.totalAmount = totalAmount(statementData);
statementData.totalVolumeCredits = totalVolumeCredits(statementData);
return renderPlainText(statementData, plays);

function totalAmount(data) {...}
function totalVolumeCredits(data) {...}
```

function renderPlainText...

```
let result = `Statement for ${data.customer}\n`;
for (let perf of data.performances) {
  result += `${perf.play.name}: ${usd(perf.amount)} (${perf.audience} seats)\n`;
}
result += `Amount owed is ${usd(data.totalAmount)}\n`;
result += `You earned ${data.totalVolumeCredits} credits\n`;
return result;
```

合計値を出す二つの関数の中身を、（スコープ内にある）statementData 変数を直接使うように修正することもできますが、私は明示的にパラメータを渡すほうが良いと思います。

そしていつものコンパイル、テスト、コミットで移動を終えた後で、ちょっとだけ「**パイプラ**

第1章　リファクタリング—最初の例

インによるループの置き換え（**p.240**）」を適用します。

function renderPlainText...
```
function totalAmount(data) {
  return data.performances
    .reduce((total, p) => total + p.amount, 0);
}
function totalVolumeCredits(data) {
  return data.performances
    .reduce((total, p) => total + p.volumeCredits, 0);
}
```

　これで前半フェーズのコードを独立した関数として抽出できたことになります（コンパイル、テスト、コミットします）。

top level...
```
function statement (invoice, plays) {
  return renderPlainText(createStatementData(invoice, plays));
}

function createStatementData(invoice, plays) {
  const statementData = {};
  statementData.customer = invoice.customer;
  statementData.performances = invoice.performances.map(enrichPerformance);
  statementData.totalAmount = totalAmount(statementData);
  statementData.totalVolumeCredits = totalVolumeCredits(statementData);
  return statementData;
  ...
```

　明確に分離できたので、ファイルとしても独立させることにします（いつものコーディング規約に則って、戻り値用の変数名も変えました）。

statement.js...
```
import createStatementData from './createStatementData.js';
```

createStatementData.js...
```
export default function createStatementData(invoice, plays) {
  const result = {};
  result.customer = invoice.customer;
  result.performances = invoice.performances.map(enrichPerformance);
  result.totalAmount = totalAmount(result);
  result.totalVolumeCredits = totalVolumeCredits(result);
  return result;

  function enrichPerformance(aPerformance) {...}
  function playFor(aPerformance) {...}
  function amountFor(aPerformance) {...}
  function volumeCreditsFor(aPerformance) {...}
```

30

```
function totalAmount(data) {...}
function totalVolumeCredits(data) {...}
```

　さて、仕上げのコンパイル、テスト、コミットの一振りを済ませたら、今やすっかり容易になったHTML版を追加しましょう。

statement.js...
```
function htmlStatement (invoice, plays) {
  return renderHtml(createStatementData(invoice, plays));
}
function renderHtml (data) {
  let result = `<h1>Statement for ${data.customer}</h1>\n`;
  result += "<table>\n";
  result += "<tr><th>play</th><th>seats</th><th>cost</th></tr>";
  for (let perf of data.performances) {
    result += `  <tr><td>${perf.play.name}</td><td>${perf.audience}</td>`;
    result += `<td>${usd(perf.amount)}</td></tr>\n`;
  }
  result += "</table>\n";
  result += `<p>Amount owed is <em>${usd(data.totalAmount)}</em></p>\n`;
  result += `<p>You earned <em>${data.totalVolumeCredits}</em> credits</p>\n`;
  return result;
}

function usd(aNumber) {...}
```

（usd関数はrenderHtml関数から使えるように、トップレベルに移動させました。）

現況：二つのファイル（とフェーズ）への分離

　この辺りで、どこまで来たのか棚卸しをして確認してみましょう。二つのファイルができています。

statement.js
```
import createStatementData from './createStatementData.js';
function statement (invoice, plays) {
  return renderPlainText(createStatementData(invoice, plays));
}
function renderPlainText(data) {
  let result = `Statement for ${data.customer}\n`;
  for (let perf of data.performances) {
    result += `  ${perf.play.name}: ${usd(perf.amount)} (${perf.audience} seats)\n`;
  }
  result += `Amount owed is ${usd(data.totalAmount)}\n`;
  result += `You earned ${data.totalVolumeCredits} credits\n`;
  return result;
```

第1章 リファクタリング—最初の例

```javascript
}
function htmlStatement (invoice, plays) {
  return renderHtml(createStatementData(invoice, plays));
}
function renderHtml (data) {
  let result = `<h1>Statement for ${data.customer}</h1>\n`;
  result += "<table>\n";
  result += "<tr><th>play</th><th>seats</th><th>cost</th></tr>";
  for (let perf of data.performances) {
    result += `  <tr><td>${perf.play.name}</td><td>${perf.audience}</td>`;
    result += `<td>${usd(perf.amount)}</td></tr>\n`;
  }
  result += "</table>\n";
  result += `<p>Amount owed is <em>${usd(data.totalAmount)}</em></p>\n`;
  result += `<p>You earned <em>${data.totalVolumeCredits}</em> credits</p>\n`;
  return result;
}
function usd(aNumber) {
    return new Intl.NumberFormat("en-US",
                          { style: "currency", currency: "USD",
                            minimumFractionDigits: 2 }).format(aNumber/100);

}
```

createStatementData.js

```javascript
export default function createStatementData(invoice, plays) {
  const result = {};
  result.customer = invoice.customer;
  result.performances = invoice.performances.map(enrichPerformance);
  result.totalAmount = totalAmount(result);
  result.totalVolumeCredits = totalVolumeCredits(result);
  return result;

  function enrichPerformance(aPerformance) {
    const result = Object.assign({}, aPerformance);
    result.play = playFor(result);
    result.amount = amountFor(result);
    result.volumeCredits = volumeCreditsFor(result);
    return result;
  }
  function playFor(aPerformance) {
    return plays[aPerformance.playID]
  }
  function amountFor(aPerformance) {
    let result = 0;
    switch (aPerformance.play.type) {
    case "tragedy":
      result = 40000;
      if (aPerformance.audience > 30) {
        result += 1000 * (aPerformance.audience - 30);
      }
      break;
    case "comedy":
```

32

```
      result = 30000;
      if (aPerformance.audience > 20) {
        result += 10000 + 500 * (aPerformance.audience - 20);
      }
      result += 300 * aPerformance.audience;
      break;
    default:
        throw new Error(`unknown type: ${aPerformance.play.type}`);
    }
    return result;
  }
  function volumeCreditsFor(aPerformance) {
    let result = 0;
    result += Math.max(aPerformance.audience - 30, 0);
    if ("comedy" === aPerformance.play.type) result += Math.floor(aPerformance.audience / 5);
    return result;
  }
  function totalAmount(data) {
    return data.performances
      .reduce((total, p) => total + p.amount, 0);
  }
  function totalVolumeCredits(data) {
    return data.performances
      .reduce((total, p) => total + p.volumeCredits, 0);
  }
}
```

　開始したときよりもコード量は増えています。44 行が 70 行（htmlStatement を除く）になり
ました。ほとんどは関数として独立させるための構文が入ったことによるものです。コード量の
増加は、何か向上する点がなければ悪です。しかし実際にはそうしたことはまれです。コード量
は増えましたが、ロジックは認識しやすい形で、請求の計算処理部分と請求書のフォーマット作
成部分とに分離されています。こうしたモジュール化により、コードの各部分の処理と、それら
がどのように連携しているかを把握しやすくなります。「簡潔は知恵の要」と言われますが、明確
さは進化するソフトウェアの要です。モジュール化を進めることで、請求の計算処理をまったく
重複させずに、HTML 版に対応させることができました。

　　　プログラミングでもキャンプ場のルールに従うこと。すなわち、コードベースは最初に見たときよ
　　　りも、きれいに保つこと。

　まだ出力のロジックをより簡潔にできるのですが、ひとまず十分でしょう。リファクタリング
と機能追加とのバランスを常に取るようにしなければなりません。現状では、多くの人々がリ
ファクタリングの優先度を低くしていますが、それもバランスの問題です。キャンプ場のルール
が参考になります。コードベースは最初に見たときよりも、きれいに保つようにしなければなり
ません。決して完璧にはならないものの、より良くしていくべきです。

第1章　リファクタリング—最初の例

型による計算処理の再編成

　では新たな機能追加を見てみましょう。演劇の種類を増やして、それぞれで異なる料金とボリュームポイントを設定できるようにしたいという要求です。今のところ、変更を加えるには計算を行っている関数内の条件を編集しなければなりません。amountFor 関数を見ると、演劇の種類（type）が計算ロジックの選択に中心的な役割を果たしていることがわかりますが、こうした条件ロジックは、プログラミング言語の持つ構造的要素によって補強していかない限り、修正につれて荒廃していきます。

　構造を導入して条件記述の存在を明示する方法はいろいろあります。ここで自然なのは、型によるポリモーフィズムを利用することでしょう。これは、クラスベースの古典的なオブジェクト指向で特徴的な機能とされるものです。古典的なオブジェクト指向は JavaScript の世界では長いこと論争の的でした。しかし ECMAScript 2015 では、そのためのシンタックスも構造もきちんと用意されました。この例のような適切な状況で使うのは理にかなっています。

　全体的なプランとしては、継承階層を導入して、悲劇や喜劇といったサブクラスがそれぞれの型に応じた計算ロジックを持てるようにします。利用側は、ポリモーフィックな集計（amount）関数を呼び出せば、言語のサポートによって悲劇と喜劇とで異なる処理が実行されます。ボリューム特典ポイントの計算についても、似たような構造を導入します。このためには、いくつかのリファクタリングを適用する必要があります。中心となるリファクタリングは「**ポリモーフィズムによる条件記述の置き換え（p.279）**」です。これにより条件記述の塊をポリモーフィズムへと変化させていくことができます。しかし、「**ポリモーフィズムによる条件記述の置き換え（p.279）**」の前に、継承構造を導入しなければなりませんし、料金とボリューム特典ポイントのメソッドを定義するためのクラスも定義する必要があります。

　まずは計算を行っているコードをあらためて見てみましょう（今までのリファクタリングにより、中間データさえそろっていればよくなっているため、フォーマット部分のコードを無視して考えることができます）。これをさらに強化するには、テストを追加して、中間データ構造の正しさを保証します）。

createStatementData.js...

```javascript
export default function createStatementData(invoice, plays) {
  const result = {};
  result.customer = invoice.customer;
  result.performances = invoice.performances.map(enrichPerformance);
  result.totalAmount = totalAmount(result);
  result.totalVolumeCredits = totalVolumeCredits(result);
  return result;

  function enrichPerformance(aPerformance) {
    const result = Object.assign({}, aPerformance);
    result.play = playFor(result);
    result.amount = amountFor(result);
    result.volumeCredits = volumeCreditsFor(result);
```

型による計算処理の再編成

```javascript
    return result;
  }
  function playFor(aPerformance) {
    return plays[aPerformance.playID]
  }
  function amountFor(aPerformance) {
    let result = 0;
    switch (aPerformance.play.type) {
    case "tragedy":
      result = 40000;
      if (aPerformance.audience > 30) {
        result += 1000 * (aPerformance.audience - 30);
      }
      break;
    case "comedy":
      result = 30000;
      if (aPerformance.audience > 20) {
        result += 10000 + 500 * (aPerformance.audience - 20);
      }
      result += 300 * aPerformance.audience;
      break;
    default:
        throw new Error(`unknown type: ${aPerformance.play.type}`);
    }
    return result;
  }
  function volumeCreditsFor(aPerformance) {
    let result = 0;
    result += Math.max(aPerformance.audience - 30, 0);
    if ("comedy" === aPerformance.play.type) result += Math.floor(aPerformance.audience / 5);
    return result;
  }
  function totalAmount(data) {
    return data.performances
      .reduce((total, p) => total + p.amount, 0);
  }
  function totalVolumeCredits(data) {
    return data.performances
      .reduce((total, p) => total + p.volumeCredits, 0);
  }
}
```

PerformanceCalculator の作成

　ここで鍵となるのは enrichPerformance 関数です。公演ごとに中間データ構造に対して値を設定しているからです。現在のところ、料金とボリューム特典ポイントの計算のため、条件文を含む各関数を呼び出しています。これらの関数呼び出しを、クラスのメソッド呼び出しに変えていかなければなりません。公演に応じた計算を行う機能を提供することになるので、クラスは PerformanceCalculator と名付けることにします。

35

第 1 章　リファクタリング―最初の例

function createStatementData...
```
function enrichPerformance(aPerformance) {
  const calculator = new PerformanceCalculator(aPerformance);
  const result = Object.assign({}, aPerformance);
  result.play = playFor(result);
  result.amount = amountFor(result);
  result.volumeCredits = volumeCreditsFor(result);
  return result;
}
```

top level...
```
class PerformanceCalculator {
  constructor(aPerformance) {
    this.performance = aPerformance;
  }
}
```

　今は、この新しいオブジェクトは特に何もしません。振る舞いを移動させていきたいと思いますが、手始めに最も簡単な play の情報から移していくことにします。厳密にはポリモーフィックに変わるものではないので、移動させる必要はありません。しかし、こうすることでデータの変換部分を 1 か所にまとめられるようになります。一貫性によってコードが読みやすくなるでしょう。

　これを実現するため、「**関数宣言の変更（p.130）**」を適用して、公演で演じた play を Calculator に渡すようにします。

function createStatementData...
```
function enrichPerformance(aPerformance) {
  const calculator = new PerformanceCalculator(aPerformance, playFor(aPerformance));
  const result = Object.assign({}, aPerformance);
  result.play = calculator.play;
  result.amount = amountFor(result);
  result.volumeCredits = volumeCreditsFor(result);
  return result;
}
```

class PerformanceCalculator...
```
class PerformanceCalculator {
  constructor(aPerformance, aPlay) {
    this.performance = aPerformance;
    this.play = aPlay;
  }
}
```

（読者の皆さんもうんざりするでしょうから、「コンパイル、テスト、コミットします」を毎回差し挟むのはそろそろやめようと思います。とはいえ都度この作業は行います。ときには私も飽きてくることがありますが、そうすると間違いが入り込みやすくなり、損をすることになります。

36

型による計算処理の再編成

そこで反省していつものリズムに戻っていきます。）

関数を `PerformanceCalculator` に移動

次は料金計算用の、より重要なロジックを移動させていくことにします。これまで、ネストした関数の移動を気軽に行っていましたが、今回は関数のコンテキストが変わるため、「**関数の移動（p.206）**」リファクタリングで手順を追って進めます。まず新しいコンテキストとなる `PerformanceCalculator` クラスに、`amountFor` 関数のロジックをコピーします。次にコードを新たな場所に適した形に書き換えます。関数名は `amount` とし、`aPerformance` は `this.performance` に、`playFor(aPerformance)` は `this.play` になります。

class PerformanceCalculator...
```
  get amount() {
    let result = 0;
    switch (this.play.type) {
      case "tragedy":
        result = 40000;
        if (this.performance.audience > 30) {
          result += 1000 * (this.performance.audience - 30);
        }
        break;
      case "comedy":
        result = 30000;
        if (this.performance.audience > 20) {
          result += 10000 + 500 * (this.performance.audience - 20);
        }
        result += 300 * this.performance.audience;
        break;
      default:
        throw new Error(`unknown type: ${this.play.type}`);
    }
    return result;
  }
```

この時点でコンパイルして、コンパイルエラーがないかを確認できます。私の開発環境ではコードを実行する際に「コンパイル」を行うようにしており、Babel［babel］を動かしています。これにより、新しい関数のシンタックスエラーがすぐにわかりますが、それ以上のことはあまり期待できません。それでも役に立つステップです。

新しい関数を `PerformanceCalculator` のクラスに定義したら、元の関数を新しい関数に委譲するように書き換えます。

function createStatementData...
```
  function amountFor(aPerformance) {
    return new PerformanceCalculator(aPerformance, playFor(aPerformance)).amount;
  }
```

第 1 章　リファクタリング—最初の例

　新しいクラスでこのコードがきちんと動くかを確かめるため、コンパイル、テスト、コミット
します。その後、「**関数のインライン化（p.121）**」を使って、新しい関数を直接呼び出すように書
き換えます（もちろんコンパイル、テスト、コミット）。

function createStatementData...
```
function enrichPerformance(aPerformance) {
  const calculator = new PerformanceCalculator(aPerformance, playFor(aPerformance));
  const result = Object.assign({}, aPerformance);
  result.play = calculator.play;
  result.amount = calculator.amount;
  result.volumeCredits = volumeCreditsFor(result);
  return result;
}
```

　同じ手順で、ボリューム特典ポイントの計算処理も移動させます。

function createStatementData...
```
function enrichPerformance(aPerformance) {
  const calculator = new PerformanceCalculator(aPerformance, playFor(aPerformance));
  const result = Object.assign({}, aPerformance);
  result.play = calculator.play;
  result.amount = calculator.amount;
  result.volumeCredits = calculator.volumeCredits;
  return result;
}
```

class PerformanceCalculator...
```
get volumeCredits() {
  let result = 0;
  result += Math.max(this.performance.audience - 30, 0);
  if ("comedy" === this.play.type) result += Math.floor(this.performance.audience / 5);
  return result;
}
```

PerformanceCalculator をポリモーフィックに

　クラスにロジックが移ったので、次はポリモーフィズムを使っていきましょう。最初のス
テップとなるのは「**サブクラスによるタイプコードの置き換え（p.369）**」で、サブクラスを導
入し、タイプコードを排除します。まず PerformanceCalculator のサブクラスを定義し、
createStatementData で適切なサブクラスを使うようにします。正しいサブクラスを得るに
は、コンストラクタの呼び出しを関数呼び出しに変えていく必要があります。JavaScript のコン
ストラクタは、サブクラスのインスタンスを返すことができないからです。そこで「**ファクトリ
関数によるコンストラクタの置き換え（p.342）**」を導入します。

38

function createStatementData...

```
function enrichPerformance(aPerformance) {
  const calculator = createPerformanceCalculator(aPerformance, playFor(aPerformance));
  const result = Object.assign({}, aPerformance);
  result.play = calculator.play;
  result.amount = calculator.amount;
  result.volumeCredits = calculator.volumeCredits;
  return result;
}
```

top level...

```
function createPerformanceCalculator(aPerformance, aPlay) {
  return new PerformanceCalculator(aPerformance, aPlay);
}
```

　関数にしたことで、`PerformanceCalculator` のサブクラスを定義して、適切なサブクラスのインスタンスを生成して返すことができるようになります。

top level...

```
function createPerformanceCalculator(aPerformance, aPlay) {
  switch(aPlay.type) {
  case "tragedy": return new TragedyCalculator(aPerformance, aPlay);
  case "comedy" : return new ComedyCalculator(aPerformance, aPlay);
  default:
    throw new Error(`未知の演劇の種類: ${aPlay.type}`);
  }
}

class TragedyCalculator extends PerformanceCalculator {
}

class ComedyCalculator extends PerformanceCalculator {
}
```

　これでポリモーフィズムのための構造が用意できたので、「**ポリモーフィズムによる条件記述の置き換え（p.279）**」に移っていきます。
　悲劇の金額計算から開始します。

class TragedyCalculator...

```
get amount() {
  let result = 40000;
  if (this.performance.audience > 30) {
    result += 1000 * (this.performance.audience - 30);
  }
  return result;
}
```

　スーパークラスの条件記述をオーバーライドするには、このメソッドをサブクラスで定義する

だけで十分です。ただし私のように神経質な人は、次のようにしてもよいでしょう。

class PerformanceCalculator...

```
get amount() {
  let result = 0;
  switch (this.play.type) {
    case "tragedy":
      throw ' 想定外の呼び出し ';
    case "comedy":
      result = 30000;
      if (this.performance.audience > 20) {
        result += 10000 + 500 * (this.performance.audience - 20);
      }
      result += 300 * this.performance.audience;
      break;
    default:
      throw new Error(` 未知の演劇の種類 : ${this.play.type}`);
  }
  return result;
}
```

　　悲劇用の case 文を削除して、デフォルトの分岐でエラーが起きるようにすることも可能ですが、明示的に例外を投げておくほうが良いと思います。もっとも後 2、3 分で、これは削除される見込みです。そのためエラーオブジェクトを定義せずに文字列を使っています。

コンパイル、テスト、コミットの後、喜劇にも対応させていきます。

class ComedyCalculator...

```
get amount() {
  let result = 30000;
  if (this.performance.audience > 20) {
    result += 10000 + 500 * (this.performance.audience - 20);
  }
  result += 300 * this.performance.audience;
  return result;
}
```

　これでスーパークラスの **amount** メソッドは不要になりました。決して呼ばれることがないからです。しかし未来の自分に向けて墓石を残しておくほうが親切でしょう。

class PerformanceCalculator...

```
get amount() {
  throw new Error(' サブクラスの責務 ');
}
```

　次はボリューム特典ポイントの計算について、条件記述を置き換えていきます。演劇の種類の

将来について検討結果を確認したところ、ほとんどの劇は観客数 30 人以上でポイントを適用することを想定しており、このルールのバリエーションを用意すべき種類はわずかでした。そのため、共通の条件をデフォルトとしてスーパークラスに残し、サブクラスで必要に応じてオーバーライドするほうが理にかなっています。喜劇についてはサブクラスでメソッドを定義します。

class PerformanceCalculator...
```
  get volumeCredits() {
    return Math.max(this.performance.audience - 30, 0);
  }
```

class ComedyCalculator...
```
  get volumeCredits() {
    return super.volumeCredits + Math.floor(this.performance.audience / 5);
  }
```

現況：ポリモーフィックな Calculator でデータを作成

　Calculator をポリモーフィックにしたことで、コードがどのように変わったのか、振り返ってみましょう。

createStatementData.js
```
  export default function createStatementData(invoice, plays) {
    const result = {};
    result.customer = invoice.customer;
    result.performances = invoice.performances.map(enrichPerformance);
    result.totalAmount = totalAmount(result);
    result.totalVolumeCredits = totalVolumeCredits(result);
    return result;

    function enrichPerformance(aPerformance) {
      const calculator = createPerformanceCalculator(aPerformance, playFor(aPerformance));
      const result = Object.assign({}, aPerformance);
      result.play = calculator.play;
      result.amount = calculator.amount;
      result.volumeCredits = calculator.volumeCredits;
      return result;
    }
    function playFor(aPerformance) {
      return plays[aPerformance.playID]
    }
    function totalAmount(data) {
      return data.performances
        .reduce((total, p) => total + p.amount, 0);
    }
    function totalVolumeCredits(data) {
      return data.performances
```

```
        .reduce((total, p) => total + p.volumeCredits, 0);
  }
}
function createPerformanceCalculator(aPerformance, aPlay) {
  switch(aPlay.type) {
  case "tragedy": return new TragedyCalculator(aPerformance, aPlay);
  case "comedy" : return new ComedyCalculator(aPerformance, aPlay);
  default:
      throw new Error(`unknown type: ${aPlay.type}`);
  }
}
class PerformanceCalculator {
  constructor(aPerformance, aPlay) {
    this.performance = aPerformance;
    this.play = aPlay;
  }
  get amount() {
      throw new Error('subclass responsibility');
  }
  get volumeCredits() {
    return Math.max(this.performance.audience - 30, 0);
  }
}
class TragedyCalculator extends PerformanceCalculator {
  get amount() {
    let result = 40000;
    if (this.performance.audience > 30) {
      result += 1000 * (this.performance.audience - 30);
    }
    return result;
  }
}
class ComedyCalculator extends PerformanceCalculator {
  get amount() {
    let result = 30000;
    if (this.performance.audience > 20) {
      result += 10000 + 500 * (this.performance.audience - 20);
    }
    result += 300 * this.performance.audience;
    return result;
  }
  get volumeCredits() {
    return super.volumeCredits + Math.floor(this.performance.audience / 5);
  }
}
```

やはり構造を導入する前よりも、コードのサイズは増えています。一方で、演劇の種類に応じた計算がグループにまとめられているのは利点です。今後のほとんどの変更が、コードのこの部分になされるとすると、こうした形で明確に分離されていることは有益です。演劇の種類が増えたなら、新しいサブクラスを定義して、それをファクトリ関数に追加すればよいのです。

　この例はサブクラスをどういうときに使えば有効なのかを示しています。二つの関数

（amountFor と volumeCreditsFor）における条件分岐を使った値の取り出しが、一つのファクトリ関数（createPerformanceCalculator）へと移動しました。このやり方は、型に応じた振る舞いをする関数が増えるほど、有効になります。

別のやり方としては、中間データ構造に Calculator が値を入れていくのではなく、createStatementData で Calculator インスタンスそのものを返す方法も考えられます。JavaScript のクラス機構のすぐれた点として、getter を通常のプロパティアクセスと同じように見せられることがあります。計算結果のデータか、計算が行える Calculator のどちらを返すべきかは、データ構造を使う相手によって決まります。この例では、中間データ構造が、ポリモーフィック版の Calculator を使っていることを隠せる点を重視しました。

まとめ

簡単な例でリファクタリングを紹介してきました。大体どのようなものか、理解していただけたのではないでしょうか。「**関数の抽出（p.112）**」、「**変数のインライン化（p.129）**」、「**関数の移動（p.206）**」、「**ポリモーフィズムによる条件記述の置き換え（p.279）**」など、いくつかのリファクタリングを実際に示しました。

大きく分けて三つの段階が、このリファクタリング例にはありました。まず、元の大きな関数を分解して、小さなネストした関数の集まりにしていきました。次に「**フェーズの分離（p.160）**」で計算とフォーマットのコードを分けていきました。最後に計算ロジックの分離のため、ポリモーフィズムを使った計算を導入しました。それぞれコードに新たな構造を加えており、そうすることでコードが実際にしていることが明確に伝えられるようになっています。

リファクタリングではよくあることですが、初期段階では、何が行われているかを理解したいという動機から作業を進めていきました。通常、リファクタリングは、コードを読む、なんらかの洞察を得る、リファクタリングを適用し頭の中にある洞察をコードに表現する、という流れで進みます。コードがきれいになるにつれ、理解がしやすくなり、より踏み込んだ洞察ができるようになって、前向きなフィードバックループが行われていきます。さらに改善していくこともできるでしょうが、ひとまずは最初に見たときよりも十分に良いコードが残せたと感じています。

コードの改善について述べてきましたが、そもそも良いコードとはどのようなものなのか、プログラマの間ではしばしば議論になるところだと思います。私は、小さく、適切に名付けられた関数が望ましいと思いますが、反対する人もいることでしょう。もしもそれが単なる審美的なもので、善し悪しが明確に決められないとすれば、個人の好みとしか言いようがありません。しかし私は、単なる好みを超えて、良いコードはどれだけ変更が容易なのかで決まると思っています。コードは誰にとっても明白であるべきです。変更する必要があるときには、どこを変えればよいかが容易に判別でき、誤りを紛れ込ませることなくすばやく変更を実施できなければなりません。健全なコードは生産性を最大化します。ユーザが欲する機能を、より速く、よりコストの少ない形で提供できるからです。コードを健全に保つためには、開発チームを理想的な状態から隔てているものに注意を払う必要があります。そしてリファクタリングによってその理想に近づいてい

くのです。

 良いコードかどうかは、変更がどれだけ容易なのかで決まる。

　ともあれ、この例を通じて皆さんに最も学んでほしいことは、リファクタリングのリズムです。リファクタリングを実演してみせると、各手順が非常に小さく、コードが常にコンパイルとテストを通過できる状態に保たれているということで驚かれます。私自身、20年も前にデトロイトのホテルでKent Beckが実演してくれたときに驚いたものです。効果的なリファクタリングへの鍵は、小さいステップを踏むほど速度が上がっていくという事実を認識することです。コードは決して壊れず、小さな変更の積み重ねで大きな変更を生み出せるのです。そして——「後は沈黙」訳注3。

訳注3　原文の"The rest is silence."は、ハムレットの最後の言葉。リファクタリングのリズムを理解してもらえれば他に言うべきことはない、という意味で使っている。

第2章

リファクタリングの原則

　前章の例で、リファクタリングがどのようなものか、大体のイメージがつかめたと思います。ここでは、リファクタリングの原則についてあらためて振り返り、解説していきます。

リファクタリングの定義

　ソフトウェア開発での多くの用語と同様に、「リファクタリング」という言葉は実践する人々によって非常にあいまいに使われています。私はこの用語を正確に使っていますし、正確に使うほうが有益と考えます（定義は初版のものと同じです）。「リファクタリング」という用語は名詞、もしくは動詞として使われます。

　名詞としての定義は以下のようになります。

> **リファクタリング**（名詞）　外部から見たときの振る舞いを保ちつつ、理解や修正が簡単になるように、ソフトウェアの内部構造を変化させること。

　前章の例で挙げている名前の付いたリファクタリングがこの定義に該当します。「**関数の抽出（p.112）**」「**ポリモーフィズムによる条件記述の置き換え（p.279）**」などです。

　動詞の定義を示します。

> **リファクタリングする**（動詞）　一連のリファクタリングを適用して、外部から見た振る舞いの変更なしに、ソフトウェアを再構築すること。

　リファクタリングする（動詞）のに何時間も費やすことがありますが、その中には何十ものリファクタリング（名詞）が含まれるかもしれません。

　長年にわたって、業界では「リファクタリング」という用語を、コードをきれいにするあらゆる作業を表すものとしてあいまいに使ってきました。しかし、上記の定義では、コードをきれい

第2章　リファクタリングの原則

にするための特定の手法であることを示しています。リファクタリングは振る舞いを保ちつつ小さなステップを適用していくことであり、ステップを積み重ねていくことで大きな変化をもたらしていくものなのです。個々のリファクタリングは非常に小さいステップ、またはそれらの組み合わせでできています。その結果、リファクタリングではコードが壊れた状態になっている期間は非常に短く、たとえ未完成であっても、いつでも中断が可能です。

> リファクタリング期間中に数日間コードが壊れたままになっているなら、それはリファクタリングとは言えない。

　私は「再構築」という言葉を、コードの構成を変えたりきれいにしたりする一般的な用語として使います。「リファクタリング」は、再構築の中でも特定のものを指しています。リファクタリングは、一度に行えそうな場面でも非常に小さなステップで進んでいくため、一見すると非効率に思えるかもしれません。しかし小さなステップだからこそ、速く進むのです。というのも、各要素が秩序だった形になるため、そして何よりデバッグに時間を費やす時間がなくなるためです。

　リファクタリングの定義で「外部から見た振る舞い」という言葉を使っていますが、これは意図的にぼんやりとしたものにしています。コードは作業の開始前と比べて、総じて同じ動作をすべきといったことです。まったく同じと言っているのではありません。たとえば「関数の抽出（p.112）」では、コールスタックが変わるので、速度的な観点では変化が起こります。しかしユーザが気づくレベルで何かが変わるわけではありません。また「**関数宣言の変更（p.130）**」や「**関数の移動（p.206）**」ではモジュール間のインタフェースが変化します。リファクタリングの途中で気がついたバグについては、リファクタリング後も残っているべきです（誰も気づいていなかった潜在的なバグを見つけて、後で直すことはあるかもしれません）。

　リファクタリングは、パフォーマンスチューニングと非常によく似ています。両方ともプログラムの全体的な機能を変えることなく、コードに手を加えていく作業を遂行していくものです。それらの違いは目的にあります。リファクタリングは、コードを「理解や修正が容易になるように」変化させていくものです。実行速度は速くなることも遅くなることもあるでしょう。パフォーマンスチューニングでは、プログラムの実行速度を上げることに注力します。もしも速度の改善が本当に必要なら、コードが扱いにくいものになるのも厭わないのです。

二つの帽子

　二つの帽子の例えを考案したのは Kent Beck です。ソフトウェア開発でリファクタリングを行うときには、作業を二つの活動に区分すべきです。すなわち、機能追加とリファクタリングを区別するのです。機能追加を行うときには、既存のコードを変更してはいけません。単純に機能を拡張することに専念します。作業の進度は、テストの追加とそれらが正常な結果になったことにより測ることができます。一方、リファクタリングをしているときには、機能追加は行わないよ

46

うにします。コードの再構築をするのみです。テストの追加をしてはいけません（テストケースが漏れていた場合は例外です）。インタフェースの変更に対処する場合に限り、テストコードの変更を行います。

ソフトウェアを開発しているとき、私は頻繁に二つの帽子をかぶり直しています。新たな機能を追加しようとしていると、コードの構造を少し変えれば簡単に機能追加できることに気づきます。そこでリファクタリングの帽子にかぶり直します。コードの構造が良くなったところで、また帽子を替えて機能追加を始めます。その機能は正常に動作するようになりましたが、今度は、多少わかりにくい部分があることに気づきます。そこでまた帽子を替えてリファクタリングをするのです。これらすべては 10 分間で行われることかもしれません。しかし重要なのは、どちらの帽子をかぶっているのか、およびそれにより生じるプログラミングの仕方のちょっとした違いを、常に意識しておくことです。

リファクタリングを行う理由

リファクタリングがすべてのソフトウェアの問題を解決してくれるわけではありません。「銀の弾」は存在しないのです。それでもリファクタリングが価値あるツールであることは事実です。コードをしっかりと把握するための「銀のプライヤ」といったところでしょうか。リファクタリングを行うべき理由として、次のようなものがあります。

リファクタリングはソフトウェア設計を改善する

リファクタリングなしでは、プログラム内部の設計（アーキテクチャ）は徐々に劣化していきます。開発者が短期的な目的の実現のため、アーキテクチャの全体的な理解をせずに変更を行った場合には、コードは構造を失うことになります。こうなるとコードを読んで設計を把握することも難しくなります。そしてコードが構造を失うと累積的に悪影響が及びます。設計が把握しづらくなるにつれて、それを維持するのが困難になり、急速に劣化していきます。リファクタリングを定期的に行うことで、コードをよい状態に保つことができます。

設計のまずいコードでは、良いものに比べ、同じ処理をするのにも余計にコードを書くことになります。これは文字どおり同じようなコードがあちこちに散らばっていることが多いからです。重複したコードを排除することは、設計を改善するための重要事項と言えます。コード量を減らしても、システムがより速く動作するようになるわけではありません。フットプリントに対する効果は微々たるものです。しかしコード量は修正時には重要な意味を持ちます。コード量が増えるほど、正しく修正するのが難しくなります。修正のために理解しておかなければならないコード量が増えると、コードのある部分を変えても期待どおりに動作しないかもしれません。なぜなら他の箇所でも少し違った文脈で同じようなことをしており、その部分を直し忘れるものだからです。重複部分を排除することで、開発者はコードがただの 1 回のみ書かれ、そこですべてが処理されることを保証できます。これはすぐれた設計のポイントです。

第2章　リファクタリングの原則

リファクタリングはソフトウェアを理解しやすくする

　プログラミングとは、いろいろな意味でコンピュータとの対話と言えます。コンピュータに対し何をしてほしいのかを指示するコードを書くと、コンピュータは正確にそれを実行します。開発者は実際にしてほしいことと、指示したこととのギャップを埋めていきます。プログラミングでは、何をさせたいかを正確に表現できるかがすべてです。しかし、ソースコードには、さらに他の利用者がいることを忘れてはいけません。2、3か月後、何かの変更を加えるために誰かがコードを読もうとするかもしれません。この利用者の存在は、軽視されがちですが、実際には最も重要なのです。コンピュータが、コンパイルするのにCPUサイクルを少し余分にかけたからといって、誰が気にとめるでしょうか。これに対し、プログラマがコードを修正するのに1週間かかったとなると、これは問題です。コードを理解できれば、わずか1時間で済んだかもしれないのです。

　プログラムを動作させることに必死で、将来の開発者のことを考えないのは問題です。コードを理解しやすくしていくにはリズムの変化が必要です。リファクタリングはコードを読みやすくしてくれます。リファクタリングする前には、動作はするけれどもうまく構造化されていないコードがあります。少しの時間をリファクタリングに充てるだけで、コードの目的がより伝わるようになり、実現したいことを明確に表現できるようになります。

　リファクタリングは自己犠牲を強いるわけではありません。将来の開発者が自分自身であることもよくあります。そうした場合にこそ、リファクタリングは重要性を増してきます。私はだらしのないプログラマなので、自分が担当したコードが、どのように書かれていたのかまったく覚えていません。実は意図的にそうしている部分があって、後から調べられることは覚えないようにしているのです。すべてを覚えようとすると、頭がパンクしてしまうかもしれません。私は常に、覚えておくべき情報をコード内に書き込んでおくことにしているので、わざわざ覚えている必要がないのです。こうして、ムーデイト^{訳注1}[maudite]が私の脳細胞を破壊しつつあることを気にせずにいられるのです。

リファクタリングはバグの発見を助ける

　コードが理解しやすいということは、バグを見つけやすいということです。私は正直なところ、バグ探しは得意ではありません。大量のコードを読んでバグをたくさん見つけられる人もいますが、私は違います。とはいえ、そのコードをリファクタリングできれば、何をしているのかがわかるようになり、その新たな理解を武器に、コードに立ち向かえるようになります。プログラムの構造を明確にすることで、コードに対する推測が正しかったことがわかり、やがてバグを無理なく発見できるに至ります。

　ここで、Kent Beckが自らを語ったセリフを思い出しました。「僕は、偉大なプログラマなんかじゃない。偉大な習慣を身に付けた少しましなプログラマなんだ」。リファクタリングによって、堅牢なコードをずっと効果的に書けるようになるでしょう。

訳注1　カナダで生産されるビールの銘柄。

リファクタリングはプログラミングを速める

　最後に、今まで述べたことの結果として、コーディングがより速くなることを挙げます。

　これについてはあまりピンと来ないかもしれません。リファクタリングの話をすると、多くの人々は、コードの品質が上がることには納得してくれます。内部の設計が改善され、理解がしやすくなり、バグが少なくなるということは、すべて品質に貢献します。しかし、はたして開発のスピードには影響するのでしょうか。

　システムに長く携わっている開発者から、当初はすばやく開発することができたけれども、今では新たな機能を付け加えるのに、ずっと時間がかかるようになったという話をよく聞きます。既存コードベースに新機能をどう適合させるかを把握するのに費やす時間が、徐々に増えていきます。そして追加したとしても、バグが起こり、修正にはさらに時間がかかるようになります。コードベースはパッチにパッチを当てた集合体のようになり、どうやって動いているかを突き止める考古学の様相を帯びてきます。こうした重荷によって、機能を追加する速度はどんどん遅くなっていき、ついには白紙の状態から作り直せればと願うようになります。

　この様子を擬似的なグラフで示すと次のようになります。

　しかしまったく別の経験を報告しているチームもあります。新たな機能を付け加えるスピードが「より速く」なっているというのです。既存のコードを利用し、その上にすばやく構築していくことができるからです。

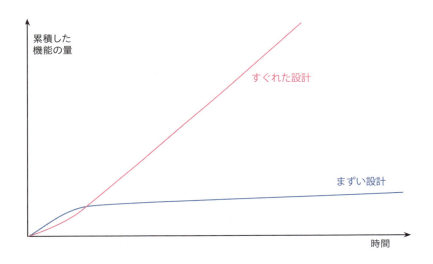

　この二つの違いは、ソフトウェアの内部的な品質により生じています。内部の設計がすぐれているソフトウェアは、新たな機能を加える際にどこをどのように変更すればよいか、すぐに把握できます。うまくモジュール化されていれば、変更するためにコードベースで理解しなければならない箇所は小さく限定されます。コードが明確であれば、バグを埋め込んでしまう可能性も低くなりますし、バグが生じたとしてもデバッグがずっと簡単になります。うまくやれば、コードベースは、対象ドメインに新機能を構築するためのプラットフォームとなるのです。

　私はこの効果を「デザインスタミナ仮説」[mf-dsh]と呼んでいます。内部の設計を入念に行えば、ソフトウェア開発のためのスタミナをつけていくことができ、より長い期間、より速いペースで開発していくことができるというものです。これが事実であるという証明はできません。そのため「仮説」としています。しかし私自身の経験によく当てはまりますし、今まで出会った多くの偉大な開発者たちの経験にも裏打ちされています。

　20年前は、すぐれた設計を実現するには、プログラミングの前に設計が完了していなければならないという考えが一般的でした。コードを書き上げたなら、後は劣化していくだけのものだったからです。リファクタリングは、この状況を変えるものです。今では既存のコードの設計を改善していけるということがわかっています。時とともにプログラムに対する要求が変わっても、その都度設計を行い、改善していくことができます。すぐれた設計を前もって完了しておくことは非常に難しいので、すばやく機能を追加し続けるには、リファクタリングが不可欠となっています。

いつリファクタリングをすべきか

　プログラミング中は、1時間に1回はリファクタリングをしていると思います。普段の作業の

中で使う場面を挙げてみます。

三度目の法則

Don Roberts が教えてくれたガイドラインがあります。最初は、単純に作業を行います。二度目に以前と似たようなことをしていると気づいた場合には、重複を意識しつつも、とにかく作業を続けてかまいません。そして三度目に同じようなことをしていると気づいたならば、そこでリファクタリングをするのです。

野球に例えるなら、**3 ストライクでリファクタリング開始**です。

準備のためのリファクタリング——機能追加を容易にするために

既存のコードに機能を追加する前は、リファクタリングするのにうってつけのタイミングです。まず既存のコードを読んで、もしも構造が少し違っていたら作業はずっと簡単になるだろうなどと考えます。ほぼ要求を満たしそうな関数はあるものの、リテラル値が埋め込まれているため期待と違う結果になっています。リファクタリングをしないなら、その関数をコピーしてリテラルを修正することになるでしょう。しかしそれでは重複したコードが生まれてしまいます。もしも変更の必要が生じたら、双方を直さなければなりません（後から双方を見つけ出すのはもっと大変です）。そして将来、新機能のために同種のバリエーションをさらに追加する必要が出たときには、コピー＆ペーストでは対応しきれなくなるでしょう。そこでリファクタリングの帽子をかぶり、「**パラメータによる関数の統合（p.318）**」を行います。一度これをやってしまえば、変えたい部分を引数にして関数を呼べばよいだけになります。

> 「100 マイルほど東に行きたいときに、森の中をのろのろとひたすら進んでいくよりも、まず高速道路で 20 マイルほど北に行き、そこから 100 マイル東に向かえば、3 倍の速さで着くことができるかもしれません。もしも周りの人がまっすぐ行くようにとせかすなら、『落ち着いて、地図で調べて最も速いルートを探しましょう』と言わねばならないときもあるでしょう。準備のためのリファクタリングは、私にとってまさにそういった役割を持っています。」
>
> **Jessica Kerr,**
> https://martinfowler.com/articles/preparatory-refactoring-example.html

同じことはバグ修正にも当てはまります。問題の原因を見つけたなら、3 か所にコピーされたバグを含んだコードをまず一つにまとめてしまうほうが、修正はずっと簡単になります。あるいは更新のロジックを問い合わせから分離すれば、混乱したコードにより起きていたエラーが解消されるかもしれません。状況を改善するためにリファクタリングを行うと、修正されたバグは収束し、コード中の同じ裂け目から新たなバグが現れてくることも少なくなっていくでしょう。

理解のためのリファクタリング——コードをわかりやすくするために

コードに手を加える前に、まず何を行っているかを理解する必要があります。自分が以前書い

たものか、あるいは他の人の手によるコードかもしれません。コードが何をしているか理解しづらいときには、一目でわかるようにリファクタリングできないかを考えます。条件分岐のロジックがややこしくなってしまっていることもあります。既存の関数を使おうにも、名前が不適切なために、その関数のしていることを突き止めるのに何分もかかってしまっているかもしれません。

　ようやくいくぶん理解ができたとしても、その詳細をずっと覚えておくのは困難です。Ward Cunningham が言ったように、リファクタリングによって、頭の中にある理解をコードに移し替えていくのです。その理解が正しいかどうかを、ソフトウェアを実際に動かすことでテストしていきます。コードの中に理解を移動してしまえば、それは長きにわたって保存できますし、仲間の開発者にも伝わるようになります。

　このことは、将来役立つだけではなく、今の自分を助けることにもなります。手始めに、理解のためのリファクタリングを細かく行うようにします。変数名をいくつか修正して、それぞれが何を表すのか理解できるようにしたり、長い関数を小さく分割したりします。コードが明確になるにつれて、前は気づかなかった設計上の考慮すべき事項が把握できるようになります。コードに手を加えなかったとしたら、それは決して発見できなかったものです。頭の中で変更後の様子を思い描けるほど私は賢くありません。Ralph Johnson は、こうした初期のリファクタリングを、窓のほこりを払って遠くが見えるようにする行為に例えています。コードを調べる際にリファクタリングを行うと、手を加えなければ見失っていたことについても、理解が深まります。こうした理解のためのリファクタリングを、単にコードをいじっているだけと軽視する人は、混沌に埋もれた事実を見つけるための、絶好の機会を失っているのに気づいていないのです。

ゴミ拾いのためのリファクタリング

　理解のためのリファクタリングの派生として、コードが何をしているかはわかるものの、書き方が今一つというときに行うリファクタリングがあります。必要以上に入り組んだロジックや、パラメータを渡すようにすれば一本化できるはずの、ほぼ同じ関数を見つけたりします。この種のリファクタリングにはちょっとしたトレードオフがあります。現在取りかかっているタスクに直接関係のないことに時間を奪われたくはありません。しかし将来の変更要求があったときに邪魔になるであろうゴミを放置しておきたくはありません。もしもリファクタリングが容易な場合は、すぐに実行してしまいます。修正に手こずりそうなときには、メモを残しておいて、目下のタスクが終わった後で取りかかるようにします。

　もっと緊急のタスクがあるのに、そうしたリファクタリングに数時間もかかってしまうこともときにはあります。しかし、少しずつであっても改善をしていくことには価値があります。キャンプの古い格言に、キャンプ場を去るときは、来たときよりもきれいにして帰ろうというのがあります。駄目なコードを見かけるたびに少しずつ改善をしていけば、やがて問題はなくなっていくでしょう。リファクタリングの良い点は、小さなステップで作業を進めるためコードが壊れないことです。ときにはすべての修正を終わらせるのに数か月かかることもあるかもしれませんが、修正の途中であってもコードは決して壊れないのです。

計画されたリファクタリングと、機に応じたリファクタリング

今まで挙げたリファクタリングは、「準備のため」、「理解のため」、「ゴミ拾いのため」など、便宜主義的なものでした。私は、あらかじめリファクタリング用に時間を確保しておくのではなく、機能の追加や、バグの修正の最中にリファクタリングを行います。私にとってはこれがプログラミングの自然な流れなのです。新機能の追加やバグ修正をするときに、リファクタリングは当面の作業を助けてくれますし、将来の仕事が楽になるようにしてくれます。これは重要なことですが、軽視されがちです。リファクタリングはプログラミングと不可分の作業です。if 文を書くためにわざわざ専用の時間を設けないのと同じです。ほとんどのリファクタリングは、何か別のことをしている最中に行われます。

> 醜いコードを見つけたときにはリファクタリングしなければならない。しかしすばらしいコードもまた、多くのリファクタリングを必要とする。

リファクタリングを、過去の過ちや醜いコードをきれいにする活動のように考えてしまうのも、よくある間違いです。醜いコードを見つけたときにはリファクタリングをしなければならないのは確かです。しかしすばらしいコードもまた、多くのリファクタリングを必要とします。コードを書くときには、いつでも私はトレードオフを意識します。どこをパラメータ化すべきか、関数をどこまで細かく定義するのか、といったことです。昨日までは正しかったトレードオフの判断も、今日加える新機能によって、妥当ではなくなるかもしれません。きれいなコードが保たれていれば、現実に合わせてトレードオフを見直すべきときも、簡単にリファクタリングできます。

> 変更の要求が来たら、まず変更が容易になるようにする（注：これは難しいかも）。それから容易になった変更を行う。
>
> **Kent Beck,**
> https://twitter.com/kentbeck/status/250733358307500032

長い間、ソフトウェア開発は累積のプロセスと思われてきました。新たな機能を実装するには、単に新たなコードを追加していけばよいというものです。しかし有能な開発者は、最も速く新機能を追加するには、しばしば追加しやすい形にコードを変えていくことが必要ということを知っています。この考えでは、ソフトウェアは決して「完成」状態になることがありません。新たな機能が必要になったら、ソフトウェアはそれを反映しなければなりません。新しく追加されるコードよりも、既存のコードにそうした変更がより多く反映されていくこともよくあります。

計画されたリファクタリングが常に悪いと言っているわけではありません。開発チームがリファクタリングをこれまで軽視してきた場合は、コードベースを新機能追加に適した形に手直しするために、まとまった時間の確保が必要となることもあるでしょう。リファクタリングに 1 週間を費やせば、次の数か月が楽になるため、元が取れます。常時リファクタリングを行っている状況であっても、問題が徐々に大きくなってしまい、協調して修正するためのまとまった時間が

必要になることもあります。しかしそうした計画されたリファクタリングの話は、比較的まれと考えたほうが良いでしょう。ほとんどのリファクタリングの活動は目立たず、機に応じて行われます。

　新機能追加とリファクタリングの作業を、バージョン管理システム上で別のコミットにしたほうが良いというアドバイスを聞いたことがあります。この利点はそれぞれを別個にレビューできることなのですが、私自身はあまり納得していません。リファクタリングは新機能の追加と密接に結び付いており、わざわざ分離するために時間を割くのは無駄だと思います。リファクタリングが行われたコンテキストもわからなくなってしまうので、リファクタリングが行われたことを正当と判断するのが難しくなります。開発チームで、どのやり方が合うかを試してみるとよいでしょう。リファクタリング用コミットを分離するというのは自明の理ではないということです。ただし、それで開発が快適になるのなら、価値があります。

長期のリファクタリング

　ほとんどのリファクタリングは数分、長くても数時間で終わるものです。しかしときには開発チームが 1 週間かけて取り組まなければならないような巨大なリファクタリングもあります。既存のライブラリを、まったく新しいものに置き換えなければならないときや、別のチームと共有できるように、コードのある部分をコンポーネント化するような場合がそれに該当します。依存性が複雑で巨大なものになってしまったために、修正したいということもあるでしょう。

　そうした場合であっても、チームをリファクタリングに専念させるというのはお勧めできません。直近の 2 ～ 3 週間で問題を徐々に解決していくことにチームで合意するというのが有効なやり方です。誰かがリファクタリングが必要なコードを扱うことになったら、改善したい方向へとチーム内で少しずつ変えていくのです。これはリファクタリングがコードを壊さないという利点を活かしています。どの変更も、システムを依然として動く状態に保っています。ライブラリを別のものに置き換える場合には、ライブラリへのインタフェースとなる新たな抽象レイヤを導入します。既存のコードを、この抽象レイヤを使うように修正してしまえば、別のライブラリに置き換えていくこともずっと容易にできるようになります（この戦略は「抽象化によるブランチ」［mf-bba］と呼ばれます）。

コードレビュー時のリファクタリング

　コードレビューを定期的に行っている組織があります。一般に、レビューを行うことで組織はうまく機能します。コードレビューは開発チーム全体に知識を浸透させるのに有効です。レビューによって、経験ある開発者の知識が、まだ経験の乏しい開発者に伝わっていきます。大規模システムのさまざまな特質をチームに周知させることができます。また、明快なコードを書いているときにもレビューは重要です。自分にとってわかりやすいコードも、チームにとってはそうでないかもしれません。これは避けられないことです。知識を得ていない人の立場で考えるのは非常に難しいからです。レビューはさらに、示唆に富むアイデアを、多くの人から引き出す機会を与えてくれます。私ひとりだけでは、そうしたアイデアを思いつくのに 1 週間はかかるで

しょう。他の人たちに助けてもらって楽ができるので、私はたくさんのレビューをしてもらうようにしています。

リファクタリングは、他人の書いたコードをレビューするのにも役立ちます。リファクタリングを開始する前に、コードをある程度理解して、どうすべきかを考えます。新たなアイデアが浮かんだときには、リファクタリングを適用してうまく対処できるかどうかを検討します。できそうな場合は、そこで実際にリファクタリングをしてしまいます。何回かのリファクタリングによって、自分の考えがコードに反映されるとどうなるかをはっきりと把握できます。ここでは推測はしません。どのようになるのか実際に見ることができるのです。この結果、リファクタリングを行わなければ決して出てこなかったような、一歩進んだアイデアが浮かんでくることもあります。

リファクタリングは、コードレビューに具体的な成果ももたらします。単に意見が出るだけではなく、多くの意見が実装されます。これにより達成感が得られるでしょう。

コードレビューにリファクタリングを織り込むやり方は、レビューの性質により変わります。一般的なプルリクエスト方式は、コードを書いた人がそばにいない状況でコードを評価することになるので、あまりうまくいきません。書いた人が同席していると、コードのコンテキストを伝えることができ、レビューの意図も十分理解できるようになります。私の経験では、コードの作者と並んで一対一となりコードをレビューしてリファクタリングも行う形が、最もうまくいきます。この論理的帰結が「ペア・プログラミング」です。コードレビューは、プログラミングの中に常に織り込まれることになります。

管理者を説得するには

「管理者に対して、リファクタリングをどう説明すべきでしょうか」といった質問をよく受けます。管理者が（ときには顧客でさえ）リファクタリングのことを、過去のエラーの修正あるいは価値を生まない作業をしているだけと思い込んでいて、汚らわしい言葉だとしている開発現場も見受けられます。リファクタリング活動のために数週間を充てているようなチームの場合、さらに本当のリファクタリングでなく、コードベースを壊しかねない無防備な再構築をしている場合には、この状況はさらに悪化します。

管理者が技術に詳しく、デザインスタミナ仮説を理解できているなら、リファクタリングの説明はそれほど難しくはありません。こうした管理者はリファクタリングを常に推奨して、リファクタリングが不足している兆候がないかどうか、注意を払っているはずです。リファクタリングしすぎる可能性もなくはないですが、不十分になってしまうことのほうがずっと多いのです。

もちろん管理者や顧客によっては、コードの健康状態が生産性にどれだけ影響を与えるのか、技術的に認識できないこともあるでしょう。そうしたときのために、いささか問題発言的なアドバイスをしておきます。「彼らにはだまってリファクタリングする」です。

これは管理者たちに対する反乱でしょうか。私はそうは思いません。ソフトウェア開発者はプロフェッショナルです。開発者の仕事は、効果的なソフトウェアをできるだけ速く構築することです。私の経験から、リファクタリングはソフトウェアの開発速度を上げるのに非常に役立ちま

第 2 章　リファクタリングの原則

す。新たな機能を追加する必要があり、現状の設計がその変更にうまく適応できていない場合には、リファクタリングを最初に行ってしまい、その後で機能追加をしたほうが速いのです。バグフィックスをする場合にも、どのようにソフトウェアが動作しているのかを理解しなければなりません。このときもリファクタリングが最も近道になります。スケジュールを気にする管理者であれば、開発者が最も速い方法を選択するのを望むでしょう。ただし、どのような手段で実施するかは開発者側の責任です。新たな機能をすばやく提供できるプログラミング技能を買われているのですし、そのための手段がリファクタリングなのです。だからリファクタリングをするのです。

リファクタリングを避けるとき

　いかなる状況でも、リファクタリングを勧めていると思われたかもしれません。しかし実際にはリファクタリングの価値がない場合もあります。

　混沌としたコードを見かけたとしても、修正の必要がなければ、リファクタリングする必要もありません。単なる API としてみなせるのであれば、汚いコードであっても、放置しておくことはできます。どのようにして動いているのか理解しなければならない状況になったときに初めて、リファクタリングの利点が出てくると言えます。

　また、最初から書き直したほうがリファクタリングするより簡単なときもあります。この決定はなかなか難しいものです。あるコードのリファクタリングにどれだけかかるかを判断するには、実際にいくつかのリファクタリングを実施して、難しさについての感覚を得なければならないこともよくあります。リファクタリングすべきか、書き直すべきかの判断には、適切な判断能力、および豊富な経験が必要になります。ここで簡単なアドバイスとして表すのは困難です。

リファクタリングの問題点

　技術や、ツール、アーキテクチャといったものを勧められると、私はいつも問題点がないか探してしまいます。一点の曇りもない快晴の日というのは、めったにないものです。いつどこでどの技術を適用すればよいか、トレードオフを理解しなければなりません。私はリファクタリングは価値のある技術だと信じています。ほとんどの開発チームにとって、より使われるべきものでしょう。しかし、リファクタリングにも、それに伴う問題点があります。どのような問題が起こり得て、それにどのように対応できるかを理解することが重要です。

新機能の実装が遅くなる

　これまでの節を読んだ皆さんなら、この主張に対する私の反応は予想できるでしょう。リファクタリングに時間をかけると、新機能の実装が遅くなると考える人は多くいますが、そもそもリファクタリングの目的は、開発スピードを上げていくことなのです。これは紛れもない真実なのですが、リファクタリングが開発を遅くするという認識は、いまだに多く見受けられます。これが十分なリファクタリングを行うのを妨げている主要な原因かもしれません。

> 💡 リファクタリングの目的は、少ない労力で多くの価値を生み出すべくプログラミングの速度を上げることにある。

　トレードオフも確かにあります。追加しようとしている機能が非常に些細な場合は、（大幅な）リファクタリングが必要な状況でも、機能の追加だけを行ってリファクタリングを後回しにすることもあります。これは主観的な判断に頼るしかなく、プログラマとしての経験がものを言います。トレードオフをどのように行っているのか、簡単には説明も定量化もできません。

　準備のためのリファクタリングが、以後の変更をしばしば容易にしてくれることを私はよく知っています。そのため新機能の実装が楽になると感じるときにはリファクタリングをまず行います。以前に見た問題がまた起きているようであれば、そのときもリファクタリングを優先します。同じような醜いコードに何度も出くわしてから、取り除くためのリファクタリングをようやく決意することもあります。逆に、めったに触らない箇所のコードでさほど不便さを感じない場合には、リファクタリングはしないでしょう。どういった改善になるのか確信できないようなときにも、リファクタリングを延期することがあります。状況がどのように改善するのか、別の機会で実験的に試すこともあるでしょう。

　業界の同僚たちからの証言をもとにしても、リファクタリング不足のほうが、過多よりもよほど多く見られます。つまりほとんどの人はもっと頻繁にリファクタリングを試みるべきなのです。健康なコードと不健康なコードとで生産性がどれだけ変わるのか、健康なコードベースでの開発経験が乏しければ、判別は難しいかもしれません。健康な状態であれば、既存の部品を簡単に組み合わせて新しい構成にし、込み入った機能をすぐに実現できます。

　開発速度の名の下に、リファクタリングを軽視する非生産的な傾向の管理者がよく槍玉に挙がりますが、開発者自身も同じ行動をしていることがよく見られます。開発者がリーダーシップを取るのが望ましい状況にあるのに、リファクタリングすべきでないと判断してしまうことがあります。チームの技術リーダーなら、自分はコードベースの健康状態に重きを置いているということをメンバにはっきり示すことが重要です。先ほど述べたリファクタリングすべきかどうかという判断は、何年もの経験があってできるようになるものです。リファクタリングの経験がまだ少ない場合は、リファクタリングのプロセスを通じて開発を加速できるようなメンタリングが必要です。

　しかし、私が最も危険な罠と思うのは、「美しいコード」、「すばらしいエンジニアリングのプラクティス」といった道徳的理由により、リファクタリングが正当化される状況です。リファクタリングは、コードベースがどれだけ美しいかではなく、純粋に経済的な基準で測られるものです。リファクタリングするのは、あくまでもスピードを上げるため、新機能の追加やバグの修正を速めるためです。そのことを常に心にとどめるべきですし、メンバにもその観点を持って接していく必要があります。常に動機とすべきは、リファクタリングによって経済的効果が得られるかということで、それが開発者、管理者、顧客に理解されていくほど、「すぐれた設計」のグラフのカーブは長く続いていきます。

第2章　リファクタリングの原則

コードの所有権

　多くのリファクタリングはモジュールの内部だけでなく、システムの他の部分との関連性に影響する変更を含みます。関数名を変える際に、すべての呼び出し元がわかっていれば、単純に「関数宣言の変更（p.130）」を適用して、定義と呼び出し部分の両方を一度に変更してしまいます。しかしときにはこうした単純なリファクタリングができないこともあります。呼び出し側のコードは別のチームが担当しており、そのリポジトリに書き込み権限がないというような場合です。あるいは関数がユーザから利用できる宣言された API で、誰がどれだけ使っているのか、あるいは使われているのかさえわからないこともあるでしょう。そうした関数は**公開されたインタフェース**の一部で、インタフェースを宣言した側とは独立した、他の利用者から呼び出されるものです。

　コードの所有者による境界は、リファクタリングにとって妨げになります。使う側のコードも書き換えないことには、一連の変更を適用していくことができないからです。リファクタリングが完全にできなくなってしまうわけではなく、それなりには行えるのですが、制限が課せられます。関数名を変えるときには、「関数宣言の変更（p.130）」を使う必要があり、古い関数の定義も新しい関数を呼び出す形にして残しておくようにします。そのためインタフェースは複雑になります。しかし使う側が影響を受けないようにするための、一種の対価として受け入れます。古いほうのインタフェースには「非推奨」（deprecated）の印を付けておくことができるかもしれません。時間をかけて引退に向かわせるのですが、ときには永久に古いインタフェースを維持しなければならないこともあります。

　こうした込み入った問題が生じるため、強いコードの所有権を細かく設定するのには反対です。組織によっては、各プログラマが細かなコードの断片に至るまで所有権を持ち、その権限を持つプログラマしか編集できないようにするのを好むところもあります。三人構成のチームがそうした形で運用されていて、インタフェースを他の二人に対し公開するようにしていることさえありました。直接コードベースにアクセスして編集すればはるかに簡単に済むところが、インタフェースの維持に四苦八苦することになってしまいます。各チームがコードの所有権を持ち、同じチーム内であれば、自身が書いたものでなくとも自由に編集できるようにするほうが望ましいでしょう。開発者がシステムの特定箇所に責任を持つとしても、そこへの変更内容を確認するにとどめ、他の開発者からの変更をデフォルトで禁止すべきではありません。

　そうした寛容な所有権のルールは、チーム間をまたがって運用することもできます。チームの中にはオープンソース的なやり方に従っているところもあります。他のチームの変更は、分岐したブランチのコミットとして出し、担当チームに受け入れてもらうようにする方法です。こうするとチームが関数の呼び出し側も変更できます。古い関数の定義は、それを利用していたコードのコミットが受け入れられた段階で削除できます。この方式は、強いコードの所有権とカオスな変更との間を取って、大規模システムでなかなか良い妥協案となるでしょう。

ブランチ

　本書の執筆時点では、開発チームの各メンバがバージョン管理システムを利用してコードベー

スからブランチを切り、特定の作業をした後でメインブランチ（master や trunk と呼ばれます）に統合して共有するやり方が一般的です。このやり方では、特定の機能をブランチ上で実装して、製品としてのリリースが可能になるまでメインブランチには統合しないことが一般的です。メインブランチには中間段階のコードがいっさい含まれず、機能追加のバージョン履歴が整然と並んでいくため、このやり方の賛同者たちは、問題が起きてもすぐに取り消すことができると主張しています。

　実際にはこのような機能ごとのブランチ方式にも欠点はあります。分離したブランチでの作業が長くなるほど、作業後にメインブランチに統合するのが難しくなります。この苦痛を和らげるため、多くの人は頻繁にメインブランチから自分のブランチへのマージやリベースを行うようにしています。このやり方は、複数の開発者がそれぞれの機能ブランチで作業している場合は、根本的な解決にはなりません。私はマージと統合とを分けて考えます。もしメインブランチを自分が書いているコードにマージしたら、それは片方向の流れであり、自分のブランチは変わっても、メインブランチが影響を受けることはありません。一方、「統合」は双方向の流れのことで、メインブランチからの変更を取り入れ、その後書いた結果をメインのブランチに反映させることを指します。つまり双方が変わります。レイチェルが彼女のブランチで作業している間は、彼女が作業をメインのブランチに統合するまで、私はその変更を知ることができません。統合後に、私の機能ブランチにマージしなければならず。それはかなりの作業になることがあります。特に難しいのは意味的な変更を伴う場合です。今どきのバージョン管理システムは、プログラムテキスト間のマージ作業を、かなり複雑な変更であっても行ってくれるようになっています。とはいえコードの意味的な変更には無頓着です。もしも私が関数の名前を変えても、バージョン管理システムであればレイチェルの変更と難なくマージできるでしょう。しかしレイチェルが彼女のブランチで、私が名前を変えた関数の呼び出しを追加していたとすると、コードは動かなくなってしまいます。

　機能ブランチが長くなるほど、込み入ったマージの問題は指数関数的に悪化していきます。4週間ほど経ったブランチの統合は、2週間ほど経ったものに比べて2倍以上難しくなります。そのため多くの人は、機能ブランチを2、3日程度の短いものに保つようにと主張します。中には私のようにもっと短い期間が望ましいとする人もいます。このやり方が継続的インテグレーション（CI）で、トランクベース開発とも呼ばれるものです。CI では、チームの各メンバは少なくとも1日に1回はメインブランチとの統合を行います。これによってブランチが互いに離れすぎてしまうのを防ぎ、マージの複雑さを大幅に軽減します。CI はただで得られるものではありません。常にメインブランチが健全に保たれるよう、大きな機能を細かな機能に分割したり、分割できない仕掛かり中の機能を一時無効化するための機能トグル（機能フラグ）を導入したりするなどの、プラクティスを実施していく必要があります。

　マージの複雑さが軽減されることは CI の魅力の一つですが、CI が好まれる一番の理由は、それがリファクタリングと協調できるからです。リファクタリングはコードベースのあらゆる箇所に小さな修正を施していくため、意味的な変更（広範囲で使われている関数のリネームなど）によるマージ時のコンフリクトは起こりやすくなります。機能ブランチを採用するチームでは、リファクタリングがマージ問題を悪化させるので、いっそリファクタリングをやめてしまうという

事例も多く見てきました。CIとリファクタリングは相乗効果をもたらします。だからこそKent Beckはエクストリーム・プログラミングで両方を組み合わせたのです。

機能ブランチを使うことを禁じているわけではありません。十分に短い期間であれば、問題はずっと小さなものになります（実際にCIが行われている現場でも機能ブランチは使われていますが、毎日メインブランチに統合を行っています）。機能ブランチは、オープンソースプロジェクトで、よく知らない開発者（そのためあまり信用できない）からのコミットがたまに来るような状況では適切な手法かもしれません。しかしフルタイムで働いている開発チームでは、機能ブランチ方式がリファクタリングに課すコストはあまりに大きいものになります。CIを完全に実施していない環境でも、なるべくメインブランチへの統合の頻度を高くすべきです。CIを導入しているチームのほうがソフトウェア配布を効率的に行えるという、客観的な分析［Forsgren et al.］を参照してみるのもよいでしょう。

テスト

リファクタリングの主要な特徴の一つは、プログラムの外部から見た振る舞いを変更しないことです。リファクタリングの手順に注意深く従って進めば、プログラムが壊れることはありません。しかし、私のようなプログラマがもし間違えたときは（私を知っている人は「もし」を外すほうが適切と思うでしょうが）、どうなるでしょうか。間違いは起こるものです。しかしすぐに気づくことができれば問題にはなりません。一つひとつのリファクタリングは小さな変更なので、何かを壊したとしても誤りを探す範囲は限定されます。仮に見つけられなかったとしても、バージョン管理システムを使い、最後に動作したバージョンに戻すことができます。

ここで大事なのはエラーをすばやく見つけられるかどうかです。現実的な形でこれを実現するには、コードに対する包括的なテストスイートを実行できるようにしなければなりません。頻繁に実行するのを躊躇しないように、実行自体もすばやく行えるようになっている必要があります。つまり、リファクタリングをしたいなら、ほとんどの場合、自己テストコード［mf-stc］が必要ということになります。

自己テストコードを書くことは、厳しすぎる要求で実現不可能と感じる人もいることでしょう。しかしここ20年余り、私は多くのチームがソフトウェアを自己テストコード付きで構築していくのを見てきました。テストには注意深さと献身的な態度が必要ですが、その努力を価値あるものにするだけの利点があります。自己テストコードはリファクタリングを可能にするだけでなく、新機能の追加もはるかに容易にしてくれます。混入してしまったバグをすばやく発見して、修正できるようになるからです。重要なのは、テストが失敗したときは前回成功したときとの差分のみを見ればよいということです。頻繁にテストを行っていれば、その差はわずか数行になります。問題を起こしているのが数行とわかっていれば、バグの発見はずっと簡単になるのです。

これは、リファクタリングは新たなバグを生むリスクを冒すことだと心配する人に対する答えにもなります。自己テストコードがなかったとしたら、心配するのは無理もありません。信頼できるテストを用意することの重要性を何度も強調しているのはそのためなのです。

テストの問題に対する別の解もあります。すぐれた自動リファクタリング機能をサポートする

開発環境を使っているのなら、テストを走らせなくとも、リファクタリング結果を信用できます。その場合、安全に自動実行できるリファクタリングのみを適用する前提で作業を進めます。多くの有用なリファクタリングが使えなくなりますが、それでもリファクタリングの利点は残ります。自己テストコードは依然としてあったほうが良いでしょうが、開発で役に立つオプションの一つという位置づけになります。

　これにより、安全が保証されているリファクタリングに限定してリファクタリングを行っていくというスタイルも生まれます。そうしたリファクタリングは注意深く手順に従うことが要求されますし、プログラミング言語にも依存します。しかしテストカバレージが低い大規模なコードベースに対するリファクタリング手法として、有効に活用しているチームもあります。これ以上詳しくは本書では触れないことにします。というのも、これは比較的新しい話題で、言語固有のやり方を含む詳細な活動であり、説明も理解もまだ十分になされていないからです（ただ、将来的には Web サイトでこの話題を取り上げようと思っています。今のところは、Jay Bazuzi による、C++ で「関数の抽出（p.112）」を安全に行う方法の説明などが参考になるでしょう［Bazuzi］）。

　自己テストコードは、当然ながら継続的インテグレーションとも密接な関係があります。CI は意味的な統合がうまくいっていないことを見つけ出すための仕組みだからです。自己テストはエクストリーム・プログラミングのプラクティスの一つであり、継続的デリバリの鍵となる要素です。

レガシーコード

　ほとんどの人はレガシー（遺産）というと「すばらしいもの」と考えますが、開発者は違う見方をしています。レガシーなコードはたいていの場合は複雑で、テストもろくに書かれておらず、何よりも「他の誰か」によって書かれています（ため息）。

　リファクタリングはレガシーシステムを理解するためのすばらしいツールになり得ます。紛らわしい関数名を変更し、意味が伝わるようにできます。プログラムの構成がごちゃごちゃしていれば、整理してわかりやすくし、ごつごつした岩の塊を、磨かれた宝石のようにしていくことも可能です。しかし、この幸せな物語の最後のドラゴンとなるのは、テストがほとんどそろっていないという事実です。もしもテストが存在しない巨大なレガシーシステムが相手なら、リファクタリングして明確にしていくことは安全にはできないでしょう。

　この問題の答えは、やはりテストを追加していくことです。手間はかかるものの単純な作業だと思うかもしれませんが、実際にやると非常に厄介なものということがわかります。通常、システムに対して容易にテストコードを追加していけるのは、それが最初からテストすることを考慮して設計されているからです。そうしたシステムの場合は、すでにテストもあるでしょうし、心配の必要はないのです。

　解決に至る簡単なルートは存在しません。私ができるアドバイスは、『レガシーコード改善ガイド』［Feathers］を入手して、そのガイダンスに従うということです。少し古い本ですが、気にすることはありません。10 年以上経った今でもやはり有効なやり方が書かれています。かいつまんで説明すると、テストを挿入できる接合部（seam）となる部分をプログラム中に見つけること

で、システムをテストの保護下に置いていくことが書かれています。新たな接合部を定義するにはリファクタリングが必要となります。これはテストコードがない状態で行わなければならないため、ずっと危険なものになります。しかし進んでいくには受け入れなければならないリスクです。こうした状況では、自動化された安全なリファクタリングは神からの贈り物となります。すべてが難しいことに思えるかもしれませんが、実際、そういうものなのです。悲しいことにこの深淵から脱出するための近道はありません。だからこそ私は最初から自己テストコードを書いていくことを強く勧めます。

テストがそろっていたとしても、レガシーシステムの込み入ったコードを一度にきれいにしようとするリファクタリングはお勧めしません。関連している箇所に小さく分割して取り組むことです。コードの問題ある部分を訪れるたびに、少しずつ改善を試みます。ここでもキャンプの例え「来たときよりもきれいにして帰ろう」を忘れないようにしてください。大規模システムの場合、コード中で頻繁に訪れる箇所を重点的にリファクタリングするようにします。このやり方が正しいのは、頻繁に訪ねる分、わかりやすくなることのメリットが大きいからです。

データベース

本書の初版では、データベースのリファクタリングは問題が多い分野と書きました。しかし、初版が出て1年もしないうちに、もはや当てはまらない事項となりました。同僚のPramod Sadalageが進化的なデータベース設計 [mf-evodb] の手法と、『データベース・リファクタリング』[Ambler & Sadalage] を開発し、今や広く使われるところとなっています。この技術の中心となっているのは、データベーススキーマやデータアクセスのコードの構造的な変更に、データ移行のためのスクリプトを簡単に構成できるように組み合わせるというものです。これにより大きな変更も扱えるようになります。

フィールド（カラム）名を変えるという単純な例で考えてみます。「関数宣言の変更（p.130）」と同じように、まず元々の構造の定義箇所とすべての参照箇所を見つけ、一括でそれらを変更します。ここで煩雑になるのは、古いフィールドを使っているあらゆるデータも、新しいものを使うように変換しなければならないことです。この変換を実行するためのスクリプトを書いて、構造定義やデータアクセス処理を変更するコードと一緒にして、バージョン管理システムに保管します。データベースを新たなバージョンに移行するときはいつでも、現在のデータベースのバージョンと目的のバージョンとの間にあるスクリプト群を実行すればよいのです。

通常のリファクタリングと同様、ここで鍵となるのは、個々の変更は小さいけれども完結したものになるようにすることです。そうすると移行した後でもシステムは動作し続けることができます。変更を小さく保つことは、個々の移行コードを書くのが簡単なことを意味します。それでも、それらを順に連続して実行することで、データベースの構造と格納されているデータの双方に、大きな変更を加えることができるのです。

通常のリファクタリングとの違いは、データベースの変更は、正式に至るまでに複数のリリースに分割するのがベストということです。こうすることで、本番運用で問題が起きても変更を取り消すことが容易になります。フィールド名を変えるときは、最初のコミットは、新しいフィー

ルドをデータベースに追加するものの、まったく使用しないことになるでしょう。次に更新処理のコードを変更しますが、新旧両方のフィールドに同時に書き込むようにします。それから読み出しコードを、徐々に新しいフィールドを使うように書き換えていきます。こうしてすべての箇所が新しいフィールドを使うようになって、バグがしばらく出てこないようであれば、今や使われなくなった古いフィールドを削除します。このデータベースの変更手法は、並列的に変更を進めるときの汎用的なやり方［mf-pc］（「拡大と契約」パターンとも呼ばれます）の例になっています。

リファクタリングとアーキテクチャ、そして Yagni

　リファクタリングはソフトウェアアーキテクチャに関する人々の考えを根本から変えるものでした。私が駆け出しだった頃は、ソフトウェア設計およびアーキテクチャは、コードを書き始める前に入念に取り組むべきもので、かつほぼ完成しているものと教えられました。コードが一度書かれたら、そのアーキテクチャは固定化し、後は注意の欠如によって徐々に劣化していくだけでした。

　リファクタリングはまったく異なる見方を打ち出しています。何年も現場で稼働しているソフトウェアのアーキテクチャを大きく変えることすら可能なのです。本書のサブタイトルが示しているように、リファクタリングによって既存のコードの設計を改善していくことができます。しかしすでに指摘したように、テストが十分でない状態のレガシーシステムのコードを改善していくのは、なかなか険しい道です。

　リファクタリングがアーキテクチャに与えたもっとも大きな影響は、要求の変化にしなやかに対応できる、すぐれた設計のコードベースを作り上げる方法を示したことです。コーディングの前にアーキテクチャを完成させてしまう手法の最大の問題点は、ソフトウェアの要求は事前に十分把握できるものという前提に立っていることです。これは経験からもわかるように、ときおりというよりも、たいていの場合は達成できない目標です。ソフトウェアを使ってみて初めて、本当に求めることが判明した例をいくつも知っています。そして、それによりビジネスに支障が出た例もたくさん見てきました。

　将来の変更に対応するために、ソフトウェアに柔軟性を持たせる仕組みを入れておく方法があります。関数を書いているときに、それが一般化できそうに思えることがあります。思い浮かぶあらゆる状況に対応できるように、パラメータを十数個加えてみようと考えるかもしれません。これらのパラメータは柔軟性を持たせる仕組みです。こうした仕組みは概して、ただで手に入るものではありません。パラメータを全部追加すると、当面は特定の条件でのみ使っているのに、関数があまりに複雑になってしまいます。もしも他のパラメータが不足していたら、それまでのパラメータ化の仕組みが仇となって、さらなる追加が難しくなってしまいます。柔軟性の仕組みの間違いは、往々にして後から気づくものです。要求の変更が予想どおりでなかったり、仕組みの設計に問題があったりするためです。これらすべてを考慮に入れると、柔軟性の仕組みは、実は変化に対応する速度をかえって「遅く」してしまいます。

　リファクタリングを使えば、まったく異なる戦略を取ることができます。将来のためにどのよ

うな柔軟性が必要になるのか、そのための最適な仕組みは何かといったことを予想する代わりに、現在わかっている要求のみを解決するソフトウェアを構築します。その要求をかなえることに注力した設計でソフトウェアを作るのです。ユーザ要求の変化に合わせて、リファクタリングを使ってアーキテクチャを新たな要求に適合させていきます。複雑さを増幅させないような仕組み（小さな、わかりやすい名前の関数など）は積極的に採用しますが、ソフトウェアを複雑にするような柔軟性の仕組みについては、採用の前に有効性を証明しなければなりません。呼び出し側に応じて異なるパラメータ値を渡すことがないなら、関数のパラメータとして追加することはしません。追加する必要が生じたときに「**パラメータによる関数の統合（p.318）**」のリファクタリングを適用するのは簡単です。将来の変更に対して、後でリファクタリングするのは難しいかどうか、見積もってみるとよいでしょう。後でリファクタリングするほうが難しいと感じられるときには、そこで初めて柔軟性の仕組みの導入を考えます。

　この設計手法にはさまざまな名前が付けられています。シンプルな設計、インクリメンタル設計、"Yagni"[mf-yagni] などと呼ばれます。Yagni は元々 "You aren't going to need it"（どうせ必要にならない）の頭文字を取ったものです。Yagni によってアーキテクチャの検討が消滅するわけではありませんが、ときおりそうした形で誤用されることもあるようです。Yagni は従来とは少し違ったやり方で、アーキテクチャと設計とを、開発プロセスの中に織り込んでいきます。それはリファクタリングの支えなしでは実現できないものです。

　Yagni を採用するからといって、事前のアーキテクチャ検討を蔑ろにするわけではありません。リファクタリングによる変更が困難で、事前の検討が効率的な場合も存在します。しかしこのバランスは、時とともにだいぶ変わってきました。私なら、理解が十分に進んでから問題に対処したほうがずっと良いと考えます。今は進化的アーキテクチャの原則が広まりつつあります [Ford et al.]。アーキテクチャに関する決定を繰り返し行えるという利点を活かし、アーキテクトはパターンやプラクティスを常に探求していくのです。

リファクタリングとソフトウェア開発プロセス

　先ほどの「リファクタリングの問題点」の節を読んだとき、リファクタリングの効果は、チームが採用している他の開発プラクティスとの組み合わせによると思ったのではないでしょうか。実際のところ、エクストリーム・プログラミング（XP）[mf-xp] は、リファクタリングを早期からプラクティスの一部として採用していました。XP は、従来と大きく異なった相互補完的なプラクティスを組み合わせることで知られています。継続的インテグレーションや、自己テストコード、リファクタリングなどがその例です（後の二つはテスト駆動開発の構成要素でもあります）。

　エクストリーム・プログラミングは最も古くからあるアジャイル開発手法 [mf-nm] の一つであり、アジャイルの牽引役でした。今やアジャイル開発手法を用いているプロジェクトはかなり多くなり、アジャイルな考え方は一般に受け入れられ主流になったと言えます。しかし現実的にはほとんどの「アジャイル」プロジェクトは名ばかりのものです。真にアジャイルなやり方を実践するには、チームメンバはリファクタリングの技能を持ち、かつ熱心に取り組む人たちでなけれ

ばなりません。そのために、開発プロセスの多くは、リファクタリングが通常の作業の一部になることに適合する必要があります。

自己テストコードはリファクタリングを支える第一の基盤です。自動実行できる一連のテストスイートがあるからこそ、プログラミングのミスがあったら、テストは失敗すると確信できるようになります。リファクタリングにとって、テストは非常に重要な基盤となる事項なので、別に章を設けて説明します。

チーム内でリファクタリングを行うときには、各メンバが別のメンバの作業と干渉することなく、必要に応じていつでもリファクタリングできるようになっていることが重要です。継続的インテグレーション（CI）を勧めているのはこのためです。CIがあると、各メンバのリファクタリング結果が、他のメンバにすばやく共有されます。コードを追加したものの、それは削除されるインタフェースに対してだったと後で知るようなことはなくなります。リファクタリングが他の人の作業に影響してしまっても、CIですぐに知ることができます。自己テストコードは継続的インテグレーションの鍵でもあります。自己テストコード、継続的インテグレーション、リファクタリングという三つのプラクティスには強い相乗効果があるのです。

前節で述べた Yagni という設計手法は、この三つのプラクティスの実践があって初めて可能になります。リファクタリングと Yagni は相互に補完しあいます。リファクタリング（および関連するプラクティスを含む）が、Yagni の基盤となるだけではなく、Yagni によってリファクタリングが簡単になるのです。たくさんの不必要な柔軟性が埋め込まれたシステムよりも、シンプルなシステムのほうが変更しやすいからです。こうしたプラクティスのバランスを取ることは重要です。そうすれば好循環が生まれ、変化する要求に即座に応えられて、かつ信頼性も高いコードベースを実現できます。

こうしたコアのプラクティスがきちんと行えていれば、アジャイル開発手法の他の要素も活用できる基盤ができていることになります。継続的デリバリは、ソフトウェアを常にリリース可能な状態にしておく手法です。これにより、Webアプリを提供している組織は、日に何度もアップデートをリリースできます。そこまでの頻度は必要ないとしても、リスクを減らした、技術的制約に縛られないビジネス要求を満足させるためのリリース計画が可能になります。確固とした技術基盤を持つことで、良いアイデアを実際の製品にしていくまでの時間を大幅に短縮でき、顧客に対してより良いサービスが提供できます。さらにこうしたプラクティスはソフトウェアの信頼性を高め、修正に時間のかかるバグの数も減らします。

このように書いてしまうと単純な話のように思われるかもしれませんが、実際は異なります。ソフトウェア開発は、どのようなやり方を採用するにせよ、人間とコンピュータとの複雑なやりとりを含む厄介なものです。これまで述べたやり方は、この複雑さに対処するのに有効であると確認されたものです。しかし、他のやり方と同様、実践とスキルが必要です。

リファクタリングとパフォーマンス

リファクタリングがプログラムの速度性能に与える影響は、一般に懸念されるところです。ソ

フトウェアを理解しやすくするための変更は、しばしばプログラムの実行速度を落としてしまいます。このことについては、深刻に受け止める必要があります。設計の純粋さを優先するためにパフォーマンスを無視したり、より速いハードウェアに期待したりするような考えには賛成できません。ソフトウェアは遅いという理由だけで拒否されるものですし、マシンが速くなったからといって単にゴールの位置をずらしているに過ぎません。リファクタリングは、ソフトウェアの実行速度を遅くすることもある一方で、よりパフォーマンスチューニングをしやすい形にします。ハードリアルタイムシステムを除き、速いソフトウェアを作る秘訣は、最初にチューニングしやすく作って、十分な速度が出るまで、段階的にチューニングすることです。

　速いソフトウェアを作る一般的な方法は三つあります。最も厳しい要求を実現するのが、実行スケジューリングを行うやり方で、ハードリアルタイムシステムでよく使われます。この場合、設計を細かなコンポーネントに分割し、各コンポーネントに時間とメモリ使用量というリソースを割り振ります。コンポーネントは、配分されたリソースを交換する仕組みは与えられているものの、決められた消費量を越えてはいけません。この仕組みは実行時間に重大な関心がある場合に使われます。これは心臓のペースメーカなどのように、タイミングの遅れたデータが役に立たないシステムにおいては不可欠な方法です。私が普段対象としている企業情報システムに関しては、ここまでする必要はないでしょう。

　第二の方法は、パフォーマンスを常に意識するやり方です。これは、開発全体にわたってすべてのプログラマが、パフォーマンスを高めるためにあらゆる工夫をし続けるというものです。これは一般に広く行われており、直感的に好まれる傾向がありますが、実際にはあまりうまくいきません。パフォーマンスを高めるための変更は、たいていプログラムをわかりにくくします。これによって開発効率が悪くなります。結果としてできたソフトウェアが十分速いものであれば、見返りが得られたことになりますが、成功することはまれです。パフォーマンスを高めるための工夫はプログラムの全域にばらまかれ、それぞれは部分的な狭い視点でチューニングされ、しばしばコンパイラやランタイム、ハードウェアの動作を誤解したものになります。

何も作り出さないことにかけた時間

　クライスラー総合給与管理システムでは、計算処理のパフォーマンスが出ないことが問題となりました。まだ開発の途中でしたが、テスト自体の効率も落としてしまうため、開発者にとっても悩みの種でした。

　そこで、私と Kent Beck と Martin Fowler とで修正を試みることにしました。皆が集まるまでの間、私は自分のシステムに関する知識をもとに、何がボトルネックとなっているのかを考えました。いくつかの可能性があり、周りの仲間たちと必要とされる変更について話し合いました。なかなか良いアイデアを思いついたので、これでシステムは速くなると思いました。

　次に Kent が作成したプロファイラを使い、パフォーマンスの計測が行われました。私が考えていたことはどれもパフォーマンスとは関係がないと判明しました。その代わり、プロファイラは Date のインスタンス生成でシステムの半分以上の時間を費やしていることを示しました。興味深いことに、それらのインスタンスはいくつかの同じ値を保持していました。

Date インスタンス生成のロジックを見ると、生成の仕方に最適化の余地がありそうでした。それらは、ユーザからの入力でもないのに、すべて文字列から変換されていました。文字列からの変換が行われていたのは、単に開発者がタイピングしやすいという理由からでした。これについては最適化できそうです。

さらに、Date がどのように使われているかを見ていきました。ほとんどは DateRange の生成用に使われていました（DateRange は開始日と終了日を保持するオブジェクトです）。さらに詳しく調べると、そのうちの多くの DateRange は期間なしであることがわかりました。

DateRange を作成したときには、終了日が開始日より前の日付となっているものを「期間なし」とみなすルールを決めました。これは、DateRange クラスの振る舞いにうまく適合しており、良いルールと言えました。しかし、そのルールに従った開発が進むうちに、開始日よりも前の終了日を設定した DateRange を作るのは、わかりにくいと思うようになりました。そこでその部分を抽出して、「期間なし」の DateRange を生成するファクトリメソッドを定義しました。

この変更は、単にコードをわかりやすくするために行ったのですが、予期せぬ効果をもたらしました。ファクトリメソッド内部では、毎回新たな DateRange を生成せずに、あらかじめ生成しておいた同じ DateRange を返すようにしました。これにより、実行速度は倍増し、ストレスなくテストできるようになりました。この変更は約 5 分で済みました。

それ以前、私はさまざまなチームメンバと、よく理解しているコードのどこが悪さをしているのかを推測していました（この推測に Kent と Martin は反対で、参加しませんでした）。そして何が起きているのかをまず計測せずに、改善のためのラフな設計をいくつか行ってさえいたのです。

これはまったく間違った作業でした。とてもおもしろい議論がいくらかできたものの、まったく役に立たなかったのです。

以上からの教訓です。システムが行っていることを十分にわかっているつもりでも、推測はやめて、まず実際に計測をすること。それによって学ぶこと。十中八九、あなたの推測は間違っています。

Ron Jeffries

パフォーマンスで興味深いのは、プログラムを解析してみると、ほとんどの時間がごく一部の処理で集中的に消費されているという事実です。そのため、コード全体にわたって均等に最適化を行ったとしても、その活動の 90％ は無駄になるのです。最適化したコードのほとんどはめったに実行されないからです。プログラムを高速にするためにかけた時間、難解なコードのために費やされた時間は、すべて無駄になってしまうのです。

第三の方法は、パフォーマンスチューニングに前述の 90％ の法則を使います。このやり方では、まずプログラムをきれいに整理された形で作り上げます。このとき、パフォーマンスは気にしません。そしてチューニングの段階に来て、初めてパフォーマンスを考慮します。このとき、私は一定の手順に従って最適化を行います。

まず、該当プログラムが、実際に時間とメモリをどこで消費しているかを計測するために、プロファイラを実行します。こうすることで、パフォーマンス上のホットスポットになっているプログラム上の箇所が検出されます。その後、ホットスポットに集中し、その部分についてのみ、2 番目の方法で述べたのと同じような最適化を行います。こうすればホットスポットに集中できるため、少ない労力でより多くの効果を上げることができます。ただし、この作業でも注意しな

ければならないことがあります。リファクタリングと同様に、変更を小さなステップの積み重ねで行うことです。各ステップで、コンパイル、テスト、プロファイラによる実行を繰り返します。もしパフォーマンスが改善しなかった場合は、変更を元に戻します。ユーザが満足する水準に達するまで、ホットスポットを見つけては退治していきます。

　この最適化方式を採用する場合、プログラムがリファクタリングできれいに整理されていると、二つの点で有利です。第一に、パフォーマンスチューニングに十分な時間をかけられるようになります。設計が明確なため、より速く機能追加でき、その分、最適化に割ける時間も増えます（プロファイラの使用によって、誤った部分に工数をかけないことが保証されます）。第二に、きれいに整理されているため、パフォーマンス解析の際、より細かな単位へ集中することが可能になります。プロファイラにより、ボトルネックとしてコードの限定された箇所が示され、そこを簡単にチューニングできます。コードが非常に明確に書かれているので、どのような選択肢があり、どのようなチューニングが有効かをより深く理解できるのです。

　リファクタリングが速いソフトウェアを作るのに役立つことは、私が身をもって体験したことです。リファクタリングを行っている最中は、短期的にソフトウェアの動作を遅くしますが、最適化の段階では、チューニング作業を行いやすくします。最終的には得をすることになるのです。

リファクタリングの起源

　「リファクタリング」という言葉がいつから使われ始めたのか、正確なことは私にもよくわかりません。古くから、すぐれたプログラマはコードを整理する作業をしてきました。きれいなコードは、複雑で混沌としたものに比べて楽なことを経験的に知っていました。また、最初から理想的なコードが書けないということもよくわかっていたのです。

　リファクタリングは、このコードを整理するという考えをさらに大きく発展させたものです。本書では、リファクタリングがソフトウェア開発プロセス全体で行われる重要な作業であることを強調しています。この重要性に最初に気づいたのは、Ward Cunningham と Kent Beck の二人です。彼らは 1980 年から Smalltalk を使い続けてきました。Smalltalk にはその頃からリファクタリングが快適に行える環境が備わっていました。その動的な性質によって、非常に効率良くソフトウェア開発ができたのです。当時から Smalltalk では、コンパイル、リンクして実行するまでにほとんど時間がかかりませんでした。ビルドに一昼夜かけるのが一般的であった頃に変更がすばやく気軽に行えたのです。オブジェクト指向が徹底しており、インタフェースをきちんと保ったまま、変更の影響を最小化できるツールが提供されています。Ward と Kent は、こうした動的な開発環境に、最も合致した開発プロセスを探求していきました。現在、この開発プロセスはエクストリーム・プログラミングと呼ばれています。彼らは当時からリファクタリングがソフトウェアの生産性向上に重要な役割を果たすことに気づいており、リファクタリングを本格的なソフトウェアプロジェクトで実践することで、磨きをかけてきたのです。

　Ward と Kent のアイデアは、Smalltalk のコミュニティに強い影響を与えてきました。リファ

クタリングの考えは、Smalltalker の文化として重要な位置を占めるようになりました。また、Smalltalk コミュニティのもう一人の重要人物として、Ralph Johnson を忘れてはいけません。イリノイ大学アーバナシャンペーン校の教授であり、デザインパターンの「ギャング・オブ・フォー」[gof] の一人としても有名です。Ralph はソフトウェアフレームワークに最も関心を寄せています。彼は、リファクタリングが効率的で柔軟なフレームワーク作りにどう役立つかについて研究してきました。

　Bill Opdyke は、博士課程で Ralph から指導を受け、やはりフレームワークに非常に興味を持ちました。彼はリファクタリングの潜在的な可能性を見抜き、Smalltalk 以外にも適用できるだろうと考えました。彼は元々電話交換機のシステム開発の経験がありました。それは常に複雑さを生み出す、変更のしにくいものだったのです。Bill は博士課程で開発ツール作成者の観点からリファクタリングを研究しました。C++ によるフレームワーク開発でのリファクタリングの有効性を調べたのです。セマンティクスを保つためにどのようなリファクタリングが必要か、セマンティクスが保たれていることをどのように証明できるか、開発ツールはリファクタリングを提供するためにどう実装しなければならないかを調査しました。Bill の博士論文 [Opdyke] は、初期の最もまとまったリファクタリングの研究成果と言えます。

　私は、Bill と 1992 年の OOPSLA[訳注2] で出会いました。彼はカフェで自分の研究を説明してくれたのです。そのときの私は「おもしろそうだが、それほど重要ではない」と思ってしまいました。なんということでしょう。これは大間違いだったのです。

　John Brant と Don Roberts はリファクタリングツールを作成するというアイデアをさらに発展させて、「リファクタリング・ブラウザ」を作り上げました。これは最初のリファクタリングツールで、Smalltalk の環境のために作られたものでした。

　さて、私についてですが、常に整理されたコードを求めてきたものの、それがこんなに重要であると受け止めてはいませんでした。Kent と一緒のプロジェクトに参加することになり、そこで初めてリファクタリングの実践を目の当たりにしました。生産性と品質の両方ですばらしい効果をもたらすことを知り、リファクタリングが非常に重要な技術であると、経験を通じて実感するようになりました。しかし、周りのプログラマに薦める解説書がないことが非常に不満でした。リファクタリングのエキスパートたちもそうした本を書く予定がないとのことでした。そこで、彼らの力を借り、私が本書の初版を書く決意をしたのです。

　幸運なことに、リファクタリングの考えは業界に定着しました。初版は好評で、ほとんどのプログラマがリファクタリングという言葉を知るようになりました。特に Java の界隈では、リファクタリングツールが多く開発されていきました。知れ渡ることの陰の面として、「リファクタリング」という用語が、コードの再構成であれば何でもという形で、いい加減に使われていることがあります。しかし、主流のプラクティスになったとは言えるでしょう。

訳注2　Conference on Object-Oriented Programming Systems, Languages, and Applications。かつて開かれていたオブジェクト指向技術に関する世界的なカンファレンス。

自動化されたリファクタリング

　ここ10年間でリファクタリングに起きた最も大きな変化は、自動化されたリファクタリングツールが利用できるようになったことです。Javaでメソッド名を変更したいときに、IntelliJ IDEA［intellij］やEclipse［eclipse］（もちろんこの二つだけではありません）なら、メニューから項目を選ぶだけで終わりです。ツールがリファクタリングを自動的に行ってくれます。たいていの場合は十分に信頼できる結果が得られるので、テストスイートを走らせる必要もありません。

　最初にこの種の機能を提供したのは、John BrantとDon RobertsによるSmalltalkの「リファクタリング・ブラウザ」です。このアイデアは、今世紀初頭からJavaのコミュニティでも急速に受け入れられていきました。JetBrainsがIntelliJ IDEAという開発環境を出したとき、自動化されたリファクタリングは、製品の競争力を生み出す主要機能でした。同時期にIBMも、Visual Age for Javaでリファクタリングツールをサポートしてきました。Visual Ageはそれほど普及しませんでしたが、リファクタリングを含む多くの機能は、Eclipseとして再実装されました。

　C#の世界にもリファクタリングツールの波は起きました。まずJetBrainsのReSharperが、リファクタリング機能をサポートするためのVisual Studioのプラグインとして登場しました。後にVisual Studio自身もリファクタリング機能を充実させました。

　エディタなどのツール群でも、程度の差はあれ、なんらかの形でリファクタリングをサポートするものが増えてきています。機能の違いは、ツールそのものや、自動化されたリファクタリングに対するプログラミング言語上の制限によって起きています。ここでは各ツールの機能の比較は行わずに、原則的なことにいくつか触れておくことにします。

　自動化されたリファクタリングへの最も原始的な方法は、検索・置換といったテキスト操作を行うことです。名前の変更や、「**変数の抽出（p.125）**」などで使うことができます。ただし非常に大まかな方法なので、テストを走らせずに信用して使うことはできないでしょう。とはいえ、気軽な最初のステップではあります。仮に洗練されたリファクタリングツールが入手できないような環境では、リファクタリングを効率良く行うため、私であればEmacsにそうしたマクロを導入するでしょう。

　適切にリファクタリングを行うには、ツールはプログラムのテキストではなく、構文木を操作すべきです。構文木を操作するほうが、コードの動作を保持したままでの変換がずっと信頼できるものになります。現在リファクタリングが最も充実しているのが、強力なIDEなのはそのためです。IDEでは構文木の情報を、リファクタリングだけでなく、コードのナビゲーションや、lint[訳注3]などのために用いています。テキストと構文木の双方の情報を活用することで、単なるテキストエディタではできないことを実現しています。

　リファクタリングは構文木を解析し、更新するだけのものでもありません。ツールはさらに、変換したコードをテキストの形でエディタ部分に再表示する方法を知っていなければなりません。喜んでツールを使っているときには、あまり意識しませんが、きちんとしたリファクタリング機能を実装することは、概してかなり手強いプログラミング上の試練になります。

訳注3　コードを解析して、品質上の問題点を指摘する機能。

多くのリファクタリングは、静的型付けの言語に適用するほうが、ずっと安全に行えます。単純な「関数宣言の変更（p.130）」を考えてみます。addClient メソッドは、Salesman クラスにも、Server クラスにもあるかもしれません。Salesman のほうのメソッド名を変えたいけれども、Server のほうは変えるつもりはないとします。静的型付けがない場合、どの addClient の呼び出しが Salesman についてのものなのか、判別するのは難しいでしょう。リファクタリング・ブラウザでは、呼び出し側のコード一覧を表示して、どこを変えるかを開発者に選択させることができます。しかしこれではリファクタリングの安全性は損なわれてしまい、テストを再実行する必要が出てきてしまいます。ツールは依然として役に立つものですが、Java のツールでは同様のことを完全に自動化された形で安全に行うことができるのです。静的型付けの助けによって、適切なクラスのメソッドをツールが特定できるため、安心して意図したメソッドだけを変えることができます。

もっと進んだツールもあります。たとえば変数名を変えると、その名前を使っているコメントも変更するか確認してきます。「関数の抽出（p.112）」をすると、新たな関数の本体と似たコードの箇所を見つけ出し、新たな関数の呼び出しに変えるように提案してくるのです。慣れ親しんだテキストエディタでなく IDE を選ぶのは、こうした強力なリファクタリング機能の支援が受けられるという強い理由があるからです。個人的には Emacs の愛好家ですが、Java でプログラミングするときには、リファクタリング機能が充実している IntelliJ IDEA や Eclipse を選びます。

洗練されたリファクタリングツールが、安全な形でコードをリファクタリングできるのはほとんど魔法のようですが、うまくいかない場合もまれにあります。あまり成熟していないツールであれば、Java の Method.invoke のようなリフレクションを使った呼び出しには苦戦するでしょう（これを非常にうまく処理できる洗練されたツールもあります）。ツールによるほとんどのリファクタリングは安全に行われますが、台無しになっていないことを確認するため、テストスイートを折に触れて実行するほうが賢明でしょう。私はたいていの場合、自動リファクタリングと手作業によるリファクタリングを織り交ぜて行います。そのためテストはかなり頻繁に実行します。

構文木をプログラムの解析とリファクタリングの両方に使う技術は非常に強力なため、シンプルなテキストエディタに対して IDE が持つ、大きな利点となります。とはいえ多くのプログラマはいつものエディタの柔軟性が気に入っており、どちらも使いたいと思うでしょう。最近は言語サーバ [langserver] という技術も広まってきています。これは構文木を解析し、テキストエディタに対して API を提供するものです。言語サーバであれば、さまざまなエディタに対応でき、洗練されたコード分析とリファクタリング操作を行うためのコマンドを提供できます。

さらに興味のある方へ

まだ 2 章というところで参考文献について述べるのは奇妙に思われるかもしれません。しかし本書のリファクタリングの基本よりもさらに進んだ話題を扱う多くの文献があることを、ここで紹介しておくのが良いと思いました。

多くの人が本書でリファクタリングを学んでくれました。しかしリファクタリングのリファレンスとして重点を置いたので、学習用としては足りない部分もあります。リファクタリングの学習書を探しているのであれば、Bill Wake の『Refactoring Workbook』[Wake] をお勧めします。リファクタリングを実践するための多くの演習が含まれているからです。

リファクタリングの先駆者たちは、ソフトウェアパターンのコミュニティでも活発な貢献をしてきました。Josh Kerievsky は『パターン指向リファクタリング入門』[Kerievsky] で、二つの世界を密接に関連づけました。ソフトウェア業界に多大なる影響を与えたギャング・オブ・フォーのパターン本 [gof] から、最も価値のあるパターンを厳選し、リファクタリングにより、ソフトウェアをそうしたパターンを適用した形に進化させていく手法を示しています。

本書は一般的なプログラミング領域でのリファクタリングを主に取り上げていますが、特定分野でのリファクタリングの適用例もあります。Scott Ambler と Pramod Sadalage の『データベース・リファクタリング』[Ambler & Sadalage] や、Elliotte Rusty Harold の『Refactoring HTML』[Harold] の二つが特に有益なものとして注目されています。

リファクタリングという名前こそ付いていませんが、Michael Feathers の『レガシーコード改善ガイド』[Feathers] も忘れてはいけません。テストカバレージがきわめて低いレガシーなコードベースを、どのようにリファクタリングしていけばよいかについて取り上げた第一の本です。

本書（および初版）は、あらゆるプログラミング言語のプログラマに向けて書かれていますが、プログラミング言語に特化したリファクタリングの本もあります。元同僚の Jay Fields と Shane Harvey が書いた『リファクタリング：Ruby エディション』[Fields et al.] がその例です。

より最新の情報については、本書の Web 版やリファクタリングのメインサイト refactoring.com [ref.com] をぜひご覧ください。

第3章

コードの不吉な臭い

Kent Beck, Martin Fowler 共著

「臭ったら、替えるのよ」
—— Beck 家のおばあちゃん。子育て論について話していたときのひと言

　ここまで、リファクタリングがどう役に立つかについて概観してきました。しかし、単にやり方を理解しただけであり、どのタイミングで適用するかについては述べていません。いつリファクタリングを開始して、いつ終了させるかの判断は、リファクタリングの仕組みを知るのと同様に重要なことです。

　ここで私はジレンマを感じてしまいます。インスタンス変数の削除や継承階層を作成する手順を説明するのは簡単なことです。それほど手間もかかりません。しかし、それを「いつ」実行すべきかについては明快な答えが見つからないのです。プログラミング上のあいまいな美意識に頼らずに（正直、コンサルタントはそれに頼ることもあるのですが）、よりしっかりとした根拠で説明したいのです。

　初版の執筆中にチューリッヒにいた Kent を訪ねたとき、私はこの難題について思いを巡らせていました。当時の Kent は、お嬢さんが生まれたばかりで、新生児特有の臭いの印象が残っていたようでした。そのため、私の話を聞くと、リファクタリングの「きっかけ」を臭いの比喩で表すアイデアを提案し始めました。

　「あいまいな美意識よりは、ましと思わないかい」と彼は言いました。確かに思い当たる節もあります。私たちは今まで非常に多くのコードを見てきました。うまくいったプロジェクトのコードもあれば、大失敗を招いたものもあります。そこにはリファクタリングを誘う（ときには「必要だ」と叫ぶ）ある種の雰囲気があり、それを嗅ぎ分ける能力を私たちは養ってきたのです（本章は私と Kent との共著になっており、そのため「私たち」という言葉を使っています。おもしろいジョークがあるところは私が、つまらないところは Kent が書いたと思ってください）。

　本章で、リファクタリングがいつ必要になるかについての正確な基準を設けるつもりはありません。経験で磨かれた人間の直感には、メトリックスをいくら集めてもかなわないものです。ここではリファクタリングの必要性を示す不吉な兆候について説明していきます。インスタンス変数はいくつ以上になれば多すぎであり、メソッドは何行以上だと長すぎるなどの感覚は、自ら養っていかねばなりません。

　本章と裏表紙の表を随時参照し、いつリファクタリングするか迷ったときのヒントにしていただければ幸いです。臭いの種類は何かを、本章や表を見て突き止め、そこに記されたリファクタ

73

第 3 章　コードの不吉な臭い

リングを対処法として実施するようにします。皆さんが感じる臭いとまったく同じことは書かれてないかもしれませんが、きっと正しい方向へと導いてくれるはずです。

Mysterious Name

不可思議な名前

　探偵小説を読んでいるときに、ある一文について何が起きているのかあれこれと推理を働かせるのは、なんと楽しいことでしょう。しかしコードの場合は違います。国際諜報局のメンバだったらと空想にふけるのもよいですが、コードには突飛な箇所があってはならず、明快でなければなりません。明快なコードにするために最も重要なのは、適切な名前付けです。そのため開発者は、関数、モジュール、変数、クラスなどの名前について、行っていることや利用方法がはっきり伝わるようにと、懸命に考えます。

　しかし悲しいことに、名前付けは、プログラミング言語で最も難しい二つのこと [mf-2h] のうちの一つなのです。そのため、おそらく名前の変更がリファクタリングで最も行われる作業でしょう。（名前の変更のための）「**関数宣言の変更（p.130）**」、「**変数名の変更（p.143）**」、「**フィールド名の変更（p.252）**」などがこれに該当します。開発者はそれほど問題ではないと考え、名前の変更を躊躇してしまいがちです。しかし適切な名前に変更すれば、将来、何時間もかけて思い悩まずに済みます。

　名前の変更は、単に名前を付け替えるだけの作業ではありません。良い名前が思いつかないということは、設計がまだ固まっていないことの兆候でもあります。今一つな名前をどうにかしようと頭をひねることで、コードがずっとシンプルになっていくこともよくあります。

Duplicated Code

重複したコード

　同じ構造のコードが 2 か所以上にある場合、1 か所にまとめることができると、より良いプログラムになります。コードに重複があると、コピーされた箇所に出くわすたびに、似ているけれども違う部分はないか、注意深く読み込まなければならなくなります。重複したコードを修正することになった際には、重複部分を漏れなく見つけ、すべてに同様の修正を施していく必要があります。

　重複したコードで最も単純な問題は、同一クラス内の複数メソッドに同じ式があるというものです。この場合は、「**関数の抽出（p.112）**」を適用して、抽出したメソッドを元のメソッドの本体から呼ぶようにすれば解決します。似てはいるものの完全に同じではない場合は、「**ステートメントのスライド（p.231）**」でコードを整え、似た箇所を寄せておくと抽出しやすくなります。共通のベースクラス配下のサブクラス間に重複したコードがある場合には、「**メソッドの引き上げ（p.358）**」により、重複したメソッドの呼び出しを避けることができます。

Long Function

長い関数

　経験上、長く充実した人生を送るのは、短い関数を持ったプログラムです。そうしたコードに慣れていないプログラマは、プログラムがいつまでも委譲を繰り返すだけで実際の計算をまったく行っていないかのような錯覚にしばしば陥ります。しかし、こうしたプログラムに何年か親しむにつれ、小さな関数がどれだけ価値あるものなのかがわかるようになります。間接層を設けることによるメリット（コードの自己記述性、共有性、選択可能性）は、まさに小さな関数によって実現されるのです。

　プログラミングの黎明期から、関数が長くなるほど理解しにくくなるのは周知の事実でした。古いプログラミング言語では、サブルーチンの呼び出しにかかるオーバーヘッドが無視できず、コードを複数の呼び出しに分割すると嫌がられました。最近の言語では、呼び出しにかかるコストは、プロセス内ではほとんど問題になりません。それでもコードを読む開発者にとっては、次から次へと関数を追っていかねばならず、依然としてある種のオーバーヘッドがかかるという意見もあります。関数の定義と呼び出し部を自在に辿れ、複数の関数を同時にブラウズできるような開発環境があれば、このような面倒もなくなります。しかし最もお勧めなのは、関数名をわかりやすくすることです。関数名が適切であれば、内部の実装を見なくとも先に読み進めていけるのです。

　命名を適切に行うことで、関数の分割にずっと積極的になれます。コメントが必要だと感じたとき、代わりにわかりやすい名前を付けた関数に分割してしまうのです。コメントが必要な関数には、内部でどのように処理をしているかではなく、そのコードが何をするのかという「意図」を示した名前を付けるようにします。こうした分割を数行のまとまったコードに対して実施します（極端な場合には1行のときもあります）。置き換えによって、以前よりもコードが長くなったとしても、意図が明確になれば良しとします。ここで重要なのは、関数の長さを切り詰めることではなく、名前と、その実装との距離を埋めることだからです。

　関数を短くするために行う作業の99%は「**関数の抽出（p.112）**」です。関数内で一つにまとめられそうな箇所があったら、迷わず抽出しましょう。

　パラメータや一時変数が多すぎる関数は、抽出を妨げる要因となります。「**関数の抽出（p.112）**」を単純に行っても、パラメータや一時変数を次々と受け渡していかなければならず、あまり読みやすいコードにはなりません。「**問い合わせによる一時変数の置き換え（p.185）**」を組み合わせて、一時変数を減らしていく必要があります。また、長いパラメータリストに関しては、「**パラメータオブジェクトの導入（p.146）**」や「**オブジェクトそのものの受け渡し（p.327）**」を使い、スリム化していくことができます。

　それでもまだ一時変数やパラメータが残ってしまう場合には、強力な武器を使うまでです。「**コマンドによる関数の置き換え（p.345）**」を試してみましょう。

　抽出部分を見つけ出す良い方法はないでしょうか。コメントを探すというテクニックがあります。コメントは、コードの意図が伝わりにくいところを補うために書かれていることが多いからです。コメントで挟まれたコードがあった場合、コメントに書いてある本来の意図を関数名とし、

第 3 章　コードの不吉な臭い

細かい関数へと分割していくことができます。たとえ 1 行だったとしても、説明のために分割する価値はあります。

　条件分岐やループも、抽出の対象になります。「条件記述の分解（p.268）」を条件文に対して行うことができます。巨大な switch 文があった場合には、「関数の抽出（p.112）」で、それぞれの分岐内容を関数の呼び出しに変えていくべきです。同じ条件で分岐している switch 文が複数あった場合には、「ポリモーフィズムによる条件記述の置き換え（p.279）」を適用すべきです。

　ループに関しては、ループ部分とループ内部のコードを抽出して、独立した関数にできます。抽出されたループに名前を付けるのが難しいとすれば、ループだけでない別のことをしているからかもしれません。そのときは「ループの分離（p.236）」で、独立したタスクに分解します。

Long Parameter List

長いパラメータリスト

　プログラミングの黎明期には、計算処理に必要なデータはすべてパラメータで渡すよう習ったものでした。当時はこの教えも納得のいくものでした。その代わりとなるものがグローバル変数だけだったからです。いうまでもなく、グローバル変数はすぐに問題になります。しかし長いパラメータリストも、しばしば混乱のもとになります。

　パラメータで渡されるオブジェクトに問い合わせることで、パラメータリスト中の他のデータを取得できるなら、「問い合わせによるパラメータの置き換え（p.332）」でその分のパラメータを削除できます。既存のデータ構造から多くのデータを取り出す代わりに、「オブジェクトそのものの受け渡し（p.327）」で元々のデータ構造を渡してしまうこともできます。もし複数のパラメータが常に一緒に渡されるようであれば、「パラメータオブジェクトの導入（p.146）」でまとめてしまうのもよいでしょう。パラメータが振る舞いを変えるためのフラグとして使われている場合には、「フラグパラメータの削除（p.322）」を適用します。

　クラスはパラメータの数を減らすためのすぐれた手段です。特に有効なのは、複数の関数群が、パラメータで渡される値を共有しているときです。そうしたときには、「関数群のクラスへの集約（p.150）」で共通の値をフィールドとして定義すればよいでしょう。関数型プログラミング的な考え方でいうと、これは部分適用された一連の関数群を作っていることになります。

Global Data

グローバルなデータ

　ソフトウェア開発の黎明期から、開発者たちは、グローバルなデータがいかに危険なものであるか忠告を受けてきました。グローバルなデータは、地獄の第四層から来た悪魔によって生み出されたもので、それをあえて使う者たちも地獄に落ちることになると諭されてきたものです。地獄の責め苦にはいささか懐疑的ですが、グローバルなデータは、今でも遭遇する可能性のある、強烈な臭気の一つです。その問題は、コードベースのどこからでも変更できてしまい、どこで変更が行われたかを知るすべもないということにあります。これは幾度となく、どこか遠くからの

76

不気味な動きから生まれるバグにつながりますし、コードのどこが悪さをしているかの特定も大変難しいのです。グローバルなデータの最もわかりやすい形はグローバル変数です。しかしこの問題はクラス変数や、Singleton にも見られるものです。

プログラムのあらゆる箇所からの汚染にさらされたデータを見つけたときには、「**変数のカプセル化（p.138）**」により、まず防ぐのがよいでしょう。少なくとも関数経由でのアクセスにすることで、いつ値を変更しているのかが突き止めやすくなり、制御できるようになります。その後で、それをクラスやモジュール内部に移動させることで、直接参照できる箇所を限定して、スコープをできるだけ狭めてあげるのがよいでしょう。

変更可能なグローバルなデータは、特に有害なものです。プログラム開始後に決して変更されないことが保証されているのであれば、グローバルなデータでも比較的に安全です。プログラミング言語によっては、変更不能性を保証できるものもあります。

グローバルなデータはパラケルススの格言の示すとおりのものです。つまり、服用する量によって、薬は毒にもなるということです。グローバルなデータがごくわずかなら、やり過ごすこともできるでしょう。しかし量が増えていくにつれ、対応が急激に難しくなります。たとえ量がそれほどでなくとも、カプセル化で分離しておきたいものです。それがソフトウェアの進化に伴う変更に対応するための鍵なのです。

Mutable Data

変更可能なデータ

データの変更はしばしば予期せぬ結果や、厄介なバグを引き起こします。他で違う値を期待していることに気づかないままに、ソフトウェアのある箇所で値を変更してしまえば、それだけで動かなくなってしまいます。これは値が変わる条件がまれにしかない場合、特に見つけにくいバグとなります。そのため、ソフトウェア開発の一つの潮流である関数型プログラミングは、データは不変であるべきで、更新時は常に元のデータ構造のコピーを返すようにし、元データには手を触れないという思想に基づいています。

しかし関数型プログラミング言語は、まだプログラミングの世界では比較的少数派で、たいていの開発者は、変数の値が変わることを許容したプログラミング言語を使うことになります。だからといって、不変の利点を無視してよいわけではありません。無制限なデータ更新に伴うリスクを軽減するために、できることはたくさんあるのです。

「**変数のカプセル化（p.138）**」を使って、すべての値の変更が特定の関数を通してのみ起こるようにできます。こうすれば値の変更を監視でき、改良していくのも簡単になります。一つの変数が別の事項を表すために使われているときは、「**変数の分離（p.248）**」で双方を分離し、危険な変更を避けるようにします。「**ステートメントのスライド（p.231）**」と「**関数の抽出（p.112）**」を行って、更新を行う箇所からそれ以外のロジックをできるだけ取り除き、更新処理のコードと副作用のないコードとを分離します。API では「**問い合わせと更新の分離（p.314）**」を適用し、呼び出し側が本当に必要なとき以外は、副作用のあるコードを呼ばずに済むようにします。いきなり「**setter の削除（p.339）**」を適用して、setter を呼んでいる側を特定してから、変数のスコー

第3章 コードの不吉な臭い

プを狭めることもあります。

いつでも計算で導出できるのに変更可能になっているデータも、かなり不吉な臭いがするものです。単に混乱やバグ、家での夕食の機会を失う原因という前に、そもそも必要がありません。除菌用ビネガーをスプレーし、「**問い合わせによる導出変数の置き換え（p.256）**」を適用しましょう。

変更可能なデータは、スコープが数行に限定されているのなら、大して問題にはなりません。スコープが広くなるにつれ、危険性が高くなっていきます。「**関数群のクラスへの集約（p.150）**」や、「**関数群の変換への集約（p.155）**」によって、変数の値を変更しなければならない箇所を減らしましょう。もし内部構造にデータを含んでいる変数があるなら、部分的に内部の値を修正するよりは、全体を入れ替えてしまうほうが、たいていは望ましいものです。そうしたときには「**参照から値への変更（p.260）**」を使いましょう。

Divergent Change

変更の偏り

私たちは変更がなるべく容易になるようにソフトウェアを構造化します。結局のところ、ソフトウェアはソフトであるべきです。変更しなければならないときには、変更箇所を一つに特定して、そこだけを変えるようにしたいのです。これがうまくいかないと、密接に関係する次の二つの不吉な臭いを味わうことになります。

「変更の偏り」は、一つのモジュールが異なる目的のために異なる方法で変更される状況です。同一モジュールに対して「データベースが追加されるたびにいつもこの三つのメソッドを変更しなければならない、金融商品が出るたびに毎回この四つのメソッドを修正しなければならない」などということがあれば、それは変更の偏りがあることを示しています。データベースとのやりとりと、金融商品の処理の問題は、まったく別のコンテキストにあるものです。それぞれのコンテキストを別々のモジュールに移動させたほうが、幸せに開発ができます。そうすればあるコンテキスト上で変化が生じたときは、そちらのみを理解すればよく、もう一方は無視しておくことができます。これが常に重要なことは当然ですが、年齢とともに萎縮していく脳を考えると、もはや必須です。もちろん変更の偏りがあることを、データベースや金融商品を追加した後で初めて気づくこともあるでしょう。コンテキストの境界は、開発の初期段階ではたいていの場合ぼんやりしていて、ソフトウェアの機能が増えていくにつれて変化していくものです。

データベースからデータを取り出してから金融処理に利用するといった形で、二つの処理が順番に現れるのが自然な場合は、「**フェーズの分離（p.160）**」で、両者を取り持つデータ構造を明確に定めて分離するとよいでしょう。呼び出し順序が前後するようなら、適切なモジュールを新規に作成し、「**関数の移動（p.206）**」を使って処理を独立させていく方法があります。もし関数が二つの異なる処理を内部でごちゃまぜに行っているなら、移動の前に「**関数の抽出（p.112）**」で処理を分離しておいたほうが良いでしょう。モジュールがクラスの場合には、「**クラスの抽出（p.189）**」で秩序立った形での分割ができます。

78

特性の横恋慕

Shotgun Surgery

変更の分散

「変更の分散（Shotgun Surgery）訳注1」は「変更の偏り」に似ていますが、実は異なるものです。変更を行うたびにあちこちのモジュールが少しずつ書き換わるような場合、不吉な臭いと受け取ったほうが良いでしょう。変更すべき箇所が全体に広がると探すのが難しくなり、重要な変更を実装し忘れる場合も出てきます。

こうしたときには、「**関数の移動（p.206）**」や「**フィールドの移動（p.215）**」を行い、変更部分を一つのモジュールにまとめあげるようにします。似たようなデータ構造を扱う一連の関数群がある場合には、「**関数群のクラスへの集約（p.150）**」を使います。データ構造を変換したり、情報を付加したりする関数群があるなら、「**関数群の変換への集約（p.155）**」が使えるでしょう。データを消費するロジックのために、共通の関数群が出力を組み合わせていくことができるなら、「**フェーズの分離（p.160）**」が役立ちます。

「変更の分散」に対処するには、「**関数のインライン化（p.121）**」「**クラスのインライン化（p.193）**」などのインライン化のリファクタリングを使い、不適切に分割されたロジックをまとめていく戦略が有効です。長いメソッドや、長いクラスが結果としてできるかもしれませんが、その後でより意味のある形での抽出を行えばよいのです。小さい関数やクラスを常にコード中に求めていくべきですが、再構築の中間段階で大きなものができたとしても恐れる必要はありません。

Feature Envy

特性の横恋慕

プログラムのモジュール化にあたっては、内部でのやりとりを最大に、外部とのやりとりは最小になるようにコードを分割しようとします。特性の横恋慕の古典的な例は、あるモジュールの関数が、内部のモジュールよりも、外部のモジュールの関数やデータ構造とやりとりしているというものです。なんらかの値を計算するのに、他のオブジェクトの get メソッドを何度も何度も呼び出している困った関数をよく見ます。しかし幸いにも、これを正していくのは簡単です。たいていは関数が必要なデータから遠く離れているので、「**関数の移動（p.206）**」を行えば解決します。また、ときには関数内の一部のロジックだけが、こうした横恋慕をしたがっていることもあります。その場合はまず「**関数の抽出（p.112）**」を使い、次に「**関数の移動（p.206）**」を適用して正しい場所に置いてあげるようにします。

もちろん、すべてがこのやり方でうまくいくわけではありません。ある関数が複数のモジュールのデータを参照している場合は、どのモジュールに移動すべきでしょうか。経験的には、どのモジュールに大部分のデータを持たせるかを決めて、そのモジュールに関数を移動させる方法があります。この場合、「**関数の抽出（p.112）**」を使って関数を細かい単位に分けると移動しやすくなることがあります。

訳注1　散弾銃（ショットガン）で受けた広範囲にわたる傷を手術するイメージ。

もちろん原則に当てはまらない定番のパターンもいくつかあります。デザインパターン [gof] の Strategy と Visitor パターンが、すぐに候補として思い浮かびます。Kent Beck の Self Delegation パターン [Beck SBPP] もそうです。これらはどれも「変更の偏り」の対策に役立ちます。基本となる考えは、同時に変更する必要があるものはまとめるということです。データとそのデータを扱う振る舞いは、通常、一緒に変更の影響を受けます。しかしこれには例外があり、振る舞いのみの変更に対処するために、それを外に出したほうが良いこともあるのです。Strategy や Visitor を使うと、振る舞いのみを容易に変更していけるようになります。振る舞いを細かな単位で定義し、その部分についてのみオーバーライドできるからです。ただし、これには回りくどくなるという欠点もあります。

Data Clumps

データの群れ

　子供たちはあちこち動き回るものですが、データも同じです。数個のデータがつるんで、クラスのフィールドやメソッドのシグニチャなど、さまざまな箇所に現れることがあります。こうした群れをなしたデータは、同じすみかにまとめるべきです。まずフィールドについて見ていきます。「**クラスの抽出（p.189）**」を使い、データの群れをオブジェクトに発展させていきます。次にメソッドのシグニチャに取りかかります。「**パラメータオブジェクトの導入（p.146）**」や、「**オブジェクトそのものの受け渡し（p.327）**」によってまとめていくことができます。これでパラメータの数が減り、メソッド呼び出しが単純になります。新たなオブジェクトの一部のフィールドしか使われないとしても、ためらう必要はありません。いくつかのデータをオブジェクトにまとめただけでも、前進したことになります。

　データの集まりからある要素を除外したらどうなるかを考えてみてください。残ったデータの集まりは意味をなすでしょうか。意味をなさない場合には、オブジェクトを作り直したほうが良いということを示しています。

　単純なレコード構造ではなく、クラス定義をしたほうが良いでしょう。クラスを定義することで、芳香剤を手にすることになります。次の段階は「特性の横恋慕」を嗅ぎ分け、新規に作ったクラスに振る舞いをうまく移せないかを考えることです。こうした作業は、役に立つクラスを増やし、重複をなくし、開発速度を上げていく力を持つものなのです。未熟だったデータの群れも社会の一員となり、生産性の向上に役立ってくれるようになります。

Primitive Obsession

基本データ型への執着

　ほとんどのプログラミング言語には、整数、浮動小数点数、文字列などの基本データ（プリミティブ）型があります。ライブラリによっては、日付のような小さなオブジェクトを追加しているものもあります。興味深いことに、多くのプログラマは、対象としているドメインに役立つ、貨幣、座標、範囲などの基本的な型を導入するのを嫌がる傾向があります。金額の計算を通常

の数値で行ったり、単位を無視して物理的な量を計算（インチにミリメートルを足すなど）したり、if(a < upper && a > lower) といったコードを書いたりしているのを、よく見たことがあるでしょう。

　この種の臭いを培養する典型的なシャーレとなっているのは文字列です。電話番号は、単なる文字の集まりではありません。少なくとも適切な型を定義してあげれば、UI 上に表示するときも、一貫した表示用ロジックを持たせることができます。そうした型を無理に文字列として表すと、「文字列で型付けされた」変数^{訳注2}と揶揄されることになります。

　ほら穴から抜け出し、日の当たる型の世界の住民となるには、個々のデータに対して「**オブジェクトによるプリミティブの置き換え（p.181）**」を行うことです。データが振る舞いを変えるための単純なタイプコードのときには、「**サブクラスによるタイプコードの置き換え（p.369）**」を行い、続いて「**ポリモーフィズムによる条件記述の置き換え（p.279）**」を適用します。

　基本データ型の同じ集まりが何度もコード中に現れているなら、それは「データの群れ」です。「**クラスの抽出（p.189）**」や「**パラメータオブジェクトの導入（p.146）**」によって社会の一員になってもらいましょう。

Repeated Switches

重複したスイッチ文

　オブジェクト指向の純粋なエバンジェリストと話してみれば、switch 文が邪悪という主張を聞けるでしょう。あらゆる switch 文には「**ポリモーフィズムによる条件記述の置き換え（p.279）**」が必要と言うかもしれません。通常の if 文もポリモーフィズムに置き換えるべきで、ほとんどの if 文は過去のものとして捨て去ったほうが良いという意見をも聞いたことがあります。

　血気盛んな若い頃でさえ、私たちは条件文に無条件に反対していたわけではありません。確かに本書の初版では、「スイッチ文」という条件なしの見出しで本節を書きましたが、90 年代後半にはポリモーフィズムがあまりに評価されていなかったという事情があります。皆さんに対して考えを切り替えてもらうメリットを重視したのでした。

　最近はポリモーフィズムも一般的となり、15 年前に比べると switch 文が単純に赤信号というわけでもなくなりました。また、多くのプログラミング言語が、基本データ型以外をサポートする、より洗練された switch 文を提供してきています。そこで、今後問題とするのは、重複したswitch 文のみとします。switch/case 文や、ネストした if/else 文の形で、コードのさまざまな箇所に同じ条件分岐ロジックが書かれていれば、それは「不吉な臭い」です。重複した条件分岐が問題なのは、新たな分岐を追加したら、すべての重複した条件分岐を探して更新していかなければならないからです。ポリモーフィズムは、そうした単調な繰り返しに誘うダークフォースに対抗するための、洗練された武器です。コードベースをよりモダンにしていきましょう。

訳注2　原文の stringly typed は strongly typed のもじり。http://wiki.c2.com/?StringlyTyped を参照のこと。

第 3 章　コードの不吉な臭い

Loops

ループ

　プログラミング言語の黎明期から、ループは中心的な存在でした。しかし今ではベルボトムの
ジーンズやペナントのお土産のように、あまり重要でなくなりつつあります。初版ではループを
特に取り上げませんでした。当時の Java は、他のプログラミング言語と同様、この代替となる
ものを持っていなかったからです。しかし、今では第一級関数がかなりの言語でサポートされる
ようになり、「パイプラインによるループの置き換え（p.240）」で、時代遅れの産物を引退に向
かわせることも可能です。filter や map といったパイプライン操作を使うと、処理対象とする要
素群と処理内容とをすばやく確認することができます。

Lazy Element

怠け者の要素

　プログラミング言語上のさまざまな要素を使い、開発者はプログラムに構造を加えていきま
す。それらはバリエーションや再利用の機会を提供し、良い名前を付けるのにも役に立ちます。
しかし、ときには構造が不要になることもあります。本体に書かれた処理と同じ名前の関数が
あったり、メソッドが一つしかないクラスが存在したりします。後に発展して広く使われるとい
う想定で用意されたものかもしれませんが、その夢はかなわなかったのです。かつては役立って
いたものの、ときにはリファクタリングで存在意義が薄れていったものもあります。いずれの場
合にせよ、そうした要素は丁重に葬り去りましょう。つまり「関数のインライン化（p.121）」や
「クラスのインライン化（p.193）」を使うことになります。継承がある場合には「クラス階層の平
坦化（p.387）」を適用します。

Speculative Generality

疑わしき一般化

　Brian Foote がこの名前を付けてくれました。実は、私たちはこの臭いについて非常に敏感で
す。「いつかこの機能が必要になるさ」と誰かが言い、現在は必要としていない凝った仕掛けや
特殊な状況を考えているようなときには、警戒が必要です。そのままでは、往々にして難解で保
守しにくいソフトウェアができ上がることになります。これらの仕掛けがすべて使われていれば
価値はあるのでしょうが、実際はそうではありません。無用の長物ならば削除したほうがましで
す。

　大した働きをしていない抽象クラスについては、「クラス階層の平坦化（p.387）」を試みる
とよいでしょう。意味のない委譲は「関数のインライン化（p.121）」や「クラスのインライン化
（p.193）」によって削除できます。未使用のパラメータを持つ関数は、「関数宣言の変更（p.130）」
により、パラメータを除去すべきです。「関数宣言の変更（p.130）」は、将来に向けて用意され
たけれども決して通過しない分岐からの、余分なパラメータの除去でも使われます。

あるクラスや関数がテストケースでのみ利用されている場合も、「疑わしき一般化」と考えることができます。そのテストケースを削除し、「デッドコードの削除（p.246）」を適用します。

Temporary Field

一時的属性

インスタンス変数の値が、特定の状況でしか設定されないクラスに出会うことがあります。通常、オブジェクトはすべての属性を必要としていると考えるので、そうしたコードは非常に理解しづらくなります。使われもしない変数がなぜ定義されているのか、解読しようとしていらいらすることになります。

「クラスの抽出（p.189）」を使って、孤児だった変数の居場所を作ってあげましょう。「関数の移動（p.206）」で、その属性を扱っているコード群を、新たなクラスとしてまとめましょう。「特殊ケースの導入（p.296）」により、変数が無効なときのための代替クラスを用意すると、条件文のコードを排除できます。

Message Chains

メッセージの連鎖

クライアントがあるオブジェクトにメッセージを送り、受け取ったオブジェクトがさらに別のオブジェクトにメッセージを送り、それがまた別のオブジェクトへメッセージを送るといった、メッセージの過剰な連鎖が起こることがあります。getXxxxx のようなメソッド呼び出しが長々と連なっていたり、getXxxxx の結果を一連の一時変数で受け取ったりしているような状況です。このような形でオブジェクトのナビゲーションを行っていると、ナビゲートする過程の構造にクライアントが強く依存することになります。これでは中間のオブジェクトの関連が変わるたびに、クライアントが影響を受けることになってしまいます。

こうしたときには、「委譲の隠蔽（p.196）」を使うことができます。これは連鎖のさまざまな箇所に適用できます。原則的には連鎖に関わるすべてのオブジェクトに対して行えるのですが、そうすると中間オブジェクトはすべて次に述べる「仲介人」になってしまいがちです。返されるオブジェクトが何に使われるかを考えてみたほうが良いでしょう。そのオブジェクトを実際に使っている部分を「関数の抽出（p.112）」で取り出し、「関数の移動（p.206）」で連鎖を短くまとめるようにします。もし連鎖中にあるオブジェクトの複数のクライアントが、それより先にナビゲートしたい場合、そのためのメソッドを追加するようにします。

メッセージの連鎖はどんなものでも許さないという人もいます。私たちは温和で理性もあることで有名なので、これについてはある程度寛容です（少なくともこのケースにおいてですけれども）。

83

第 3 章　コードの不吉な臭い

Middle Man

仲介人

　オブジェクト指向の特徴にカプセル化があります。これによって、内部の詳細を外部からはいっさい見えないようにすることができます。カプセル化は、しばしば権限の委譲をもたらします。上司に対して会議に出席できるか尋ねると、手帳を見てから答えます。これが委譲です。上司が手帳を見るのか、携帯情報端末を使うのか、秘書に聞くのかといったことを気にする必要はありません。

　しかし、これが過剰となる場合もあります。たとえばメソッドの大半が別のオブジェクトに委譲しているだけのクラスを見ることがあります。こうしたときには「**仲介人の除去（p.199）**」を適用して、本当に仕事をするオブジェクトに直接処理させることを考えてみるとよいでしょう。仲介人メソッドがわずかな場合には、「**関数のインライン化（p.121）**」を適用して、呼び出し側にその部分を埋め込む方法もあります。

Insider Trading

インサイダー取引

　ソフトウェアの開発者はモジュールの間に強固な壁があることを望みます。モジュール間でのデータのやりとりがあまりに活発だと、両者が相互依存してしまうと不満を言います。機能を実現するには必然的なやりとりもあるでしょう。しかしそうしたやりとりは最小限にとどめ、把握できるようにしておくべきです。

　コーヒーサーバの前でこっそり話し込んでいるようなモジュールがあった場合は、「**関数の移動（p.206）**」や「**フィールドの移動（p.215）**」で、おしゃべりをしなくともよいようにしてあげる必要があります。モジュールが共通の興味を持っていた場合には、第三のモジュールを共通データの管理役としてまとめるか、「**委譲の隠蔽（p.196）**」を使い、モジュールを仲介人にすることもできます。

　継承により仲の良すぎる状態が起こることもあります。想定以上に、サブクラスはスーパークラスのことを知りすぎてしまいがちます。もう子供がひとり立ちする時期ということであれば、「**委譲によるサブクラスの置き換え（p.388）**」や「**委譲によるスーパークラスの置き換え（p.407）**」を使うとよいでしょう。

Large Class

巨大なクラス

　一つのクラスがあまりに多くの仕事をしている場合、たいていはインスタンス変数の持ちすぎになっています。これらが多すぎると、重複したコードが存在する可能性も高くなります。

　まず、「**クラスの抽出（p.189）**」を適用して、いくつかの変数をひとまとめにしましょう。その際は、互いに関係が深く同一コンポーネントとして意味のある変数群を選択するようにします。

たとえば、depositAmount（預金残高）とdepositCurrency（預金通貨）は、一つのクラスにまとまっていたほうが良いでしょう。一般に、変数の名前に共通の接頭辞や接尾辞が付いていた場合には、同一コンポーネントとしてまとめることができるかもしれません。新しくできたコンポーネントが継承でまとまりそうな場合には、「スーパークラスの抽出（p.382）」や「サブクラスによるタイプコードの置き換え（p.369）」（当然サブクラスの抽出が行われます）の適用が楽でしょう。

クラスがすべてのインスタンス変数を使っていないこともあります。その場合はこうした抽出を何回か試みてください。

インスタンス変数を持ちすぎたクラスと同様に、コード量の多すぎるクラスも間違いなく「重複したコード」の温床であり、やがてそのクラスには混乱と死がもたらされることになります。この最も単純な解決策は（単純なやり方が好きだと以前に言っておきましたよね）、クラスの冗長部分を排除することです。100行のメソッドが5個あり、その多くが重複していたならば、10行程度のメソッドが5個、2行程度のメソッドが10個といったふうに抽出していくのです。

そうしたクラスのクライアントも、しばしばクラス分割のための重要なヒントを与えてくれます。クライアントが、クラスの機能のサブセットを使っているだけかどうかを調べてみましょう。そうしたサブセットは、独立したクラスの候補になります。有効な機能のサブセットが見つかったなら、「クラスの抽出（p.189）」や「スーパークラスの抽出（p.382）」、「サブクラスによるタイプコードの置き換え（p.369）」を適用して、分割していきましょう。

Alternative Classes with Different Interfaces

クラスのインタフェース不一致

クラスを使うことで得られる最大の利点として、必要に応じて、他のクラスへの置き換えが可能になることがあります。しかしこれがうまくいくのは、インタフェースが同じ場合に限ります。「関数宣言の変更（p.130）」を使って合わせてあげましょう。この方法でうまくいかない場合には、「関数の移動（p.206）」を適用し、インタフェースが同じになるように振る舞いを適切なクラスに配置するようにしましょう。移動に伴って重複したコードが発生するようであれば、「スーパークラスの抽出（p.382）」を使うようにします。

Data Class

データクラス

属性とgetおよびsetメソッド以外には何も持たないクラスに出会うことがあります。こうしたクラスは単なるデータ保持用であり、他のクラスから過剰にアクセスされがちです。開発の特定の段階では、これらは公開の属性を持つものとして定義されることもあります。なるべく早い段階から、「レコードのカプセル化（p.168）」を行うようにしましょう。変更されては都合の悪い属性については、「setterの削除（p.339）」をするようにします。

getまたはsetメソッドが、他のクラスのどこで使われているかを調べ、「関数の移動（p.206）」

を適用して、データクラスに振る舞いを移せないか考えます。関数全体が移せない場合には、「関数の抽出（p.112）」によって、移動できる部分を取り出します。

データクラスがあるということは、たいていの場合、間違った箇所に振る舞いが定義されていることを示しています。通常はクライアントからデータクラスへと振る舞いを移動させれば、大きく改善が進みます。しかしこれには例外があります。特定の関数呼び出しの問い合わせ結果として使われるレコードが、まさにその例です。たとえば「フェーズの分離（p.160）」を適用した後には、中間データ構造を受け渡すようになるのが一般的です。そうした結果レコードの鍵となる特徴は、（少なくとも実践では）不変データであるということです。不変な属性であればカプセル化する必要もなく、不変データからの派生値も、get メソッドではなく、属性として表すことができます。

Refused Bequest

相続拒否

サブクラスは親の属性と操作を継承（相続）するのが普通です。しかし、仮にそれらを必要としないとしたらどうなるでしょうか。相続した遺産のうち、ほんの一部しか利用していない場合です。

継承階層が間違っているというのが伝統的な見方です。兄弟となるクラスを新たに作成して、「メソッドの押し下げ（p.367）」、「フィールドの押し下げ（p.368）」で、使われていないコードを兄弟クラスへと移します。こうすることで、親クラスには共通のものだけが保持されます。スーパークラスは抽象クラスであるべきというアドバイスを耳にすることもあるでしょう。

「伝統的」と言ったのには多少の皮肉が込められています。というのは常にこれが勧められるわけではないからです。単に振る舞いを再利用するために継承を使い、十分うまくいってしまうことも多いのです。もちろん多少は不吉な臭いを感じるのですが、たいていは大した問題にはなりません。継承したものが使われないことで混乱や問題が起きている場合に限って、伝統的な解法を使うようにしましょう。これに関しては、常に対処しなければならないというものではありません。通常は、ほうっておいても大丈夫です。

サブクラスがスーパークラスの振る舞いは継承するけれども、インタフェースは必要としないという場合には、臭いはかなり強くなります。実装を相続拒否することは大して問題にしませんが、インタフェースを拒否するとなると話が違ってきます。しかし、この場合も継承構造をあれこれ思い悩む必要はありません。「委譲によるサブクラスの置き換え（p.388）」や「委譲によるスーパークラスの置き換え（p.407）」を使えば、簡単に対処できます。

Comments

コメント

コメントを書いてはいけないなどと言うつもりはまったくありません。コメントは決して不吉な臭いではなく、むしろ良い香りです。ここでコメントについて言及しているのは、コメントが

消臭剤として使われることがあるからです。コメントが非常に丁寧に書かれているのは、実はわかりにくいコードを補うためだったということがよくあるのです。

　コメントは、今まで紹介してきた不吉な臭いの予兆として考えることができます。リファクタリングで不吉な臭いの除去に努めましょう。リファクタリング後には、コメントが表面的で意味のないものだったことがわかるでしょう。

　コード内の処理の一部を説明するのにコメントが必要な場合には、「**関数の抽出（p.112）**」を試してみましょう。関数がすでに細かく抽出されており、それでもコメントがないと処理がわかりにくい場合には、「**関数宣言の変更（p.130）**」で名前の変更を試みます。システムが特定の状態を必要としていることをルールによって明確に表現したい場合には、「**アサーションの導入（p.309）**」を適用します。

> コメントの必要性を感じたときにはリファクタリングを行って、コメントを書かなくとも内容がわかるようなコードを目指すこと。

　コメントの重要な使い方として、不明点を書き留めておくということがあります。処理の説明だけでなく、よくわからない事項のメモとしてコメントを使うことができます。また、なぜこのような処理を選択したのかをコメントに書いておくこともできます。この種の情報は忘れやすいことも多いため、以降の修正のときに役立ちます。

第4章

テストの構築

リファクタリングは価値のあるツールですが、単体で成り立つものではありません。なんらかの誤りは必ずあり、それらを指摘してくれる堅牢なテストスイートが、適切なリファクタリングには必要です。自動化されたリファクタリングツールを使っていても、依然としてテストスイートによる確認が必要な場合も多くあります。

テストが足かせになるとは思いません。リファクタリングに限らず、良いテストを書くとプログラマとしての生産性は高まります。これには、私も驚きました。多くのプログラマの皆さんにとっても予想外のことでしょう。そこで、この理由を説明していきたいと思います。

自己テストコードの意義

プログラマの大半がどのようなことに時間をかけているかを調べると、実際にコードを書いている時間はきわめて短いことに気づくでしょう。何が起こっているかを理解するのに費やす時間もありますし、設計に費やす時間もあります。しかし、なんといっても多いのはデバッグにかかる時間でしょう。きっと皆さんも、ときには夜遅くまで、長い時間をかけてデバッグをされたことがあるでしょう。プログラマであれば誰でも、見つけるのに丸一日（またはそれ以上）かかったバグの話ができるのではないでしょうか。バグを修正するのは普通は一瞬ですが、見つけるのは悪夢です。また、バグを修正した場合、別のバグが混入する恐れもあります。そして、それに気づくのはかなり後になるかもしれません。何年も経ってからそのバグが見つかったりします。

私が自己テストコードの道に入るようになったきっかけは、1992 年の OOPSLA での会話で、誰か（たぶん "Bedarra" Dave Thomas だったと思います）の「クラスにそれ自身のテストを行わせるべきだ」という何気ない言葉です。これを聞いて私は、製品コードとともに、コードベース中にテストコードを含めていくことに決めました。そのとき、私もイテレーティブな開発に携わっていたため、イテレーションを完了するごとにテストメソッド群を追加するようにしました。そのときのプロジェクトは非常に小さいもので、毎週のイテレーションでリリースしていました。テストの実行は確かに簡単になりました。しかし、簡単になったとはいえ、テストは依然として

89

第 4 章　テストの構築

きわめて退屈なものでした。コンソールに出力されるテスト結果を毎回、自身でチェックしなければならなかったからです。さて、私はきわめて怠惰な人間なので、仕事をしないためならどんなに厳しい仕事も厭いません。私は、基準に合った結果が画面に出力されたかどうかを自分で調べるのをやめて、コンピュータに調べさせればよいということに気がつきました。テストコードに期待される値を書き、結果と比較させればよいのです。これで、いくつもテストを実行したとしても、すべてがうまくいけば、画面に「OK」と出力されるだけです。こうして、ソフトウェアが自己テストをするようになりました。

すべてのテストを完全に自動化し、テスト自身に結果をチェックさせること。

　これでテストの実行は、コンパイル並みに簡単になりました。そこで、私はコンパイルするたびにテストを実行するようにしました。まもなく、生産性が大幅に向上したことに気がつきました。デバッグに時間がかからなくなっていたのです。バグを入れ込んでしまっても、それまで書いたテストで検出できるため、テストを実行すればたちまち発見されます。前には正しく動作していたため、バグは直前のテスト以降の作業で入ったことになります。テストを頻繁に実行しているので、まだ数分しか経っていません。よってバグは、たった今書いたコードの中にあるはずです。そのコードについての記憶は新しく、対象となっている箇所もわずかなので、バグを見つけるのは簡単です。かつては見つけるのに 1 時間以上かかっていたものも、多くても 1 〜 2 分で見つかります。自己テストコードの整備だけでなく、それを頻繁に実行することで、バグ検出の強力な武器が手に入ったのです。
　これに気づいてから、私はテストの実行について、より積極的になりました。イテレーションの終了を待たずに、ちょっとした機能を書き加えるとすぐにテストを追加します。毎日、新たな機能とそのテストコードとを付け加えています。それ以降、リグレッションによるバグの原因探しに数分以上かかるなどということは、ほぼありません。

テストをひとそろいにしておくと、バグ検出に絶大な威力を発揮する。これによって、バグの発見にかかる時間は削減される。

　こうしたテストを書いたり整理したりするためのツールは、私の最初の実験から大幅な発展を見せました。OOPSLA 1997 に出席するためのスイスからアトランタへのフライトで、Kent Beck は Erich Gamma とペアを組んで、Smalltalk で書かれたテスト用フレームワークを Java へと移植し始めました。結果としてできたものが JUnit で、それがプログラムのテストに多大な影響を与え、同種のツール［mf-xunit］をさまざまなプログラミング言語用に生み出すもととなっていったのです。
　もちろん、この方法を取るよう他者を説得するのは簡単でありません。テストの記述は、大量の余計なコードを書くことを意味します。それがどれだけプログラミングを速くするかを実際に体験しなければ、自己テストが意味のあることとは思えないでしょう。これは、テストを書いた

90

ことがない人やテストに関心がない人が多いためではありません。手動で行うテストは、はらわたがちぎれるほど退屈です。しかしそれが自動的にできるなら、テストを書くことはとても楽しいものになるでしょう。

　実際のところ、テストはプログラミングを始める前に手をつけるのがよいでしょう。新たな機能を追加するとき、テストから書き始めます。これは、後ろ向きな印象を与えますが、そうではありません。テストを書くことで、機能を追加するためにすべきことは何かを自問することになります。また、テストを書くことで、実装よりもインタフェースに集中することになります（これは常によいことです）。コーディングが完了する時点も明確になります。それは、テストがうまくいったときです。

　Kent Beck はこのテストファーストの習慣を、テスト駆動開発（TDD）[mf-tdd]^{訳注1}という形でまとめました。テスト駆動開発でのプログラミングは、まず（失敗する）テストを書き、テストが通るようにプログラムを書き、その後でコードができるだけ明快になるようにリファクタリングする、という短いサイクルを繰り返す方式になっています。この「テスト－コーディング－リファクタリング」のサイクルは、1 時間に何回も行われるべきものであり、非常に生産的で、安心できる方法なのです。これ以上ここで詳しく述べることはしませんが、私は愛用していますし、心からお勧めできるものです。

　これで、議論の余地はないでしょう。皆さんは自己テストコードの恩恵にあずかれることと思いますが、それは、本書の主題ではありません。これは、リファクタリングについての本なのです。リファクタリングにはテストが必須です。リファクタリングしようとするなら、テストを書かなければなりません。本章は、JavaScript でこれを行うための準備です。テストについての本ではないので、あまり詳細には立ち入らないことにします。しかし、ほんの少しテストを追加するだけでも、驚くほど大きな効果をもたらしてくれることがわかるでしょう。

　本書の他の部分でも、例を用いてテストの方法を述べます。私が新規のコードを書くときには、同時にテストも書きます。しかし、ときにはテストなしの既存のコードをリファクタリングしなければならないこともあります。その場合は着手する前に、コードを自己テスト化しなければなりません。

テストのためのサンプルコード

　テストの例となるコードを示します。ユーザが製品の生産計画を調べたり調整したりするための、簡単なアプリケーションです。UI は次のようなものです。

訳注1　『テスト駆動開発』(Kent Beck 著、和田卓人 翻訳、オーム社)

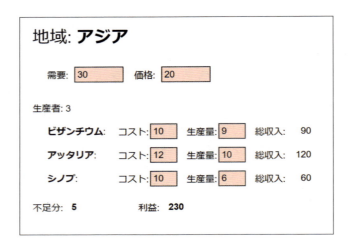

　この生産計画の画面には、地域ごとに需要と価格が表示されています。地域ごとに生産者がおり、設定された価格で一定量の生産が可能です。UI では、生産量のすべてが売れたときに、生産者がどれだけの収入を得るかも確認できるようになっています。下のエリアには、この計画における生産量の不足分（需要から総生産量を引いたもの）と、利益が表示されています。ユーザは UI から、需要や価格、個々の生産者の生産量やコストといったパラメータを変更して、不足分や利益の変化を確認できます。編集可能な項目の数値を変えると、即座に関連する値も更新されます。

　UI を示したので、これがどのように使われるのか感覚がつかめたと思います。しかし以降はこのソフトウェアのビジネスロジックの部分に焦点を当てていきます。つまり利益と不足分の計算を行う箇所であり、HTML を生成したり、ロジックに基づきフィールドの表示を更新したりするところではありません。この章は、自己テストコードの世界への導入を行うものなので、UI や永続化、外部サービスとの連携などを含まない、最も単純な例から始めるのが良さそうです。とはいえ、こうした分割の考え方は常に有益です。この種のビジネスロジックが複雑になってきたら、UI の仕組みから切り離すことで、ビジネスロジックの理解やテストをしやすくします。

　ビジネスロジックのコードは二つのクラスから成り立っています。一つは個々の生産者を表し、もう一つは地域を表します。地域のコンストラクタは JavaScript のオブジェクトを引数に取ります。これは、JSON で保存されたドキュメントから与えられると想定します。

　次に示すのは、JSON データから `Province`（地域）を生成するコードです。

```
class Province...
  constructor(doc) {
    this._name = doc.name;
    this._producers = [];
    this._totalProduction = 0;
    this._demand = doc.demand;
    this._price = doc.price;
```

```
    doc.producers.forEach(d => this.addProducer(new Producer(this, d)));
  }
  addProducer(arg) {
    this._producers.push(arg);
    this._totalProduction += arg.production;
  }
```

次の関数は適切な JSON データを生成します。この関数の戻り値を用いて、テスト用の
Province オブジェクトを作ることができます。

top level...
```
  function sampleProvinceData() {
    return {
      name: "Asia",
      producers: [
        {name: "Byzantium", cost: 10, production: 9},
        {name: "Attalia",   cost: 12, production: 10},
        {name: "Sinope",    cost: 10, production: 6},
      ],
      demand: 30,
      price: 20
    };
  }
```

Province クラスは、保持するデータの値ごとにアクセサを持っています。

class Province...
```
  get name() {return this._name;}
  get producers() {return this._producers.slice();}
  get totalProduction()    {return this._totalProduction;}
  set totalProduction(arg) {this._totalProduction = arg;}
  get demand()    {return this._demand;}
  set demand(arg) {this._demand = parseInt(arg);}
  get price()    {return this._price;}
  set price(arg) {this._price = parseInt(arg);}
```

上記のうち、二つの setter は UI から呼ばれ、引数には数値が書かれた文字列が来ます。これ
らの値を計算で使うには、パースして数値にしなければなりません。
Producer（生産者）クラスは、きわめて単純なデータホルダです。

class Producer...
```
  constructor(aProvince, data) {
    this._province = aProvince;
    this._cost = data.cost;
    this._name = data.name;
    this._production = data.production || 0;
  }
  get name() {return this._name;}
```

```
get cost()    {return this._cost;}
set cost(arg) {this._cost = parseInt(arg);}

get production() {return this._production;}
set production(amountStr) {
  const amount =  parseInt(amountStr);
  const newProduction = Number.isNaN(amount) ? 0 : amount;
  this._province.totalProduction += newProduction - this._production;
  this._production = newProduction;
}
```

set productionメソッド内で、地域（Province）の導出データを更新するコードは、醜い
ものになっています。こうしたコードを見るとすぐにリファクタリングして消してしまいたくな
りますが、そのためにはまずテストを書く必要があります。

不足分を計算するshortfallメソッドは単純です。

class Province...
```
get shortfall() {
  return this._demand - this.totalProduction;
}
```

利益を計算するprofitメソッドはもう少し込み入っています。

class Province...
```
get profit() {
  return this.demandValue - this.demandCost;
}
get demandCost() {
  let remainingDemand = this.demand;
  let result = 0;
  this.producers
    .sort((a,b) => a.cost - b.cost)
    .forEach(p => {
      const contribution = Math.min(remainingDemand, p.production);
        remainingDemand -= contribution;
        result += contribution * p.cost;
    });
  return result;
}
get demandValue() {
  return this.satisfiedDemand * this.price;
}
get satisfiedDemand() {
  return Math.min(this._demand, this.totalProduction);
}
```

最初のテスト

　このコードをテストするには、なんらかのテストフレームワークが必要です。JavaScript 用に限定しても、テストフレームワークは豊富にあります。私がこれから使うのは Mocha［mocha］で、非常に一般的で評判も良いものです。ここでは利用法について網羅的に解説することは避け、Mocha を使ったテストの例を示すのみにします。他のフレームワークで同種のテストを書いていくのもそれほど難しくないはずです。

　不足分を計算する shortfall メソッドの単純なテストの例を示します。

```
describe('province', function() {
  it('shortfall', function() {
    const asia = new Province(sampleProvinceData());
    assert.equal(asia.shortfall, 5);
  });
});
```

　Mocha のフレームワークでは、テストコードをブロックの単位に分割します。各ブロックは関連する一連のテストをまとめています。テストは it ブロックの中に入っています。この単純な例では、テストは二つのステップからなっています。最初のステップではフィクスチャ（fixture）を設定しています。フィクスチャとはテストに必要となるデータやオブジェクトのことです。この例ではロードされた Province オブジェクトが該当します。次のステップではフィクスチャの属性を検査しています。これは、初期データを与えた際に、shortfall の戻り値が期待する値になっているかを確認するものです。

> 　describe に与える説明文や it ブロックの使い方は、開発者によってさまざまです。そのテストが何を行っているかを示すため、it の後が説明となるように書く人もいれば、空文字列にしておくのがよいという人もいます。コードの処理内容についてわざわざ説明文を書いても、冗長なコメントと同じことになってしまうという考えです。私は失敗したときにどのテストか識別できる程度の、短い言葉を埋めるようにしています。

　このテストを Node.js で動かしてみると、コンソールに次のように表示されます[訳注2]。

```
  .

  1 passing (61ms)
```

　非常にシンプルなフィードバックです。実行したテスト数と成功の数とを要約して表示しているだけです。

訳注2　Mocha のデフォルトの出力形式ではない。--reporter dotを指定している。

既存のコードに対してテストを書いた際に、このようにすべてがうまくいく結果が得られるのは気持ちの良いものです。しかし私は疑り深いので、多くのテストを走らせたときは特に心配になり、テストが期待どおりに動いておらず、バグをきちんととらえていないのではないかと考えます。そのためテストを追加したときは、少なくとも一度は、想定どおり失敗することを確かめるようにしています。コード中に誤った処理を一時的に埋め込むというやり方が、私の好みです。例を次に示します。

 失敗すべきときにテストが正しく失敗するかを常に確認すること。

```
class Province...
  get shortfall() {
    return this._demand - this.totalProduction * 2;
  }
```

コンソールには次のように表示されます。

```
!

0 passing (72ms)
1 failing

1) province shortfall:
   AssertionError: expected -20 to equal 5
    at Context.<anonymous> (src/tester.js:10:12)
```

フレームワークが示しているのは、どのテストが失敗したかということと、失敗の性質がどのようなものかという情報です。この例の場合は、どのような値が期待され、実際にはどの値になっていたのかということです。このため結果がうまくいっていないことを即座に判別でき、どのテストが失敗したか、何がおかしいのかの手がかりが得られます。この例では、私がバグを埋め込んだ箇所できちんと失敗していることが確認できます。

実際のシステムでは、テストが何千とあるかもしれません。よくできたテストフレームワークなら簡単にそれらを実行でき、失敗したときにはすぐに該当箇所を示してくれます。シンプルなフィードバックは自己テストコードにとって不可欠なものです。開発の作業の中で、私はテストを非常に頻繁に実行します。新たに書いたコードの進捗や、リファクタリングによる誤りが入っていないかを確認するためです。

 頻繁にテストを実行すること。作業中のコードについては少なくとも2〜3分に1回、そして少なくとも1日に1回はすべてのテストを実行すること。

Mochaのフレームワークでは、テストのフィクスチャを検証するための、さまざまなアサー

ション用ライブラリを使うことができます。JavaScript なので、そうしたものは無数にあるのですが、皆さんが本節を読んでいる頃でも、まだ現役のものもいくつかあるでしょう。今のところ私が使っているのは Chai [chai] です。Chai では検査用のコードを assert 形式で書くことができます。

```javascript
describe('province', function() {
  it('shortfall', function() {
    const asia = new Province(sampleProvinceData());
    assert.equal(asia.shortfall, 5);
  });
});
```

または、expect 形式で書くことも可能です。

```javascript
describe('province', function() {
  it('shortfall', function() {
    const asia = new Province(sampleProvinceData());
    expect(asia.shortfall).equal(5);
  });
});
```

　私は本来、assert 形式が好きなのですが、JavaScript での開発では、今のところ expect 形式をもっぱら使っています。

　テスト実行の方式は環境によってさまざまです。Java で開発するときは、IDE が提供するグラフィカルなテストランナーを私は使っています。そのプログレスバーは、一連のテストが通っている限りは緑色です。何かテストに失敗すると、赤色に変わります。同僚はテストの状態を示すのに、よく「グリーン（バー）」「レッド（バー）」という言い方をしています。私自身も「レッドのままでリファクタリングしてはいけない」と言ったりします。テストスイート内に失敗しているテストがあるときには、リファクタリングの作業に入ってはいけないということです。「グリーンに戻そう」と言って、最近の変更を元に戻してテストがすべて通っていた状態に戻すこともあります（バージョン管理システムを使っているので、たいていは特定のチェックポイントに戻ることになります）。

　グラフィカルなテストランナーはすばらしいものですが、不可欠ではありません。私は Emacs で書いているときには、あるキーを押すだけでテストが実行されるように設定しています。この場合、コンパイル用ウィンドウでテキストによるフィードバックが得られます。大切なのはすべてのテストが成功しているかを、すぐに確認できるということなのです。

テストの追加

　それでは、さらにテストを追加していきましょう。私のスタイルは、クラスがなすべきことを

すべて調べた後、それらについて一つずつ、失敗しそうな条件でテストするというものです。プログラマによっては「すべての公開メソッドをテストする」よう勧めていますが、それとは違います。テストはリスク主導であるべきです。バグを見つけようとする努力は、今も将来も続くことを忘れないでください。そのため、私はフィールドを読み書きするだけのアクセサをテストすることはありません。単純すぎてバグがそこにあるとは思えないからです。

　これは重要なことです。多くのテストを書こうとするあまり、必要なテストを書き漏らしてしまうからです。ほんのわずかのテストでも、テストからは多大な恩恵が受けられるのです。一番怪しいと思う部分を集中的にテストすることです。それが最も効果的なテスト方法です。

> 実行されない完全なテストよりも、実行される不完全なテストのほうがましである。

　そこで、次はこのコードのもう一つの主要な出力を調べていきます。利益を計算する `profit` メソッドです。不足分と同様、初期化のフィクスチャを設定し、利益についての基本的なテストを実行します。

```javascript
describe('province', function() {
  it('shortfall', function() {
    const asia = new Province(sampleProvinceData());
    expect(asia.shortfall).equal(5);
  });
  it('profit', function() {
    const asia = new Province(sampleProvinceData());
    expect(asia.profit).equal(230);
  });
});
```

　上は最終的な結果を示していますが、期待する値をまずプレースホルダに埋めておいて、プログラムが生成した実際の値（230）で置き換えるという形で書いたものです。手で計算してもよいのですが、コードが正しく動くという想定なので、今はその結果を信用することにします。新しいテストが正しく動き始めたのを確認してから、利益の計算を擬似的に2倍などに書き換えて、わざと失敗させます。間違った値を与えればテストがきちんと失敗するということを確かめて満足してから、故意に埋め込んだ誤りを元に戻します。このパターン、つまり、期待される結果と無関係なプレースホルダからテストを書き始め、そのプレースホルダをコードの実際の値で置き換えて、次に故意に誤りを挿入して、その誤りを元に戻すというやり方は、既存のコードにテストを追加する際によく使うものです。

　これらのテストには、いくらか重複が見られます。両方とも最初の行で、フィクスチャを同じように設定しています。通常のコードと同様、テストコードでも重複したコードは不吉なものです。そこでリファクタリングを使って共通の箇所に移すことで、重複をなくせるかを検討してみることにします。定数となる部分を外側のスコープに移すやり方があります。

98

```
describe('province', function() {
  const asia = new Province(sampleProvinceData());    // これはやってはいけない
  it('shortfall', function() {
    expect(asia.shortfall).equal(5);
  });
  it('profit', function() {
    expect(asia.profit).equal(230);
  });
});
```

　しかしコメントが示すように、これは私なら決して行いません。今のところはこれでよいかもしれませんが、テスト作業で最も厄介なバグを培養するシャーレを置いているようなものです。テストが相互依存する原因となる共有のフィクスチャを作ってしまっているからです。JavaScript での const は、変数 asia のリファレンスが変わらないことを保証するだけで、オブジェクトの内容についてではないのです。今後追加されるテストで、この共有オブジェクトが更新されるようなことがあれば、フィクスチャに依存したテスト群が散発的に失敗することになるでしょう。テストの実行順序によって異なる結果が生じてしまうのです。テストの中にこうした非決定論的な要素が入ると、困難で長いデバッグの原因になりますし、最悪の場合には、一連のテストに対する信頼が崩壊してしまいます。私なら代わりに次のようにします。

```
describe('province', function() {
  let asia;
  beforeEach(function() {
    asia = new Province(sampleProvinceData());
  });
  it('shortfall', function() {
    expect(asia.shortfall).equal(5);
  });
  it('profit', function() {
    expect(asia.profit).equal(230);
  });
});
```

　beforeEach の節は、各テストが走る前に実行され、毎回 asia の値をクリアして新たに設定し直します。こうすると各テストの実行前に新たなフィクスチャを構築でき、それぞれのテストを分離して、大変なトラブルのもととなる非決定論的な要素を排除することができます。

　こうした助言をすると、実行のたびに毎回フィクスチャを新しく作り直すようでは、テストの実行速度が遅くならないかと心配する人も出てきます。ほとんどの場合、体感できる違いにはなりません。もしも問題になるようであれば、共有のフィクスチャも検討しますが、その場合はフィクスチャがテスト実行中に更新されないか、非常に注意深く見ていく必要があります。もしもフィクスチャが本当に不変であることが保証できるなら、共有のフィクスチャを使ってもよいかもしれません。とはいえ、過去にフィクスチャが共有されていたことによるデバッグで大変苦労したため、反射的に新しく作り直すほうを選びます。

　テストごとに beforeEach の初期化コードが動くようにしたのですが、それならば各 it ブ

第 4 章　テストの構築

ロックの中で初期化する元の書き方でも良かったのでしょうか。私は、わずかな共通のフィクスチャを使い、すべてのテストを動かすほうが良いと思います。そのほうが、やがて標準となるフィクスチャに慣れ、それを使ってテストすることで、さまざまな特性を見ることができるからです。beforeEach ブロックがあることで、コードの読み手は標準フィクスチャを使っていることに気づきます。その後で describe ブロック内のテスト群を見れば、それらが同じベースとなるデータを起点としていることがわかります。

フィクスチャの変更

これまでのテストは、フィクスチャを 1 回だけロードし、オブジェクトの属性が期待される値になるかを確認するものでした。しかし、実際の利用時にはユーザが値を変えるため、フィクスチャは定常的に変更されます。

たいていの場合、変更は単純な setter で起こります。通常はそれらを逐一テストすることはしません。バグの原因となることはほとんどないからです。ただし Producer（生産者）クラスで定義された setter の production（生産量）については、複雑な処理が含まれているため、テストしたほうが良さそうです。

describe('province'...
```
  it('change production', function() {
      asia.producers[0].production = 20;
      expect(asia.shortfall).equal(-6);
      expect(asia.profit).equal(292);
  });
```

これはよくあるパターンです。最初に beforeEach ブロック経由で標準フィクスチャを「**設定（set up）**」してから、次にテストの中でフィクスチャに関わるコードを「**実行（exercise）**」し、期待した結果になっているかどうかを「**検証（verify）**」するのです。テストについて多くを知るようになると、このやり方がさまざまな名前で呼ばれていることに気づきます。Setup（設定）− Exercise（実行）− Verify（検証）、Given（前提条件）− When（条件）− Then（結果）、Arrange（準備）− Act（実行）− Assert（表明）などです。一つのテストの中にすべてのステップが含まれていることもありますし、beforeEach のような共通の設定ルーチンに、初めのほうのステップがまとめられていることもあります。

（4 番目の暗黙的なステップがあります。それは「**後始末（teardown）**」と称されるもので、通常は解説されません。テスト終了時にフィクスチャを解放し、以後のテストに影響しないようにするためのものです。beforeEach でフィクスチャの設定を行うことで、テストフレームワークは前に生成されたフィクスチャを暗黙的に解放します。そのためこのステップは当然のものとして、特に意識していません。テストについての書籍でも、軽く述べるだけの場合がほとんどで

100

す。たいていの場合は無視して平気なので無理もないでしょう。しかし、ときには後始末を明示的にすることが重要な場合もあります。生成するのにあまりに時間がかかるため、テスト間で共有せざるを得ないフィクスチャを扱っているようなときです。）

このテストでは一つの it ブロックの中で二つの異なる属性値を確認しています。一般的には各 it ブロックの中の検証は一つが望ましいでしょう。さもないと、テストが失敗した際に、最初に失敗した箇所で情報が表示されるため、なぜ失敗したかがわかりにくくなってしまいます。この例では、二つは強く関連しており、同じ箇所にまとめても問題ないように思いました。it ブロックを分割したほうが良さそうであれば、後で分けることもできます。

境界値の検査

今のところ、このテストは通常の場合を対象としています。これは「ハッピーパス」と呼ばれる条件で、すべてが順調なときに予想された状態になることを確認するためのものです。しかし条件の境界となる箇所で、通常と異なるときに何が起きるかをテストすることも有効です。

この例における Producer（生産者）のように、なんらかの集合を扱う場合は、空のときにどうなるかを確認するとよいでしょう。

```
describe('no producers', function() {
  let noProducers;
  beforeEach(function() {
    const data = {
      name: "No proudcers",
      producers: [],
      demand: 30,
      price: 20
    };
    noProducers = new Province(data);
  });
  it('shortfall', function() {
    expect(noProducers.shortfall).equal(30);
  });
  it('profit', function() {
    expect(noProducers.profit).equal(0);
  });
});
```

数値の場合は、値が 0 のときにどうなるかを見ます。

```
describe('province'...
  it('zero demand', function() {
    asia.demand = 0;
    expect(asia.shortfall).equal(-25);
    expect(asia.profit).equal(0);
  });
```

同様に負の値のときもチェックします。

```
describe('province'...
  it('negative demand', function() {
    asia.demand = -1;
    expect(asia.shortfall).equal(-26);
    expect(asia.profit).equal(-10);
  });
```

この時点で、需要を負の値にしたことで利益がマイナスとなったのは、業務領域で妥当なことかと悩み始めるかもしれません。需要の最小値は 0 が適切でしょうか。いずれにせよ、setter は負の値に対しては正常時とは違う動作をしたほうが良さそうです。例外を発生させるか、値を 0 にしてしまうかのどちらかでしょう。疑問点がこのように浮かんでくるのは良いことで、こうしたテストを書くことで、境界条件でコードがどのように振る舞うべきなのか、考える機会が与えられます。

 失敗する可能性のある境界条件を考えて、そこを集中的にテストすること。

setter は UI 上のテキストフィールドから文字列の形で値を受け取ります。数値として解釈できるものだけを受け付けるように強制できますが、それでも空文字列が入ってくる場合があります。そのため空文字列のときにコードが期待どおりに動作するかについて、テストを用意する必要があります。

```
describe('province'...
  it('empty string demand', function() {
    asia.demand = "";
    expect(asia.shortfall).NaN;
    expect(asia.profit).NaN;
  });
```

お気づきのように、ここではコードの敵役を演じています。どうしたらコードをやっつけられるかを懸命に考えているのです。この心理状態は、実は生産的で、楽しいものです。私のいじわるな部分を満足させてくれるからです。

次の結果はどうなるでしょうか。

```
describe('string for producers', function() {
  it('', function() {
    const data = {
      name: "String producers",
      producers: "",
      demand: 30,
      price: 20
    };
    const prov = new Province(data);
    expect(prov.shortfall).equal(0);
  });
});
```

　不足分が 0 にならないという形で、単にテストが失敗するということにはなりません。コンソールの表示は次のようになります。

```
.........!

9 passing (74ms)
1 failing
1) string for producers :
   TypeError: doc.producers.forEach is not a function
     at new Province (src/main.js:22:19)
     at Context.<anonymous> (src/tester.js:86:18)
```

　Mocha はこれを失敗として扱います。しかし多くのテストフレームワークでは、この状況を区別して、通常のテスト失敗ではなく、テスト実行エラーとします。失敗とは、検証ステップで実際の値が期待した値の範囲外であるということです。ここでの**エラー**は別の生き物です。より前の段階（この例の場合はフィクスチャ設定時）の途中で例外が発生しているのです。実装者が予想していなかった例外であり、JavaScript プログラマにはおなじみの、悲しいエラー（"…is not a function"）が表示されています。

　こうした場合には、コードではどのように対処すればよいでしょうか。一つのやり方として、なんらかのエラーハンドラを設けて、より適切なエラー情報を返すようにできるでしょう。もっと意味のあるエラーメッセージを出すか、（ログを書いてから）producers を空の配列にするなどです。あるいは、このままにしておいても十分かもしれません。入力となるオブジェクトは、おそらく信頼できる場所（同じコードベースの別の箇所）から得られるものだからです。同じコードベースのモジュール間でたくさんのチェックを設けると、チェック部分が冗長化してしまい、有意義であるどころか、むしろトラブルのもととなってしまいます。特にコードの別の箇所で同じようなチェックをしている場合はなおさらです。しかし入力となるオブジェクトが、仮に JSON のリクエスト経由などで外部からやってくる場合には、チェックの処理は必要になるでしょうし、テストも行うべきです。いずれにせよ、この種のテストを書くと、問題点が浮かび上がってきます。

　リファクタリング前のテストとしてなら、このテストは省略するでしょう。リファクタリング

第 4 章　テストの構築

は、外部から観察可能な振る舞いを保つものですが、この種のエラーは観察できる振る舞いの範囲外です。そのためリファクタリングによって、こうした特殊な状況でのプログラムの動きが変わってしまったとしても、考慮する必要はありません。

　　もしも、このような不正なデータがプログラムに混入することでデバッグしにくい不具合が生じるようなら、早期に失敗させるために「**アサーションの導入（p.309）**」を行うとよいでしょう。ただし、アサーションの失敗を確認するようなテストは書きません。アサーション自体がテストの一形式だからです。

　やめどきはいつでしょう。テストによって、プログラムにバグがないことを証明することはできないというのを何度も聞いたことがあるはずです。そのとおりなのですが、そのことは、テストがプログラミングのスピードを上げる事実に水を差すものではありません。私はこれまでに、あらゆる組み合わせを逐一テストさせるためのさまざまな規則の提案を見てきました。これらについて調べることは有意義ですが、本気になってはいけません。テストにも収益逓減の法則があるからです。過剰なテストを書こうとすると、やる気が失せて、何も書けずに終わってしまう危険性があります。リスクがどこにあるかに注目すべきです。コードを見て、複雑になってきているところに注目しましょう。機能を見て、エラーが起こりそうなところを考えましょう。テストですべてのバグが見つかるわけではありません。しかし、リファクタリングを行うにつれてプログラムの理解が進み、より多くのバグを見つけられるでしょう。私はいつも、テストスイートとともにリファクタリングを始めますが、作業の進度に合わせてテストを追加していきます。

> 🔅 テストですべてのバグが見つからないからといって、テストを書くのをやめてはならない。テストではほとんどのバグが捕捉される。

これより先には

　本章はこれで終わろうと思います。結局のところ、この本はリファクタリングについてのものであり、テストについてのものではありません。とはいえテストは重要なトピックです。リファクタリングに不可欠な基礎となるもので、それ自身が価値あるツールだからです。初版を書いて以来、リファクタリングがプログラミングのプラクティスとして育っていくのを見てきましたが、テストに対する考え方が変わってきたのを見ることも、またうれしく思っています。かつてテストは分離した（そして下位の）グループの責任と考えられていました。しかし今ではすぐれたソフトウェア開発者にとって第一の関心事になってきているのです。アーキテクチャについても、しばしばテストが容易かどうかで判断されるようになったのは良い動きです。

　本章で示したテストはいわゆる単体テストで、コードの特定部分を対象とし、すばやく実行できるように設計されるものです。これらは自己テストコードの核となります。自己テストされるシステムにおいて、ほとんどのテストは単体テストだからです。もちろん、他の種類のテストも

存在します。コンポーネント間の統合に焦点を当てたもの、ソフトウェアをさまざまなレベルで総合的に試験するもの、パフォーマンス上の問題を探すためのものなどです（テストをどのように分類すべきかという論議は非常に多岐にわたり、テストの種類よりも多いくらいです）。

　プログラミングに関わる多くの活動と同様、テストもまた繰り返し型の活動です。すばらしい実力があるか、よほど幸運でもない限り、最初からテストが完璧に通るということはありません。常にテストスイートと奮闘していることでしょう。メインのコードに対する活動と一緒です。新機能を加えると同時に、テストも当然のごとく追加していきます。これは既存のテストコードに目を向ける動きにもつながります。それらは十分にわかりやすくなっているでしょうか。行っている処理をより明確にするため、リファクタリングする必要はあるでしょうか。テスト自体は妥当なものになっているでしょうか。バグに対処するために、まずバグを明白に再現できるテストを書くというのは、身に付けるべき大切な習慣です。バグの修正を開始するのは、テストを書いた後なのです。テストがあることで、そのバグが退治されていることがわかります。また、バグとテストの対応について考えると、テストスイートに他の抜け漏れがないか、気づかせてくれるでしょう。

　バグレポートを受け取ったら、まず、そのバグの存在を明確に示す単体テストを書くところから始めること。

　「どれだけテストをすれば十分なのか」という質問をよく耳にします。適切な指標はありません。その指標としてテストカバレージ[mf-tc]を勧める人もいますが、カバレージによる分析が有効なのは、コード中のまだテストされていない箇所を突き止める場合のみであり、テストスイート自体の品質を保証するものではないのです。

　十分なテストスイートがそろっているかどうかは、主観で決めるのが最も良いでしょう。もし誰かがコード中に欠陥を埋め込んだら、テストは失敗するという確信を持てるでしょうか。自己テストコードの目的は、そうした確信を得ることにあるのです。その感覚は客観的に分析できるものではありませんが、かといって根拠のない自信によるものではありません。コードをリファクタリングした後、新たなバグが入っていないことをテスト結果が再びグリーンになることで確信できるなら、幸せにもテストスイートが十分そろっているということになります。

　テストを書きすぎてしまうということも起こり得ます。テスト対象のコードよりもテストコード自体の修正に時間がかかってしまい、テストが開発スピードを遅らせているようなら、この兆候が出ています。しかしテスト不足に比べると、テスト過多になることは実際にはめったにありません。

第**5**章

カタログの紹介

　以降はリファクタリングのカタログです。元々は、安全に効率良くリファクタリングする方法を忘れないための個人的なメモとして作ったものです。以来、練り上げてきましたが、リファクタリング手順を探求することでより多くのものを得ることができました。しばらく行っていなかったリファクタリングをするときは、いまだにお世話になっています。

リファクタリングのフォーマット

　カタログでは決まったフォーマットを用いてリファクタリングを説明します。リファクタリングは次の五つの部分からなります。

- まずは**名前**です。名前はリファクタリングの語彙を育む上でも重要です。本書のいたるところでこの名前が使われます。リファクタリングは別の名前で呼ばれることもよくあります。そのため、よく使われる別名も載せておきます。
- 次はリファクタリングの短い**スケッチ**です。これはリファクタリングを見つけやすくするためのものです。
- **動機**では、リファクタリングすべき理由と、リファクタリングを避けるべき状況について述べます。
- **手順**では、リファクタリングの実施手順について、順を追って簡潔に説明します。
- **例**では、簡単なリファクタリングの使用例を示し、どのように行われるかを示します。

　「スケッチ」はリファクタリング前後でコードがどのように変わるかを示しますが、これはリファクタリングの内容や、手順を説明するためのものではありません。既知のリファクタリングを思い出させるためのものです。初見の場合は、「例」を一通りやってみるほうがよくわかるでしょう。また、ちょっとした図も添えておきました。これも説明のためというより記憶を呼び起こさせるためのものです。

107

第5章　カタログの紹介

「手順」のもとになったのは、リファクタリングを使う間隔があいてしまったときに忘れないように書きためたメモです。そのためそっけない表現にしており、なぜそういう手順を取るかまでは説明していません。詳しい説明は「例」の中で行っています。「手順」はこのように、簡単な覚え書き形式なので、既知のリファクタリングの手順を調べるときには便利でしょう（少なくとも私はそのように使っています）。初めて行うリファクタリングについては「例」を読む必要があるでしょう。

リファクタリングの「手順」は、各ステップができるだけ小さくなるように書きました。リファクタリングは安全に行えることが肝心です。そのためにはステップはできるだけ小さくし、進めるごとにテストを行います。実務では記述されている小さなステップよりも大きなステップで実施することが多いのですが、バグに遭遇したら、一旦戻って小さなステップで進み直します。ステップには特殊なケースについても多くのことが述べられています。このようにステップはチェックリストとしても役立ちます。私自身もよく忘れてしまうからです。

（少数の例外を除いて）リファクタリングごとに一つしか手順を記載していませんが、それが唯一無二の方法というわけではありません。本書には多くの場合に最もうまくいくものを選んで記載しました。リファクタリングに慣れるにつれて「手順」は変形されるでしょうが、それでよいのです。大切なのは小さなステップで進むことです。状況が入り組んできたら、ステップをさらに小さくします。

「例」は、笑えるほど単純な教科書的なものです。わき道にそれることを最小限にして、基本的なリファクタリングの説明にできるだけ集中できるようにするためです。単純すぎるとは思いますが、どうかご容赦ください（当然ながら、良いビジネスモデリングの例でもありません）。より複雑な状況にも間違いなく適用できます。いくつかのきわめて単純なリファクタリングには「例」を載せていません。大して役に立たないと思ったからです。

「例」は、議論の対象であるリファクタリングを説明するためだけのものということを忘れないでください。多くの場合、最後のコードにも問題が残っています。しかし、それを解決するには別のリファクタリングが必要です。ときにはリファクタリングが組み合わされて使われることもあります。その場合はリファクタリングからリファクタリングへと「例」を引き継いで使いました。多くについては、単一のリファクタリングを終えたコードはそのままにしてあります。各リファクタリングを自己完結させるためにそうしました。カタログの主な目的はリファレンスだからです。

変更されたコードが他のコードに埋もれて見つけにくくなる場合に限って、色を使って強調しました。すべての変更についてではありません。過ぎたるは及ばざるが如しです。

リファクタリングの選択

本書は決してリファクタリングの完全なカタログではありません。最も有用なリファクタリングを書き起こすことを目指しました。「最も有用な」とは、広く使われていて名前を付け説明するに値するものということです。その基準は複数の理由からなります。リファクタリングスキル全

般に役立つような興味深い「手順」を有するものだったり、コードの設計改善に大きな効果のあるものであったりします。

　本書で取り扱われなかったリファクタリングもあります。小さく当たり前すぎて書き起こす意義を感じられなかったものです。たとえば、初版では「**ステートメントのスライド（p.231）**」を収録していません。このリファクタリングは頻繁に使われますが、カタログに載せるべきとは考えていませんでした（もちろんこの版では気が変わったのですが）。そうしたものもいずれ本書に加えられるかもしれません。将来、私が新たなリファクタリングに割くエネルギー次第です。

　他にも記載しなかったリファクタリングがあります。論理的には存在しているものの、私があまり使ったことがないか、他のリファクタリングに単に似ているものです。各リファクタリングには論理的に逆となるリファクタリングがありますが、すべてを書き留めてはいません。多くの逆リファクタリングはつまらないものです。「**変数のカプセル化（p.138）**」は広く使われており、強力なリファクタリングですが、その逆となるリファクタリングはめったに使われません（そして、その実施は簡単です）。そのため、カタログへの記載は必要ないと考えました。

第6章

リファクタリングはじめの一歩

最初に身に付けるべきリファクタリングからカタログを始めます。

最も広く使われるリファクタリングは、コードから関数を抽出すること（「**関数の抽出（p.112）**」）と、変数を抽出すること（「**変数の抽出（p.125）**」）です。リファクタリングは変更に関するすべてを扱います。したがってこれらの逆リファクタリング（「**関数のインライン化（p.121）**」や「**変数のインライン化（p.129）**」）も当然よく使います。

抽出の目的は結局名前を付けることです。プログラムの内容がわかってくるにつれ、名前を変えたくなることがよくあります。「**関数宣言の変更（p.130）**」は関数の名前を変えるものです。このリファクタリングは、関数の引数を増やしたり減らしたりするためにもよく使います。変数であれば、「**変数名の変更（p.143）**」をよく使いますが、「**変数のカプセル化（p.138）**」の助けを借りています。関数の引数を変更する際、「**パラメータオブジェクトの導入（p.146）**」で引数の集まりを一つのオブジェクトにまとめるとうまくいくこともよくあります。

関数を定義して命名することは、基本的で低レベルのリファクタリングです。しかし、関数を作ったら、より高レベルなモジュールとして関数をまとめる必要があります。「**関数群のクラスへの集約（p.150）**」を使えば、関数群とそれらが操作するデータをまとめてクラスにできます。または、関数を組み合わせて変換にします（「**関数群の変換への集約（p.155）**」）。後者はとりわけ読み取り専用のデータの扱いに重宝します。もう少し規模が大きくなると、「**フェーズの分離（p.160）**」を使い、モジュール群から固有の処理を行うフェーズ群を作ることもあります。

111

Extract Function

関数の抽出

旧：メソッドの抽出
逆：関数のインライン化（p.121）

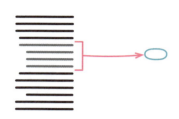

```
function printOwing(invoice) {
  printBanner();
  let outstanding = calculateOutstanding();

  // 明細の印字 (print details)
  console.log(`name: ${invoice.customer}`);
  console.log(`amount: ${outstanding}`);
}
```

```
function printOwing(invoice) {
  printBanner();
  let outstanding = calculateOutstanding();
  printDetails(outstanding);

  function printDetails(outstanding) {
    console.log(`name: ${invoice.customer}`);
    console.log(`amount: ${outstanding}`);
  }
}
```

動機

　「**関数の抽出**」はきわめて頻繁に行われるリファクタリングです（ここでは「関数」という用語を使いますが、オブジェクト指向言語でのメソッドや、プロシージャやサブルーチンの類いでも同じことです）。コードの断片を見て、何をしているのか理解した上で、独立した関数として抽出し、目的にふさわしい名前を付けます。

　今も昔もこの業界でよく耳にするのが、いつコードを独立した関数として取り出すかという議論です。あるガイドラインは「関数は一画面に収まること」のように長さに基づいています。別のガイドラインは「2回以上使われるコードはそれ自体を関数にすべき」のように、再利用に基づいています。しかし、最も納得できるのは意図と実装の分離です。何をしているか調べなけれ

ばわからないコードの断片があるとしたら、「何」をしているかを示す名前の関数として抽出すべきです。そうすれば関数名を読み返すだけで関数の目的がすぐに伝わってきます。関数がどのように目的を達成するか（つまり関数の中身）は気にする必要がありません。

この原則を受け入れてからは、非常に小さな関数を書くのが習慣になりました。たいていは数行しかありません。関数が6行を超えると、嫌な臭いがし始めます。1行だけのコードでできた関数も珍しくありません。私にとって「長さは重要ではない」ということが腑に落ちたのは、Kent Beck が初期の Smalltalk の例で示してくれたときです。当時の Smalltalk は白黒のシステムで動作しており、テキストやグラフィックを強調するために反転表示をしていました。このため Smalltalk のグラフィック関連のクラスには highlight というメソッドがありました。その実装は reverse メソッドを呼ぶだけで、メソッド名のほうが実装より長いくらいでした。しかし、それで良いのです。コードの意図と実装には大きな違いがあったのですから。

小さい関数を見ると不安になる人もいます。関数呼び出しが性能に与えるコストが心配なのです。昔は問題になることもありましたが、今はまれです。最適化を行うコンパイラでは、小さい関数のほうがキャッシュしやすいので、かえってうまくいくことすらよくあります。例によって、性能最適化のための一般的なガイドラインに従いましょう。

このような小さい関数は名前が良くないと意味がありません。そのため命名に細心の注意を払う必要があります。それには経験が必要ですが、一度慣れてしまえば、コードが見違えるほど自己文書化されるでしょう。

大きな関数の中には、何をするかを説明したコメントで始まるコードの断片が見つかることがよくあります。コメントは、関数としてその断片を抽出するときの、ふさわしい名前を示唆してくれることがあります。

手順

- 新たな関数を作り、その意図に沿って命名する（どうやるかではなく、何をするかによって名付ける）。

  - 関数を1回呼び出すだけのコードのように、抽出したいコードがごく単純な場合であっても、新しい関数名がコードの意図をより適切に表現するのなら抽出する。意味のある名前が見つからないとしたら、それは抽出すべきでないことの表れかもしれない。かといって、最初から最適な名前を思いつかなくてもよい。抽出した関数を使っているうちに良い名前が浮かぶこともある。まずは関数を抽出して使ってみること。うまくいかなければインライン化して元に戻せばよい。その過程で何か学ぶものがあれば、それは時間の無駄ではない。

  - プログラミング言語が関数定義の入れ子をサポートするなら、抽出した関数を元の関数内に入れ子にすること。そうすれば二つ先のステップで扱うスコープ外の変数を大幅に減らせる。後からいつでも「関数の移動（p.206）」が行える。

- 抽出したいコードを、元の関数から新たな関数にコピーする。

- 抽出したコードを調べて、元の関数ではスコープ内だったが抽出後の関数ではスコープ外

になった変数を特定する。それらをパラメータとして渡す。

- 抽出した関数を元の関数の入れ子として定義すると、こうした面倒な操作は必要ない。

- たいていの場合、そうした変数はローカル変数か、関数のパラメータである。最も汎用的なやり方は、それらを全部パラメータとして渡すことである。参照されるだけで代入されることのない変数の場合、通常これは簡単に行える。

- 変数が抽出したコードの中だけで参照されていて、その宣言がコード外にあるときは、宣言を抽出したコード内に移すこと。

- 代入される変数が値渡しになっているかどうかに注意すること。それが一つだけなら、抽出したコードを問い合わせとして扱い、戻り値をその変数に代入することを試みる。

- 抽出したコード内で代入されるローカル変数が多すぎるなら、そのときは、抽出は一旦あきらめたほうが良い。その場合、「変数の分離 (p.248)」や「問い合わせによる一時変数の置き換え (p.185)」といったリファクタリングで変数の使い方を整理してから抽出に取り組むことを検討する。

● **すべての変数を処置したらコンパイルする。**

- コンパイル時チェックがプログラミング言語の環境に備わっているならば、変数の処置が終わったところでコンパイルしておくとよい。正しく処置できていなかった変数を見つけるのに役立つことがある。

● **元の関数に残った抽出前のコードを、抽出された関数への呼び出しに置き換える。**

● **テストする。**

● **残りのコードを見て、抽出したコードと同じまたは類似したコードを探し、「関数呼び出しによるインラインコードの置き換え (p.230)」を適用し、新しい関数を呼ぶ形にできないか検討する。**

- これを直接やってくれるリファクタリングツールもある。もしなくても、重複したコードが他にないかを軽く探してみるとよい。

例：スコープ外となる変数がない場合

最も単純なケースでは、関数の抽出はとても簡単です。

```
function printOwing(invoice) {
  let outstanding = 0;

  console.log("***********************");
  console.log("**** Customer Owes ****");
  console.log("***********************");

  // 未払い金の計算 (calculate outstanding)
```

114

```
  for (const o of invoice.orders) {
    outstanding += o.amount;
  }

  // 締め日の記録 (record due date)
  const today = Clock.today;
  invoice.dueDate = new Date(today.getFullYear(), today.getMonth(), today.getDate() + 30);

  // 明細の印字 (print details)
  console.log(`name: ${invoice.customer}`);
  console.log(`amount: ${outstanding}`);
  console.log(`due: ${invoice.dueDate.toLocaleDateString()}`);
}
```

　　ここで、**Clock.today** は何だろうと思われるかもしれません。これはシステム時計の呼び出しをラップする Clock Wrapper [**mf-cw**] というオブジェクトです。**Date.now()** のような関数を直接は呼ばないようにしています。テストが非決定的になり、欠陥を診断するときに、エラーが起きる条件の再現が難しくなるからです。

　バナーを印字する（**printBanner**）コードを抽出するのは簡単です。カット＆ペーストして、呼び出しを追加するだけです。

```
function printOwing(invoice) {
  let outstanding = 0;

  printBanner();

  // 未払い金の計算 (calculate outstanding)
  for (const o of invoice.orders) {
    outstanding += o.amount;
  }

  // 締め日の記録 (record due date)
  const today = Clock.today;
  invoice.dueDate = new Date(today.getFullYear(), today.getMonth(), today.getDate() + 30);

  // 明細の印字 (print details)
  console.log(`name: ${invoice.customer}`);
  console.log(`amount: ${outstanding}`);
  console.log(`due: ${invoice.dueDate.toLocaleDateString()}`);
}
function printBanner() {
  console.log("***********************");
  console.log("**** Customer Owes ****");
  console.log("***********************");
}
```

同様に **printDetails**（明細の印字）も抽出できます。

第 6 章　リファクタリングはじめの一歩

```javascript
function printOwing(invoice) {
  let outstanding = 0;

  printBanner();

  // 未払い金の計算 (calculate outstanding)
  for (const o of invoice.orders) {
    outstanding += o.amount;
  }

  // 締め日の記録 (record due date)
  const today = Clock.today;
  invoice.dueDate = new Date(today.getFullYear(), today.getMonth(), today.getDate() + 30);

  printDetails();

  function printDetails() {
    console.log(`name: ${invoice.customer}`);
    console.log(`amount: ${outstanding}`);
    console.log(`due: ${invoice.dueDate.toLocaleDateString()}`);
  }
}
```

　この例だと、「**関数の抽出**」が取るに足りない簡単なリファクタリングに思えてしまいますが、多くの場合はもっと厄介です。

　上の例では printDetails を printOwing 内に入れ子で定義しました。そうすることで printOwing で定義されたすべての変数にアクセスできます。しかし、関数定義を入れ子にできないプログラミング言語の場合、この方法は使えません。その場合には否応なく、関数をトップレベルに抽出しなければならないという問題に直面します。つまり、元の関数のスコープにしかないすべての変数に注意しなければならないのです。元の関数に渡されている引数、および関数内で定義される一時変数がそれらに該当します。

例：ローカル変数を使用する場合

　ローカル変数があっても、参照はされるが、再代入されないなら話は簡単です。この場合は、パラメータとして渡せばよいからです。次のような関数があるとしましょう。

```javascript
function printOwing(invoice) {
  let outstanding = 0;

  printBanner();

  // 未払い金の計算 (calculate outstanding)
  for (const o of invoice.orders) {
    outstanding += o.amount;
  }

  // 締め日の記録 (record due date)
  const today = Clock.today;
```

関数の抽出

```
  invoice.dueDate = new Date(today.getFullYear(), today.getMonth(), today.getDate() + 30);

  // 明細の印字 (print details)
  console.log(`name: ${invoice.customer}`);
  console.log(`amount: ${outstanding}`);
  console.log(`due: ${invoice.dueDate.toLocaleDateString()}`);
}
```

パラメータを二つ渡すことで printDetails（明細の印字）を次のように抽出できます。

```
function printOwing(invoice) {
  let outstanding = 0;

  printBanner();

  // 未払い金の計算 (calculate outstanding)
  for (const o of invoice.orders) {
    outstanding += o.amount;
  }
  // 締め日の記録 (record due date)
  const today = Clock.today;
  invoice.dueDate = new Date(today.getFullYear(), today.getMonth(), today.getDate() + 30);

  printDetails(invoice, outstanding);
}

function printDetails(invoice, outstanding) {
  console.log(`name: ${invoice.customer}`);
  console.log(`amount: ${outstanding}`);
  console.log(`due: ${invoice.dueDate.toLocaleDateString()}`);
}
```

　ローカル変数が構造体（配列、レコード、オブジェクトといったもの）で、それに変更を加え
ていたとしても同じです。そのため recordDueDate（締め日の記録）も同様に抽出できます。

```
function printOwing(invoice) {
  let outstanding = 0;

  printBanner();

  // 未払い金の計算 (calculate outstanding)
  for (const o of invoice.orders) {
    outstanding += o.amount;
  }

  recordDueDate(invoice);
  printDetails(invoice, outstanding);
}
function recordDueDate(invoice) {
  const today = Clock.today;
  invoice.dueDate = new Date(today.getFullYear(), today.getMonth(), today.getDate() + 30);
}
```

例：ローカル変数の再代入

ローカル変数に代入している場合は面倒になります。ここでは一時変数に限定して話を進めます。もしもパラメータに代入していたら、ただちに「**変数の分離（p.248）**」を施して一時変数に変換します。

代入される一時変数には 2 種類あります。抽出されるコード内でのみ使われる一時変数ならば簡単です。変数といっても抽出されるコード内にしかないからです。ときには変数が、参照されているところから離れた場所で初期化されていることがあります。その場合は「**ステートメントのスライド（p.231）**」を使って、変数へのすべての操作をまとめるとよいでしょう。

厄介なのは、抽出した関数以外でも使われる変数です。この場合、新たな値として返す必要があります。このことを以下の見慣れた関数で示します。

```javascript
function printOwing(invoice) {
  let outstanding = 0;

  printBanner();

  // 未払い金の計算 (calculate outstanding)
  for (const o of invoice.orders) {
    outstanding += o.amount;
  }

  recordDueDate(invoice);
  printDetails(invoice, outstanding);
}
```

これまでのリファクタリングは単純だったのですべて 1 ステップで示すことができたのですが、このリファクタリングについては手順に沿って一歩ずつ進めます。

まず、変数が参照されている行の近くに宣言を移動します。

```javascript
function printOwing(invoice) {

  printBanner();

  // 未払い金の計算 (calculate outstanding)
  let outstanding = 0;
  for (const o of invoice.orders) {
    outstanding += o.amount;
  }

  recordDueDate(invoice);
  printDetails(invoice, outstanding);
}
```

次に、抽出しようとするコードをコピーして関数にします。

```
function printOwing(invoice) {
  printBanner();

  // 未払い金の計算 (calculate outstanding)
  let outstanding = 0;
  for (const o of invoice.orders) {
    outstanding += o.amount;
  }

  recordDueDate(invoice);
  printDetails(invoice, outstanding);
}
function calculateOutstanding(invoice) {
  let outstanding = 0;
  for (const o of invoice.orders) {
    outstanding += o.amount;
  }
  return outstanding;
}
```

outstanding（未払い金）の宣言を抽出したコード内に移したので、これをパラメータとして与える必要はありません。outstanding は抽出したコードで再代入される唯一の変数です。したがって、これは戻り値として返すことができます。

私の JavaScript の環境ではコンパイルから得られるものは何もありません。エディタですでにより高度な文法解析を行っているからです。そのため、ここで実行するステップはありません。次にすべきことは、元のコードを新たな関数への呼び出しに置き換えることです。値を返しているので、その値を元の変数で保持します。

```
function printOwing(invoice) {
  printBanner();

  let outstanding = calculateOutstanding(invoice);
  recordDueDate(invoice);
  printDetails(invoice, outstanding);
}
function calculateOutstanding(invoice) {
  let outstanding = 0;
  for (const o of invoice.orders) {
    outstanding += o.amount;
  }
  return outstanding;
}
```

第 6 章　リファクタリングはじめの一歩

　　最後の仕上げに、戻り値の名前を普段のコーディングスタイルに合わせておきます。

```
function printOwing(invoice) {
  printBanner();
  const outstanding = calculateOutstanding(invoice);
  recordDueDate(invoice);
  printDetails(invoice, outstanding);
}
function calculateOutstanding(invoice) {
  let result = 0;
  for (const o of invoice.orders) {
    result += o.amount;
  }
  return result;
}
```

　　　ついでに元の変数 outstanding を const にしました。

　ここで皆さんは「戻り値用の変数が複数個必要なときはどうするのだろう」と思われることでしょう。

　これにはいくつかの選択肢があります。多くの場合、他のコードを抽出することを選びます。関数の戻り値は一つであることが望ましいので、複数の値が必要なら複数の関数を用意することを試みます。本当に複数の値を返すコードを抽出しなければならないなら、レコードを作って返すこともできます。しかし、たいていはそうするより、一時変数に手を加えるという結論にたどり着きます。「**問い合わせによる一時変数の置き換え（p.185）**」や「**変数の分離（p.248）**」を使うとよいでしょう。

　トップレベルのような別のコンテキストに移動することになる関数を抽出する場合、ここで気になる問題が生じます。小さいステップで進めたいので、直感的に入れ子の関数として抽出することをまずは選びます。その後で入れ子の関数を新たなコンテキストに移動します。この厄介なところは変数の扱いで、実際に移動するまで問題が表面化しません。このことから、たとえ入れ子の関数に抽出できる場合でも、少なくとも元の関数の兄弟レベルになるように抽出するのは有意義と言えます。抽出したコードが妥当か否かを即座に判断できるからです。

120

Inline Function

関数のインライン化

旧：メソッドのインライン化
逆：関数の抽出（p.112）

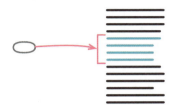

```
function getRating(driver) {
  return moreThanFiveLateDeliveries(driver) ? 2 : 1;
}

function moreThanFiveLateDeliveries(driver) {
  return driver.numberOfLateDeliveries > 5;
}
```

```
function getRating(driver) {
  return (driver.numberOfLateDeliveries > 5) ? 2 : 1;
}
```

動機

　本書のテーマの一つは、意図がわかるように命名された短い関数を使うことです。そうした関数は、コードを明快で読みやすいものにしてくれるからです。しかし、ときとして、関数の本体がその名前と同じくらいにわかりやすいこともあります。また、コードの本体を名前と同じくらい明白なものにリファクタリングできることもあります。そうしたときには、その関数を取り除いてしまいましょう。間接化は有用ですが、不要な間接化はかえって煩わしいものです。

　「**関数のインライン化**」は、うまく分割できていない関数群があるときにも使われます。こうしたときは、一度、それらをすべて一つの大きな関数にインライン化してから、より望ましい形の関数群として再抽出すればよいのです。

　通常、「**関数のインライン化**」を使うのは、間接化しすぎた結果、どの関数も別の関数へ委譲しているだけにしか見えず、委譲に次ぐ委譲の途中で道に迷ってしまうようなときです。中には、有意義な間接化もあるでしょうが、すべてがそうとは限りません。インライン化してみることで、有効な間接化を洗い出し、残りを取り除くことができます。

121

第 6 章　リファクタリングはじめの一歩

手順

- 関数がポリモーフィックなメソッドでないことを確認する。
  - これがクラスのメソッドで、サブクラスでオーバライドされている場合はインライン化できない。
- この関数の呼び出し元をすべて見つける。
- 関数の各呼び出し元を関数の中身で置き換える。
- 一つ置き換えるごとにテストする。
  - すべてのインライン化を一度にする必要はない。一部のインライン化がやりにくいようなら、機会を待って徐々に進めてもよい。
- 関数の定義を取り除く。

　こう書くと「関数のインライン化」は単純そうですが、一般にはそうではありません。再帰、複数箇所での return、アクセサがないときの別オブジェクトへのメソッドのインライン化などについてページを割いてもよかったのですが、そうしなかったのは、そうした複雑な状況では、このリファクタリングを行うべきではないからです。

例

　最も単純なケースでは、このリファクタリングはほぼ自明です。次のコードから始めましょう。

```
function rating(aDriver) {
  return moreThanFiveLateDeliveries(aDriver) ? 2 : 1;
}

function moreThanFiveLateDeliveries(aDriver) {
  return aDriver.numberOfLateDeliveries > 5;
}
```

　呼ばれる関数のリターン式を、呼び出し側にペーストして置き換えるだけです。

```
function rating(aDriver) {
  return aDriver.numberOfLateDeliveries > 5 ? 2 : 1;
}
```

　もう少し入り組んだケースの場合、そのコードを新たな住まいに適合させるための作業が必要になります。先ほどの例のコードと、少しだけ違うもので考えてみましょう。

```
function rating(aDriver) {
  return moreThanFiveLateDeliveries(aDriver) ? 2 : 1;
}
```

122

```
function moreThanFiveLateDeliveries(dvr) {
  return dvr.numberOfLateDeliveries > 5;
}
```

　ほとんど同じなのですが、`moreThanFiveLateDeliveries`（5回以上の遅配）に宣言されている引数名が、渡されている引数名と違っています。そのためインライン化するときに少しコードを調整する必要があります。

```
function rating(aDriver) {
  return aDriver.numberOfLateDeliveries > 5 ? 2 : 1;
}
```

　さらに入り組んだケースもあります。次のコードを考えてみましょう。

```
function reportLines(aCustomer) {
  const lines = [];
  gatherCustomerData(lines, aCustomer);
  return lines;
}
function gatherCustomerData(out, aCustomer) {
  out.push(["name", aCustomer.name]);
  out.push(["location", aCustomer.location]);
}
```

　`gatherCustomerData`（顧客データの集約）を`reportLines`（レポート行）にインライン化するには、単純なカット＆ペーストではすみません。複雑すぎるというほどではなく、たいていは少々調整してやれば一度に済ませることができます。しかし慎重を期すため、一度に1行ずつ移すのも悪くないでしょう。まずは「**ステートメントの呼び出し側への移動（p.225）**」を最初の行に施します（単純にカット＆ペーストした後、調整します）。

```
function reportLines(aCustomer) {
  const lines = [];
  lines.push(["name", aCustomer.name]);
  gatherCustomerData(lines, aCustomer);
  return lines;
}
function gatherCustomerData(out, aCustomer) {
  out.push(["name", aCustomer.name]);
  out.push(["location", aCustomer.location]);
}
```

第 6 章　リファクタリングはじめの一歩

続いて、残りの行も移動して完成させます。

```
function reportLines(aCustomer) {
  const lines = [];
  lines.push(["name", aCustomer.name]);
  lines.push(["location", aCustomer.location]);
  return lines;
}
```

　ここで大切なことは、常に小さなステップでも進めるよう備えておくことです。私が普段書くような小さな関数なら、「**関数のインライン化**」は、少々調整があっても、たいていは一度に行うことができます。もしも複雑なものに取りかかるときには 1 行ずつ進みます。1 行であってもなかなか手強いこともあります。そうしたときは「**ステートメントの呼び出し側への移動（p.225）**」の精緻な手順で、さらに細かく手順を分けます。自信があって手っ取り早い方法で進めてテストが失敗したら、コードを最後にテストがグリーンだった（通っていた）時点に戻して、もう一度小さいステップでリファクタリングをし直します。ちょっと悔しがりながらですが。

124

変数の抽出

Extract Variable

旧：説明用変数の導入
逆：変数のインライン化（p.129）

```
return order.quantity * order.itemPrice -
  Math.max(0, order.quantity - 500) * order.itemPrice * 0.05 +
  Math.min(order.quantity * order.itemPrice * 0.1, 100);
```

```
const basePrice = order.quantity * order.itemPrice;
const quantityDiscount = Math.max(0, order.quantity - 500) * order.itemPrice * 0.05;
const shipping = Math.min(basePrice * 0.1, 100);
return basePrice - quantityDiscount + shipping;
```

動機

　式は、きわめて複雑で読みにくくなることがあります。そうしたときには、ローカル変数を活用して、式を分解することで扱いやすくできます。特に、複雑なロジックの式の一部に名前を付けられるので、そこで行っていることの意図がわかりやすくなります。

　こうした変数はデバッグにも便利です。デバッガやプリント文を仕掛けて内容を把握するのに使えます。

　「**変数の抽出**」を検討するのは、コード内の式に名前を付けたいときです。着手すると決めたら、同時に名前のコンテキストについて考えます。作業中の関数の中だけで意味がある名前なら「**変数の抽出**」は正しい選択です。より広いコンテキストで意味を持つなら、そのコンテキストで利用できるようにすることを考えます。その場合、たいていは関数にすることになります。その名前が広く使えるようになれば、他のコードで同じような記述を繰り返す必要がなくなります。結果として重複が減り、意図がより良く伝わるようになるのです。

　広いコンテキストに名前を置くことの難点は、かなりの労力を要することです。労力が相当に大きいなら「**問い合わせによる一時変数の置き換え（p.185）**」を施せるようになるまで後回しにしたほうが良いでしょう。比較的容易ならばすぐに実施して、コード内で名前を利用できるようにします。たとえば、作業中のコンテキストがクラスなら「**関数の抽出（p.112）**」をするのは非常に簡単です。

第6章　リファクタリングはじめの一歩

手順

- 抽出しようとする式に副作用がないことを確認する。
- 変更不可な変数を定義する。名付けたい式の値をその変数に設定する。
- 元の式を新しい変数で置き換える。
- テストする。

式が二度以上現れる場合、それぞれを変数で置き換えて、置き換えるたびにテストします。

例

次のような単純な計算があります。

```
function price(order) {
  //price = base price - quantity discount + shipping
  return order.quantity * order.itemPrice -
    Math.max(0, order.quantity - 500) * order.itemPrice * 0.05 +
    Math.min(order.quantity * order.itemPrice * 0.1, 100);
}
```

元々単純な計算なのですが、まだ読みやすくできる余地があります。まず、basePrice（本体価格）は quantity（数量）と itemPrice（単価）をかけたものだとわかります。

```
function price(order) {
  //price = base price - quantity discount + shipping
  return order.quantity * order.itemPrice -
    Math.max(0, order.quantity - 500) * order.itemPrice * 0.05 +
    Math.min(order.quantity * order.itemPrice * 0.1, 100);
}
```

変数を作成し名付けることで、理解したことをコードに反映させます。

```
function price(order) {
  //price = base price - quantity discount + shipping
  const basePrice = order.quantity * order.itemPrice;
  return order.quantity * order.itemPrice -
    Math.max(0, order.quantity - 500) * order.itemPrice * 0.05 +
    Math.min(order.quantity * order.itemPrice * 0.1, 100);
}
```

もちろん、変数を宣言して初期化しただけでは何も起こりません。それを使ってあげる必要があります。そこで元の式を置き換えます。

126

変数の抽出

```javascript
function price(order) {
  //price = base price - quantity discount + shipping
  const basePrice = order.quantity * order.itemPrice;
  return basePrice -
    Math.max(0, order.quantity - 500) * order.itemPrice * 0.05 +
    Math.min(order.quantity * order.itemPrice * 0.1, 100);
}
```

同じ式がもう一度使われています。これも変数で置き換えることができます。

```javascript
function price(order) {
  //price = base price - quantity discount + shipping
  const basePrice = order.quantity * order.itemPrice;
  return basePrice -
    Math.max(0, order.quantity - 500) * order.itemPrice * 0.05 +
    Math.min(basePrice * 0.1, 100);
}
```

次の行は quantityDiscount（数量値引）です。これも抽出できます。

```javascript
function price(order) {
  //price = base price - quantity discount + shipping
  const basePrice = order.quantity * order.itemPrice;
  const quantityDiscount = Math.max(0, order.quantity - 500) * order.itemPrice * 0.05;
  return basePrice -
    quantityDiscount +
    Math.min(basePrice * 0.1, 100);
}
```

最後に shipping（送料）です。これを変数にしたらコメントも消せます。もはや書かれたコード以上のことを表していないからです。

```javascript
function price(order) {
  const basePrice = order.quantity * order.itemPrice;
  const quantityDiscount = Math.max(0, order.quantity - 500) * order.itemPrice * 0.05;
  const shipping = Math.min(basePrice * 0.1, 100);
  return basePrice - quantityDiscount + shipping;
}
```

例：クラスのコンテキストで

次も同様のコードですが、今度はクラスのコンテキスト内の場合です。

```javascript
class Order {
  constructor(aRecord) {
    this._data = aRecord;
  }
```

第 6 章　リファクタリングはじめの一歩

```
  get quantity()  {return this._data.quantity;}
  get itemPrice() {return this._data.itemPrice;}

  get price() {
    return this.quantity * this.itemPrice -
      Math.max(0, this.quantity - 500) * this.itemPrice * 0.05 +
      Math.min(this.quantity * this.itemPrice * 0.1, 100);
    }
  }
```

　このケースでも同じ名前を抽出したいと思います。ただし、こうした名前は価格の計算だけでなく Order（注文）クラス全体で通用することに気づきました。そのため名前を変数でなくメソッドとして抽出したいと思います。

```
class Order {
  constructor(aRecord) {
    this._data = aRecord;
  }
  get quantity()  {return this._data.quantity;}
  get itemPrice() {return this._data.itemPrice;}

  get price() {
    return this.basePrice - this.quantityDiscount + this.shipping;
  }
  get basePrice()        {return this.quantity * this.itemPrice;}
  get quantityDiscount() {return Math.max(0, this.quantity - 500) * this.itemPrice * 0.05;}
  get shipping()         {return Math.min(this.basePrice * 0.1, 100);}
}
```

　これはオブジェクトのすぐれた利点の一つです。ロジックは、オブジェクトに与えられた適切な大きさのコンテキストを通じて他のロジックやデータを共有できます。オブジェクトに対しては、多くの共通な振る舞いを、名前で参照できる抽象として、いつでも呼び出すことができます。この例のように単純なものなら大したことではありませんが、より大きなクラスでは重大な意味を持ちます。

Inline Variable

変数のインライン化

旧：一時変数のインライン化
逆：変数の抽出（p.125）

```
let basePrice = anOrder.basePrice;
return (basePrice > 1000);
```

```
return anOrder.basePrice > 1000;
```

動機

　変数は関数内の式に名前をもたらします。そのため通常は「良いもの」です。しかし、ときには名前が式以上のことを語らないこともあります。また、変数が周辺コードのリファクタリングの邪魔になっていることもあるでしょう。そうしたときには、変数をインライン化するのが有効です。

手順

- 代入の右辺に副作用がないことを確認する。
- その変数が変更不可と宣言されていなければ、変更不可にしてテストする。
  - これにより代入が一度しか行われないことを確認する。
- その変数への最初の参照を探し、代入の右辺と置き換える。
- テストする。
- 変数を参照している箇所の置き換えを繰り返し、すべての参照箇所を更新する。
- 変数の宣言と代入を取り除く。
- テストする。

Change Function Declaration

関数宣言の変更

別名：関数名の変更
旧：メソッド名の変更
旧：パラメータの追加
旧：パラメータの削除
別名：シグニチャの変更

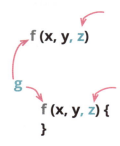

```
function circum(radius) {...}
```

```
function circumference(radius) {...}
```

動機

　関数はプログラムをいくつかの部品に分けるための第一の方法です。関数宣言はそれらの部品がいかにうまく、すなわち効果的に組み合わされるかを表します。関数宣言はソフトウェアシステムにおける継ぎ目となります。あらゆる建造物と同様、多くの部分がこうした継ぎ目に依存しています。良い継ぎ目があればシステムに新たな部品を追加するのは簡単です。悪い継ぎ目は常に問題の発生源になります。ソフトウェアが何をしているかをわかりにくくし、どうすれば要求の変化に合わせて変更できるかをわかりにくくします。幸いソフトウェアは柔らかいので、継ぎ目を変更することができます。注意深くやればの話ですが。

　継ぎ目の要素で最も重要なのは関数名です。名前が良ければ関数が呼ばれている箇所を見るだけで、その実装を見なくても関数が何をするのかがわかります。とはいえ、良い名前を思いつくのは難しく、最初から正しい名前にたどり着くことはめったにありません。混乱を招く名前に出くわしたときも、たかが名前なので、そのままにしてしまおうという誘惑にかられます。しかし、それこそが悪魔ナンドーク[訳注1]の所業なのです。プログラムの魂を救うために、悪魔に耳を貸してはいけません。もし間違った名前の関数を見たら、少しでも良い名前がわかり次第、断固

訳注1　原文は「Obfuscatis」。「obfuscate ＝わかりにくくする」からの造語。

として変更していかなければなりません。

そうすれば、次にこのコードを見たときには、それが何をしているのかをもう一度謎解きする必要はなくなっています（名前を改善していくための良い方法は、関数の目的をコメントとして書くことです。そのコメントを名前に変えます）。

同じ理屈がパラメータにも当てはまります。関数のパラメータは、関数内部と外界がどのように関わりあうかを規定します。パラメータは関数を使う場合の文脈を設定します。個人の電話番号をフォーマットする関数があり、その関数が個人を引数に取るとしたら、それを使って会社の電話番号をフォーマットすることはできません。パラメータを、個人ではなく電話番号そのものに置き換えれば、その関数はより広い範囲で活用できます。

関数の適用範囲を広げるだけでなく、結合を取り除くこともできます。モジュールが他のモジュールと接続するのに必要とするものを変更すれば良いのです。電話番号をフォーマットするロジックを、個人についての知識を持たないモジュールに置くこともできます。モジュールが互いに知らなければならないことを減らせば、自分が何かを変更するときに頭に入れておかなければならないことが削減できます。そうです、私の脳の容量は昔ほど大きくありません（物理的なサイズについては何も言ってませんよ）。

単純なルールに従うだけで、正しいパラメータが見つかるということはありません。支払期限を過ぎているかを判定する簡単な関数があるとしましょう。受注から30日以上経っているかを見るだけの関数です。この関数のパラメータは支払オブジェクトでしょうか、それとも支払期日でしょうか。前者を採用すると、関数は支払オブジェクトのインタフェースに結合されてしまいます。一方で、支払オブジェクトを使っていれば、支払の他のプロパティに簡単にアクセスできます。ロジックが進化してもこの関数を呼び出すすべての箇所を変更する必要もありません。実質的に関数のカプセル化は促進されます。

このパズルには正解がありません。とりわけ時の経過に耐えられるような答えはありません。そのため大切なのは、「**関数宣言の変更**」に慣れ親しんでおき、最善のコードの継ぎ目がわかるにつれてコードを進化させられるようにしておくことなのです。

通常、本書ではリファクタリングを参照するとき、主要な名前のみを使います。しかし、名前の変更は「**関数宣言の変更**」の非常に重要なユースケースなので、何かの名前を変更するだけのときは、このリファクタリングを「**関数名の変更（p.130）**」と呼ぶことにします。そのほうが意図を明らかにできるからです。名前だけ変えるにせよパラメータを操作するにせよ、手順は同じです。

手順

本書のほとんどのリファクタリングでは、手順を1種類のみ提示しています。これは一つの手順しかないからではなく、提示している手順がほとんどの場合において十分に機能するからです。しかし「関数宣言の変更」は例外です。簡易な手順のほうがたいていは効率的ですが、移行的手順で述べる漸進的な方法が有用なケースも少なくありません。そのためこのリファクタリングでは、まず変更内容を吟味して、宣言と呼び出しとを一度で簡単に変更できるかどうかを検

討します。もしできるなら簡易な手順を実行します。そうでなければ移行的手順を選択して呼び出し側をより漸進的に変更していきます。この手順が大きな意味を持つのは、呼び出し箇所が多い場合や、（後述するような公開されたAPIのように）呼び出し箇所が手の届かないところにある場合、関数がポリモーフィックなメソッドである場合、関数宣言に複雑な変更を加える場合です。

●簡易な手順

- パラメータを削除する場合、それが関数内部で参照されていないことを確認する。
- 関数宣言を望ましいものに変更する。
- 古い関数宣言へのすべての参照を探し、新しいものに更新する。
- テストする。

変更を一緒に実施しないほうが良いでしょう。そのため名前の変更とパラメータの追加の両方がある場合には、それぞれを別のステップで実施します（いずれにせよ、問題が発生したら元に戻して移行的手順を代わりに使いましょう）。

●移行的手順

- 必要なら関数の本体をリファクタリングして、以降の抽出のステップを実施しやすくしておく。
- 関数本体に「関数の抽出（p.112）」を施して、新たな関数を作る。
  - 新たな関数の名前を古いものと同じにする予定なら、新たな関数に判別しやすい名前を一時的に付けておく。
- 抽出した関数が追加のパラメータを必要とする場合、簡易な手順により追加を行う。
- テストする。
- 古い関数に「関数のインライン化（p.121）」を施す。
- 一時的な名前を使った場合、「関数宣言の変更」を再び施し、元の名前に戻す。
- テストする。

ポリモーフィズムを使ったクラスのメソッドを変更する場合、それぞれにバインディング用の間接層を加える必要があります。メソッドのポリモーフィズムが一つのクラス階層内で完結していれば、スーパークラスにのみ転送用メソッドが必要になります。スーパークラスへのリンクのないポリモーフィズムの場合、実装クラスごとに転送用メソッドが必要になります。

公開されたAPIをリファクタリングする場合、新たな関数を作った段階でリファクタリングを中断します。この中断の間、元の関数を非推奨とし、すべての利用者が新たな関数に移行するのを待ちます。古い関数の利用者がすべて移行したと確信が持てたら、元の関数宣言を削除し

132

ます。

例：関数名の変更（簡易な手順）

次のような省略しすぎの関数名について考えましょう。

```
function circum(radius) {
  return 2 * Math.PI * radius;
}
```

もう少し意味がわかるように変えたいものです。宣言から着手します。

```
function circumference(radius) {
  return 2 * Math.PI * radius;
}
```

そして circum のすべての呼び出しを探し、circumference（円周）に名前を変えます。

古い関数の参照を見つける難易度は言語環境によります。静的型付け言語で IDE がすぐれていれば最高の操作感をもたらしてくれます。自動的にしかもほとんどエラーなしで関数名を変更してくれます。静的な型付けがないと、ちょっと厄介です。すぐれた検索ツールでも間違った候補をたくさん見つけてしまいます。

パラメータの追加や削除にも同じ方法を使います。すべての呼び出し箇所を探し、宣言を変更し、それに合わせて呼び出しを変更します。それぞれを別のステップで実施したほうが良いでしょう。関数名の変更とパラメータ追加を同時に行う場合には、まず名前変更をしてからテストし、それからパラメータの追加をします。そしてもう一度テストです。

この簡易な手順によるリファクタリングの欠点は、すべての呼び出し箇所とその宣言（ポリモーフィックな場合はすべての宣言）を一度に変更しなければならないことです。変更の数が少ないか、それなりの自動リファクタリングツールがあるなら、これも妥当です。しかし、大量にある場合は厄介でしょう。さらに名前が一意でないときには別の問題があります。たとえば、Person（人）クラスの changeAddress（住所変更）メソッドの名前を変えたいときに、同名のメソッドが InsuranceAgreement（保険契約）クラスにもあり、こちらは変更したくないという場合です。このように変更が複雑なほど、一気にはやりたくなくなってきます。この種の問題が発生したときには、代わりに移行的手順を適用しましょう。また、簡易手順を使って問題が起きてしまったら、最後に正常だった状態にコードを戻し、移行的手順でのリファクタリングを再度試みます。

例：関数名の変更（移行的手順）

ここでも省略されすぎた名前の関数があるとします。

第 6 章　リファクタリングはじめの一歩

```
function circum(radius) {
  return 2 * Math.PI * radius;
}
```

このリファクタリングを移行的手順で行うには、まず「**関数の抽出（p.112）**」を関数の本体の全体に施します。

```
function circum(radius) {
  return circumference(radius);
}
function circumference(radius) {
  return 2 * Math.PI * radius;
}
```

次にテストして、「**関数のインライン化（p.121）**」を古い関数に施します。古い関数の呼び出し箇所をすべて探し、それぞれを新たな関数呼び出しに置き換えます。変更のたびにテストできるので、一つずつ進めることができます。すべてが済んだら古い関数を削除します。

ほとんどのリファクタリングではコードの変更が自由に行えることを前提にしています。しかし、このリファクタリング方法ならば、公開された API のような、自らの意思で変更することの難しいコードで利用されているときにも対処できます。circumference を作った段階でリファクタリングを中断し、可能なら circum を非推奨としておきます。そして呼び出し側が circumference を使うように変更されるまで待ちます。移行が済んだなら circum を削除できます。circum を完全に削除できるには至らないかもしれませんが、少なくとも新たなコードでは、良い名前のほうが使われます。

例：パラメータの追加

ある図書管理のソフトウェアには Book（本）クラスがあります。このクラスには利用者への貸出予約を受け付けるメソッド（addReservation）があります。

class Book...
```
addReservation(customer) {
  this._reservations.push(customer);
}
```

予約については優先度付き待ち行列をサポートしなければならなくなりました。そのため、関数 addReservation にパラメータを追加して、予約を通常の待ち行列に入れるか、優先度の高い待ち行列に入れるかを指定することにします。すべての呼び出し箇所を簡単に見つけることができれば、一気に変更してしまうのですが、そうでなければ移行的手順を用いることになります。やり方を次に示します。

まず「**関数の抽出（p.112）**」を addReservation の本体に施し、新たな関数を作ります。最終的には addReservation にするのですが、古い関数と新たな関数を同じ名前で共存させられま

134

せん。そこで、後で見つけやすい一時的な名前を付けます。

class Book...
```
addReservation(customer) {
  this.zz_addReservation(customer);
}

zz_addReservation(customer) {
  this._reservations.push(customer);
}
```

次に、新たな関数の宣言とその呼び出しに、パラメータを追加します（ここでは簡易な手順を使います）。

class Book...
```
addReservation(customer) {
  this.zz_addReservation(customer, false);
}

zz_addReservation(customer, isPriority) {
  this._reservations.push(customer);
}
```

JavaScript の場合、呼び出し側を変更する前に「**アサーションの導入（p.309）**」を施し、新たなパラメータが呼び出し側で設定されているかをチェックするのがよいでしょう。

class Book...
```
zz_addReservation(customer, isPriority) {
  assert(isPriority === true || isPriority === false);
  this._reservations.push(customer);
}
```

こうすることで、呼び出し側を変更する際に新たなパラメータを入れ忘れると、アサーションが間違いを教えてくれます。長年の経験から、私より間違えやすいプログラマもわずかながらいるようですから。

ではいよいよ呼び出し側を変更していきます。元の関数に対して「**関数のインライン化（p.121）**」を施します。これで呼び出し側を一つずつ変更することができます。

そして新たな関数の名前を元の関数名に変更します。通常は簡易な手順で十分ですが、必要なら移行的な手順も使えます。

例：パラメータをプロパティに変更する

ここまでの例は単純な名前の変更やパラメータの追加でした。移行的手順を使うと、このリファクタリングはより複雑なケースもうまく扱えます。次は少々入り組んだ例です。

第 6 章　リファクタリングはじめの一歩

顧客がニューイングランド出身かを判定する関数があります。

```
function inNewEngland(aCustomer) {
  return ["MA", "CT", "ME", "VT", "NH", "RI"].includes(aCustomer.address.state);
}
```

そしてこれがその呼び出しの一つです。

caller...
```
const newEnglanders = someCustomers.filter(c => inNewEngland(c));
```

inNewEngland は aCustomer（顧客）の出身州だけを参照して、それがニューイングランドにあるかどうか判定します。stateCode（州コード）をパラメータにするよう inNewEngland をリファクタリングして顧客への依存をなくし、より広いコンテキストで使えるようにしたいところです。

「関数宣言の変更」の最初の一手は、通常、「**関数の抽出（p.112）**」を適用することです。しかし、このケースでは最初に関数本体を少しリファクタリングすることで楽ができます。「**変数の抽出（p.125）**」を施して新たなパラメータを抽出します。

```
function inNewEngland(aCustomer) {
  const stateCode = aCustomer.address.state;
  return ["MA", "CT", "ME", "VT", "NH", "RI"].includes(stateCode);
}
```

そして「**関数の抽出（p.112）**」を適用して、新たな関数を作ります。

```
function inNewEngland(aCustomer) {
  const stateCode = aCustomer.address.state;
  return xxNEWinNewEngland(stateCode);
}

function xxNEWinNewEngland(stateCode) {
  return ["MA", "CT", "ME", "VT", "NH", "RI"].includes(stateCode);
}
```

関数に付ける名前は、後で元の名前に戻すために、機械的に置換しやすいものにします（しかし、この手の仮の名前にルールがないことがばれてしまいましたね）。

元の関数の入力パラメータに「**変数のインライン化（p.129）**」を施します。

```
function inNewEngland(aCustomer) {
  return xxNEWinNewEngland(aCustomer.address.state);
}
```

136

「**関数のインライン化（p.121）**」を使って、古い関数の中身を呼び出し側に移します。これにより古い関数への呼び出しが新たな関数への呼び出しに置き換えられます。一つずつ置き換えができます。

caller...
```
const newEnglanders = someCustomers.filter(c => xxNEWinNewEngland(c.address.state));
```

古い関数をすべての呼び出し箇所でインライン化したら、「**関数宣言の変更**」を再び用いて、新たな関数の名前を元々の名前に戻します。

caller...
```
const newEnglanders = someCustomers.filter(c => inNewEngland(c.address.state));
```

top level...
```
function inNewEngland(stateCode) {
  return ["MA", "CT", "ME", "VT", "NH", "RI"].includes(stateCode);
}
```

リファクタリング自動化ツールを使うと、移行的手順の出番は減りますが、より効率的に行えるようになります。これらのツールは複雑な名前の変更やパラメータの変更も安全に行うことが可能です。そのため、ツールの支援がないときに比べ、移行的手順のアプローチを取る機会は少なくなります。しかし、上のような例では、ツールでそのリファクタリング手順全体をやってしまうことはできません。それでもツールのおかげでずっと簡単になります。抽出やインライン化のような重要なステップがすばやく安全に行えるからです。

Encapsulate Variable

変数のカプセル化

旧：フィールドの自己カプセル化
旧：フィールドのカプセル化

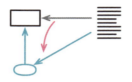

```
let defaultOwner = {firstName: "Martin", lastName: "Fowler"};
```

```
let defaultOwnerData = {firstName: "Martin", lastName: "Fowler"};
export function defaultOwner()         {return defaultOwnerData;}
export function setDefaultOwner(arg) {defaultOwnerData = arg;}
```

動機

　リファクタリングとはすなわちプログラムの構成要素を操作することです。データは、関数よりも操作しにくいものです。関数を使うということは、通常は関数を呼び出すということです。そのため、古い関数を転送用関数として残すことで、関数に新たな名前を付けたり移動したりすることが簡単にできます（古い呼び出しは古い関数を呼び出すままにしておき、古い関数が新たな名前の元の関数を呼びます）。転送用関数を長く残すことはありませんが、リファクタリングを単純化してくれます。

　データはこうした対処ができないのでより厄介です。データを移動してもコードが動き続けるためには、データのすべての参照を一気に変更する必要があります。小さな関数内の一時変数のように、非常にスコープの狭いデータであればこれは問題になりません。しかしスコープが大きくなるにつれ困難になっていきます。これがグローバルなデータが扱いづらい理由です。

　そのため広い範囲で利用されるデータを移動したいときは、まずそれをカプセル化して、変数へのアクセスを関数経由にするのが非常に良いやり方です。これでデータの再構成という困難な作業を、関数の再構成というより簡単な作業に変えることができます。

　データのカプセル化が有効なのはこれにとどまりません。データの変更や参照を監視できるという明確な利点が得られます。データ更新の際の検証や後処理を追加するのも簡単です。すべての変更可能なデータをこうしてカプセル化するのは私の習慣で、そのスコープが一つの関数より大きいものは、関数を通じてのみアクセスできるようにします。データのスコープが大きくなるほどカプセル化はより重要になります。

　レガシーコードに対処するときは、こうした変数への参照を変更したり追加したりする機会を見つけては、変数をカプセル化します。そうすることで、共通に使われるデータへの結合が強ま

るのを防ぎます。

　オブジェクト指向では、オブジェクトのデータをプライベートに保つことが力説されますが、その理由はこの原則によっています。パブリックなフィールドを見かけたときは「**変数のカプセル化**」（この場合は「**フィールドのカプセル化（p.138）**」とよく呼ばれます）を施して、変数の可視性を下げることを考えます。クラス内のフィールドへの内部参照さえもアクセサ関数を通じて行うべきだという人もいます。このやり方は自己カプセル化として知られています。概して、自己カプセル化はやりすぎのように思います。もしフィールドを自己カプセル化しなければならないほどクラスが大きいのなら、どっちみちクラスを分解しなければなりません。とはいえ、フィールドの自己カプセル化は、クラスを分解する前の有意義なステップです。

　変更不可のデータについて、カプセル化はそれほど重要ではありません。データが変わらないなら、更新の前に検証等のロジックを仕掛ける場所も不要です。また、データを移動させず、自由にコピーして使うことができます。そのため、古い場所からの参照を更新する必要がありません。そしてコードの一部が、古くなったデータを参照してしまうという心配もありません。変更不可性は強力な防腐剤です。

手順

- 変数を参照・更新するためのカプセル化用関数を作る。
- 静的チェックを実行する。
- 変数への参照を、一つひとつ適切なカプセル化関数の呼び出しに置き換える。置き換えるごとにテストする。
- 変数の可視性を制限する。
  - 変数への直接アクセスを防げないことがよくある。その場合、変数名を変更してテストすることで、置き換えが漏れた参照を見つけることができる。
- テストする。
- 変数の値がレコードの場合、「レコードのカプセル化（p.168）」を検討する。

例

　ある有用なデータがグローバル変数に格納されているとしましょう。

```
let defaultOwner = {firstName: "Martin", lastName: "Fowler"};
```

他のデータと同様、次のような形で参照されています。

```
spaceship.owner = defaultOwner;
```

そして、次のように更新されます。

第 6 章　リファクタリングはじめの一歩

```
defaultOwner = {firstName: "Rebecca", lastName: "Parsons"};
```

　このコードに基本的なカプセル化を施すため、まずはデータを読み書きするための関数を定義します。

```
function getDefaultOwner()     {return defaultOwner;}
function setDefaultOwner(arg) {defaultOwner = arg;}
```

　次に defaultOwner への参照に取りかかります。参照を見つけたら、getter の呼び出しに置き換えます。

```
spaceship.owner = getDefaultOwner();
```

　代入を見つけたら、setter の呼び出しに置き換えます。

```
setDefaultOwner({firstName: "Rebecca", lastName: "Parsons"});
```

　一つ置き換えるたびにテストします。

　全部の参照を置き換えたら、変数の可視性を制限します。これにより置き換え忘れた参照が残っていないかを確認でき、将来的にも変数への直接アクセスが行われないことが保証されます。JavaScript では、変数とアクセサメソッドを別ファイルに移し、アクセサメソッドだけをエクスポートすることで実現できます。

defaultOwner.js...
```
let defaultOwner = {firstName: "Martin", lastName: "Fowler"};
export function getDefaultOwner()     {return defaultOwner;}
export function setDefaultOwner(arg) {defaultOwner = arg;}
```

　変数への直接アクセスを制限できない状況では、変数名を変更して再テストするのが有効です。将来の直接アクセスを防ぐことはできませんが、変数名を意味のある扱いにくいものにしておくとよいでしょう。たとえば、`__privateOnly_defaultOwner` のようにします。

　getter の先頭に get を付けるのは気に入らないので、それを取った名前に変えます。

defaultOwner.js...
```
let defaultOwnerData = {firstName: "Martin", lastName: "Fowler"};
export function getdefaultOwner()     {return defaultOwnerData;}
export function setDefaultOwner(arg) {defaultOwnerData = arg;}
```

　　JavaScript の一般的なコーディング規約では get 関数と set 関数の名前を同じにして、引数の有無で区別します。私はこれを Overloaded Getter Setter[mf-ogs] と呼び、忌み嫌っています。get を先頭に付けるのは嫌なので取りますが、set は残しておきます。

● 値のカプセル化

ここまで、データ構造への参照をカプセル化する基本的なリファクタリングの概要を述べました。これにより参照の利用と再代入は制御できるようになりました。しかし、データ構造の変更は制御できません。

```
const owner1 = defaultOwner();
assert.equal("Fowler", owner1.lastName, "when set");
const owner2 = defaultOwner();
owner2.lastName = "Parsons";
assert.equal("Parsons", owner1.lastName, "after change owner2"); // これでいい？
```

先ほどの基本的なリファクタリングではデータ項目への参照をカプセル化しました。多くの場合は、これがやりたいことのすべてです。しかし、ときにはより深くカプセル化を行い、変数のみならずその内容まで制御したくなることもあります。

それにはいくつかの選択肢があります。最も簡単なのは値へのあらゆる変更を禁ずることです。お気に入りの方法は、getter をデータのコピーを返すように修正することです。

defaultOwner.js...
```
let defaultOwnerData = {firstName: "Martin", lastName: "Fowler"};
export function defaultOwner()          {return Object.assign({}, defaultOwnerData);}
export function setDefaultOwner(arg) {defaultOwnerData = arg;}
```

特にリストに対してはこの方法をよく使います。データのコピーを返せば、クライアントが変更したとしても、その変更は共有のデータには反映されません。しかし、コピーの使用には注意が必要です。それを変更すれば共有データを変更できるものと誤解させてしまうかもしれないからです。その場合は、問題を検出するためにテストが役立ちます。もう一つの変更を防ぐ方法として有効なのは、「**レコードのカプセル化（p.168）**」です。

```
let defaultOwnerData = {firstName: "Martin", lastName: "Fowler"};
export function defaultOwner()          {return new Person(defaultOwnerData);}
export function setDefaultOwner(arg) {defaultOwnerData = arg;}

  class Person {
    constructor(data) {
      this._lastName = data.lastName;
      this._firstName = data.firstName
    }
    get lastName() {return this._lastName;}
    get firstName() {return this._firstName;}
    // 以下、他の属性に対しても同様に行う
```

これで defaultOwner() のプロパティへのいかなる再代入も無視されます。変更を検出したり防止したりする方法はプログラミング言語によって異なります。したがって言語によっては別

の方法を考えます。

　このようなやり方で変更を検出・防止することは、しばしば一時的な処置としても有効です。setter をなくすか、または適切な setter を用意することができます。それでも駄目なら、getter でコピーを返すように修正してみます。

　ここまでデータを返すときのコピーについてお話ししました。ところが setter でも、コピーを作るのが有効な場合があります。データがどこから来るのか、元データの変更を反映するためにリンクを保つ必要があるかによって判断します。

　そうしたリンクが不要なら、コピーして、元データに変更を加えてしまう事故を防ぐことができます。たいていの場合、コピーは無駄ですが、そのコピー操作が性能に与える影響は微々たるものです。一方、そうしなかったときには、長くて険しいデバッグのリスクを将来に残すことになります。

　上述のコピーやクラスラッパーは、どちらもレコード構造の 1 段階の深さでしか機能しないことを忘れないでください。より深くするにはさらに深いレベルのコピーやラッピングが必要になります。

　見てきたように、データのカプセル化は有効です。しかし、簡単に実現できないこともよくあります。厳密に何をどのようにカプセル化すべきかは、データの利用法と想定される変更とによって変わってきます。データが広く使われるほど、適切にカプセル化することについて注意を払う価値があります。

142

Rename Variable

変数名の変更

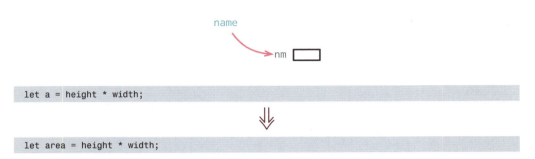

```
let a = height * width;
```

⇩

```
let area = height * width;
```

動機

　良い名前を付けることは、明快なプログラムを書くための核心です。変数はうまく名前を付けさえすれば、目的を説明する上で非常に役立ちます。しかし不適切な名前を付けてしまうこともよくあります。その理由としては、注意深く考えていなかったから、あるいは最初は問題の理解が浅かったから、またはユーザのニーズが変わってプログラムの目的が変わったから、などがあります。

　変数名の重要性は、どれくらい広い範囲で使われるかに影響を受けます。プログラムの他の構成要素と比較しても、その傾向が顕著です。ラムダ式のワンライナーで使われる変数の意味は、たいていは簡単に理解できます。このときの変数の目的は文脈から明らかなので、1文字の名前もよく使います。短い関数のパラメータも同じ理由で簡潔にできます。もっともJavaScriptのような動的型付け言語では、型を名前に入れておきたくなります（そのためパラメータ名は`aCustomer`のようになります）。

　1回の関数の呼び出しを超えて存続する永続的なフィールドについては、もっと注意深く名前を付ける必要があります。注意を最も注ぐべきはそこです。

手順

- 変数が広く使われている場合、「変数のカプセル化（p.138）」を検討する。
- 変数への参照をくまなく探し、それらをすべて変更する。
  - 変数が別のコードベースから参照されている場合、その変数は公開されているので、このリファクタリングを行うことはできない。
  - 変数が変更されない場合、変数を新たな名前の変数にコピーしてから、徐々に置き換えていき、その都度テストする。
- テストする。

例

変数名を変更する最も簡単な例は、関数のローカル変数（一時変数か引数）の場合です。これは例を示すまでもないほど自明です。参照を探して変更するだけだからです。作業を終えたらプログラムを壊していないことを確認するためテストをします。

問題が起こるのは変数のスコープが一つの関数より広い場合です。その場合、コードベースのいたるところに多くの参照があることでしょう。

```
let tpHd = "untitled";
```

この変数を参照している箇所が複数あります。

```
result += `<h1>${tpHd}</h1>`;
```

更新している箇所もあります。

```
tpHd = obj['articleTitle'];
```

こうしたときは通常「**変数のカプセル化（p.138）**」を施します。

```
result += `<h1>${title()}</h1>`;

setTitle(obj['articleTitle']);

function title()        {return tpHd;}
function setTitle(arg) {tpHd = arg;}
```

ここで変数名を変更します。

```
let _title = "untitled";

function title()        {return _title;}
function setTitle(arg) {_title = arg;}
```

さらにラップ用の関数をインライン化して、呼び出し側で変数を直接使うようにすることもできますが、そうしたいと思うことはほとんどありません。変数名が広く使われていて、変更の際にカプセル化する必要がありそうなら、将来のために関数の背後にカプセル化したままにしておくほうが賢明でしょう。

万が一、インライン化する場合は、変数名にはアンダースコアを付けません（この場合なら `_title` ではなく `title`）。getter 名は `getTitle` とします。

● 定数名の変更

定数（または利用側から見て定数のように振る舞うもの）の名前を変更する場合、カプセル化を行わずに、徐々に名前の変更を進めることができます。コピーするのです。元の宣言が次のようだったとしましょう。

```
const cpyNm = "Acme Gooseberries";
```

まず、コピーします。

```
const companyName = "Acme Gooseberries";
const cpyNm = companyName;
```

コピーにより、古い名前から新たな名前へと、参照を徐々に変更できます。全部変更したらコピーしている文を削除します。このように、新たな名前で定数を宣言して、古い定数にコピーするのがよいでしょう。古い名前の削除や、テストが失敗したときに古い名前に戻すのが少し簡単だからです。

この方法は定数だけでなく、利用側にとって読み取り専用となっている変数にも使えます（JavaScript のエクスポートされた変数がその例です）。

パラメータオブジェクトの導入

Introduce Parameter Object

```
function amountInvoiced(startDate, endDate) {...}
function amountReceived(startDate, endDate) {...}
function amountOverdue(startDate, endDate) {...}
```

⇓

```
function amountInvoiced(aDateRange) {...}
function amountReceived(aDateRange) {...}
function amountOverdue(aDateRange) {...}
```

動機

　ひとまとまりのデータ項目が常に一緒に関数から関数へと受け渡されていることがよくあります。そのようなひとまとまりの「データの群れ」は、単一のデータ構造に置き換えたくなります。

　データを構造体にまとめることには意味があります。データ項目間の関係を明示することができるからです。新たな構造体を使えば、関数のパラメータ数は少なくて済みます。その構造体を使うすべての関数が、構造体の要素を取得するのに同じ名前を使うことで、一貫性の向上にも役立ちます。

　しかし、このリファクタリングの真価は、コードにより深い変化を引き起こすことにあります。新たな構造体を特定したら、その構造体を使うようにプログラムの振る舞いを改めます。そして、このデータに関する共通の振る舞いをとらえた関数群を作ります。一連の共通関数群になることもありますし、データ構造とそれらの関数を組み合わせたクラスになることもあります。この過程でコードの概念的な構図が変化することもあります。そうした構造体を新たな抽象に引き上げると、問題領域の理解がすっきりしてきます。うまくいくと驚くほどに強力な効果がありますが、いずれにせよ「**パラメータオブジェクトの導入**」を施さないことにはこの流れは始まりません。

手順

- ふさわしい構造体がまだ存在しないなら、作成する。
  - 後で振る舞いをまとめやすいのでクラスにすることが多い。構造体が「値オブジェクト（Value Object）」[mf-vo] なのかを確認するとよい。
- テストする。

- 「関数宣言の変更（p.130）」を施し、新たな構造体用のパラメータを追加する。

- テストする。

- 新たな構造体の正しいインスタンスを渡すように各呼び出し側を修正する。一つの呼び出しを修正するごとにテストする。

- 元のパラメータを使用している箇所を、新たな構造体の要素を使うように一つひとつ置き換える。元のパラメータを削除し、テストする。

例

　温度の一連の測定結果（readings）を見て、動作環境範囲外になるデータがないかを判定するコードを例にします。測定結果のデータは次のようなものです。

```
const station = { name: "ZB1",
                  readings: [
                    {temp: 47, time: "2016-11-10 09:10"},
                    {temp: 53, time: "2016-11-10 09:20"},
                    {temp: 58, time: "2016-11-10 09:30"},
                    {temp: 53, time: "2016-11-10 09:40"},
                    {temp: 51, time: "2016-11-10 09:50"},
                  ]
                };
```

次に示すのは範囲外の測定結果を検出する関数です。

```
function readingsOutsideRange(station, min, max) {
  return station.readings
    .filter(r => r.temp < min || r.temp > max);
}
```

この関数は次のようなコードから呼ばれるものとします。

caller
```
alerts = readingsOutsideRange(station,
                              operatingPlan.temperatureFloor,
                              operatingPlan.temperatureCeiling);
```

　呼び出し側のコードが、別のオブジェクトから二つのデータ項目をペアで抜き出して、そのままのペアを readingsOutsideRange に渡している点に注目してください。operatingPlan（運転計画）は、readingOutsideRange とは異なる名前で温度範囲の下限と上限を表します。このような範囲指定の仕方は、二つの別々のデータ項目をまとめて一つのオブジェクトにしたほうが良い典型例です。まずはデータをまとめるためのクラスを定義します。

第6章 リファクタリングはじめの一歩

```
class NumberRange {
  constructor(min, max) {
    this._data = {min: min, max: max};
  }
  get min() {return this._data.min;}
  get max() {return this._data.max;}
}
```

JavaScript の基本的なオブジェクトではなく、クラスとして定義します。このリファクタリングは、新たなオブジェクトに振る舞いを移動していく最初のステップとなるとことが多いからです。そのためにはクラスが適するので、最初からクラスにしてそれを使います。新たなクラスには更新メソッドを用意しません。おそらくこのクラスは「値オブジェクト（Value Object）」[mf-vo]になるからです。このリファクタリングをすると、たいていは値オブジェクトができます。

そして「関数宣言の変更（p.130）」を施し、新たなオブジェクトを readingsOutsideRange のパラメータに加えます。

```
function readingsOutsideRange(station, min, max, range) {
  return station.readings
    .filter(r => r.temp < min || r.temp > max);
}
```

JavaScript では、呼び出し側を変更しなくても大丈夫です。しかし他の言語では、次のように null を新たなパラメータとして加える必要があります。

caller
```
alerts = readingsOutsideRange(station,
                              operatingPlan.temperatureFloor,
                              operatingPlan.temperatureCeiling,
                              null);
```

ここでは振る舞いをいっさい変更していないため、テストはまだ通るはずです。次に、妥当な NumberRange（範囲）オブジェクトを渡すように呼び出し側をすべて修正します。

caller
```
const range = new NumberRange(operatingPlan.temperatureFloor, operatingPlan.temperatureCeiling);
alerts = readingsOutsideRange(station,
                              operatingPlan.temperatureFloor,
                              operatingPlan.temperatureCeiling,
                              range);
```

まだ振る舞いを変えていません。新しいパラメータをまだ使っていないからです。そのため、すべてのテストは通るはずです。

いよいよパラメータを使うところを置き換えます。まずは max（最大値）からです。

148

パラメータオブジェクトの導入

```
function readingsOutsideRange(station, min, max, range) {
  return station.readings
    .filter(r => r.temp < min || r.temp > range.max);
}
```

caller
```
const range = new NumberRange(operatingPlan.temperatureFloor, operatingPlan.temperatureCeiling);
alerts = readingsOutsideRange(station,
                             operatingPlan.temperatureFloor,
                             operatingPlan.temperatureCeiling,
                             range);
```

ここでテストします。さらにもう一つのパラメータを取り除きます。

```
function readingsOutsideRange(station, min, range) {
  return station.readings
    .filter(r => r.temp < range.min || r.temp > range.max);
}
```

caller
```
const range = new NumberRange(operatingPlan.temperatureFloor, operatingPlan.temperatureCeiling);
alerts = readingsOutsideRange(station,
                             operatingPlan.temperatureFloor,
                             range);
```

これでこのリファクタリングは完了しました。しかし、データの群れをオブジェクトに置き換えるのはほんの準備段階です。本当にすばらしいのはこの先です。このようなクラスを作ることの大きな利点は、新たなクラスに振る舞いを移すことができるということです。ここでは範囲のクラスに、値が範囲内であるかを判定するメソッドを追加しようと思います。

```
function readingsOutsideRange(station, range) {
  return station.readings
    .filter(r => !range.contains(r.temp)); }
```

class NumberRange...
```
    contains(arg) {return (arg >= this.min && arg <= this.max);}
```

　これは「範囲（Range）クラス」[mf-range]を作る最初のステップになります。範囲クラスにはさまざまな便利な振る舞いを持たせることができます。範囲クラスがコードに必要なことがわかったら、最大値・最小値のペアを使っている他の箇所がないか目を光らせて、範囲クラスに置き換えていくことができます（即座に候補に挙がるのは運転計画で、tempratureFloor（下限温度）とtempratureCeiling（上限温度）を、tempratureRangeに置き換えられます）。このようなペアの使われ方を観察すると、より多くの便利な振る舞いを範囲クラスに移すことができます。結果としてコードベース全体での範囲の使い方がすっきりします。手始めに追加するのは同値性の判定を行うメソッドでしょう。これで、真の意味で値オブジェクトになります。

149

Combine Functions into Class

関数群のクラスへの集約

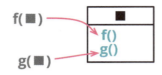

```
function base(aReading) {...}
function taxableCharge(aReading) {...}
function calculateBaseCharge(aReading) {...}
```

⇓

```
class Reading {
  base() {...}
  taxableCharge() {...}
  calculateBaseCharge() {...}
}
```

動機

　ほとんどのモダンなプログラミング言語において、クラスは基本的な構成要素です。クラスはデータと関数とを束ねて共有の環境に置き、その一部を協調のために他のプログラム要素に公開します。クラスはオブジェクト指向言語の主要な構成要素ですが、他の種類の言語でも有用なものです。

　共通のデータに対して互いに関わりの深い処理を行う一群の関数があれば、クラスを定義するチャンスと考えます（共通のデータは通常は関数呼び出しの際に引数として渡されます）。クラスを使うことで、これらの関数が共有する環境がより明示的になり、関数の引数が大幅に減ることで、オブジェクト内の関数呼び出しを単純化できます。そうしたオブジェクトをシステムの他の部分に参照として渡すのも容易になります。

　このリファクタリングは既存の関数群を体系化するだけではありません。他で断片的に計算を行っている箇所を特定し、新たなクラスのメソッドとしてリファクタリングする良い機会も与えてくれます。

　関数を体系化するもう一つ別の方法として、「**関数群の変換への集約（p.155）**」があります。どちらを使うかは、プログラムのより大きな文脈で決まります。クラスを使う大きな利点は、利用者側がオブジェクトの核となるデータを変更でき、そこから派生したデータも一貫性が保たれることです。

　クラスと同様に、入れ子関数を使っても、このような関数群をまとめることができます。私であれば、通常は入れ子関数よりもクラスを選びます。他の関数内で入れ子になった関数をテストするのは難しい場合があるからです。関数群の一部の関数を協調者に公開したい場合もクラスは

必要です。

クラスを第一級要素としてサポートせず、関数を第一級要素にしているプログラミング言語の場合は、こうした機能を実現するために「オブジェクトとしての関数」[mf-fao]を使うことがあります。

手順

- 関数間で共有しているデータのレコードに「レコードのカプセル化（p.168）」を施す。
  - 関数間で共有しているデータが、レコード構造としてまとめられていない場合は、「パラメータオブジェクトの導入（p.146）」を施し、それらをまとめるレコードを作る。
- 「関数の移動（p.206）」を適用して、共通レコードを扱う関数をそれぞれ、新たなクラスへと移す。
  - 関数呼び出しの引数のうち、クラスのメンバになっているものは、引数のリストから取り除くことができる。
- データを操作するロジックの断片があればそれぞれ、「関数の抽出（p.112）」で抽出してクラスに移す。

例

私はイギリスで育ちました。紅茶への愛で有名な国です（個人的には、中国茶や日本茶への嗜好に目覚めてからというもの、イギリスで飲まれている紅茶は好みではありません）。ここでは国民に紅茶を供給する公共事業を妄想してみます。毎月紅茶メータの reading（計測値）を見て、次のような記録を取っています。

```
reading = {customer: "ivan", quantity: 10, month: 5, year: 2017};
```

このレコードを処理するコードを眺めてみると、データに対して同じような計算をしているところがいくつもあります。たとえば、baseCharge（基本料金）を計算するところは次のようです。

client 1...
```
const aReading = acquireReading();
const baseCharge = baseRate(aReading.month, aReading.year) * aReading.quantity;
```

すべての必需品に税金を課すのがイングランド流です。当然紅茶もです。しかし規則により、生活必需レベルまでは無税です。

第 6 章　リファクタリングはじめの一歩

client 2...
```
  const aReading = acquireReading();
  const base = (baseRate(aReading.month, aReading.year) * aReading.quantity);
  const taxableCharge = Math.max(0, base - taxThreshold(aReading.year));
```

　皆さんもお気づきでしょう。基本料金の計算式は、この二つのコード断片で重複しています。きっと皆さんも「**関数の抽出（p.112）**」が頭に浮かんでいることでしょう。おもしろいことに、別のところですでに仕事を片付けてくれているようです。

client 3...
```
  const aReading = acquireReading();
  const basicChargeAmount = calculateBaseCharge(aReading);

  function calculateBaseCharge(aReading) {
    return baseRate(aReading.month, aReading.year) * aReading.quantity;
  }
```

　これを見ると、前にある二つのクライアントのコード断片を、この関数を使うように、本能的に変えたくなります。しかし、このようなトップレベルの関数には、見つけづらいという問題があります。そのため、コードを変更して、関数とデータの結び付きを強くするほうが良いでしょう。そこで、データをクラスにするのがお勧めです。
　レコードをクラスにするために「**レコードのカプセル化（p.168）**」を施します。

```
class Reading {
  constructor(data) {
    this._customer = data.customer;
    this._quantity = data.quantity;
    this._month = data.month;
    this._year = data.year;
  }
  get customer() {return this._customer;}
  get quantity() {return this._quantity;}
  get month()    {return this._month;}
  get year()     {return this._year;}
}
```

　まずは、既存の `calculateBaseCharge` 関数から振る舞いを移します。新たな Reading クラスを使うようにするため、取得したデータは Reading クラスに即座に渡します。

client 3...
```
  const rawReading = acquireReading();
  const aReading = new Reading(rawReading);
  const basicChargeAmount = calculateBaseCharge(aReading);
```

　そして、「**関数の移動（p.206）**」を施して、関数 `calculateBaseCharge` を新たなクラスに移

152

しIます。

class Reading...
```
get calculateBaseCharge() {
  return baseRate(this.month, this.year) * this.quantity;
}
```

client 3...
```
const rawReading = acquireReading();
const aReading = new Reading(rawReading);
const basicChargeAmount = aReading.calculateBaseCharge;
```

ついでに、「**関数名の変更（p.130）**」を施し、関数名を自分の好みに寄せておきます。

```
get baseCharge() {
  return baseRate(this.month, this.year) * this.quantity;
}
```

client 3...
```
const rawReading = acquireReading();
const aReading = new Reading(rawReading);
const basicChargeAmount = aReading.baseCharge;
```

　この関数名により、Reading（計測値）クラスのクライアントからは、baseCharg（基本料金）がフィールドなのか派生値なのか区別がつかなくなります。これは望ましいことで、「統一アクセス原理」[mf-ua] と呼ばれます。
　重複した計算を行わないよう、一つ目のクライアントコードでこのメソッドを呼ぶように変更します。

client 1...
```
const rawReading = acquireReading();
const aReading = new Reading(rawReading);
const baseCharge = aReading.baseCharge;
```

　今日のうちに、baseCharge 変数に対して「**変数のインライン化（p.129）**」を施せる可能性が高くなってきました。しかし、このリファクタリングにとって、より関連性が高いのは taxableCharge（課税対象額）を計算するクライアントコードです。まずは新たな baseCharge（基本料金）プロパティを使うようにします。

client 2...
```
const rawReading = acquireReading();
const aReading = new Reading(rawReading);
const taxableCharge = Math.max(0, aReading.baseCharge - taxThreshold(aReading.year));
```

第6章 リファクタリングはじめの一歩

課税対象額の計算に「**関数の抽出（p.112）**」を施します。

```
function taxableChargeFn(aReading) {
  return Math.max(0, aReading.baseCharge - taxThreshold(aReading.year));
}
```

client 3...
```
const rawReading = acquireReading();
const aReading = new Reading(rawReading);
const taxableCharge = taxableChargeFn(aReading);
```

そして「**関数の移動（p.206）**」を施します。

class Reading...
```
get taxableCharge() {
  return Math.max(0, this.baseCharge - taxThreshold(this.year));
}
```

client 3...
```
const rawReading = acquireReading();
const aReading = new Reading(rawReading);
const taxableCharge = aReading.taxableCharge;
```

　派生データはすべて必要に応じて計算されるので、保持されたデータを更新する必要があっても問題にはなりません。一般に変更不可データのほうが望ましいのですが、実際には多くの制約があって、変更可能なデータにも対処せざるを得ません。そもそもJavaScriptは、当初の設計では、変更不可性を想定していなかった言語エコシステムなのです。プログラムのどこかでデータが更新されることに合理性があるなら、クラスは非常に有用です。

関数群の変換への集約

Combine Functions into Transform

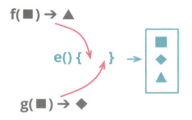

```
function base(aReading) {...}
function taxableCharge(aReading) {...}
```

```
function enrichReading(argReading) {
  const aReading = _.cloneDeep(argReading);
  aReading.baseCharge = base(aReading);
  aReading.taxableCharge = taxableCharge(aReading);
  return aReading;
}
```

動機

　ソフトウェアの多くは、プログラムにデータを投入して、そこからさまざまな派生情報を計算する処理を含んでいます。そうした派生値はさまざまな箇所で必要になり、その計算は派生値が参照されるたびに繰り返されます。こうした派生値はまとめたほうが望ましく、一貫した探しやすい場所で更新が行われるようにして、重複したロジックを避けたいものです。

　その一つの方法はデータ変換関数を使うことです。これは元データを入力としてすべての派生値を計算し、それらを出力データのフィールドとして設定するものです。そうすることで、派生値について調べたいときは変換関数だけを見ればよくなります。

　もう一つの方法が「**関数群のクラスへの集約（p.150）**」です。こちらは元データに基づいてクラスを構成し、ロジックをそのクラスのメソッドに移します。どちらのリファクタリングも有効であり、既存のプログラムのスタイルによってどちらかに決めることが多いでしょう。重要な違いは、元データがコード内で更新される場合は、クラスを使うほうがずっと良いということです。変換関数を使うと派生データが新たなレコードに保持されます。そのため元のデータが変更されると不整合が生じます。

　関数群を集約したい理由として、派生値を求めるロジックの重複を避けたいということがあります。それだけなら、単に「**関数の抽出（p.112）**」をロジックに適用する手もありますが、関数が扱うデータ構造と近い位置に置かれていないと、関数を見つけ出すのが難しくなります。変換

第6章 リファクタリングはじめの一歩

関数（やクラス）を使うと、探すのが容易になり利用もしやすくなります。

手順

- **変換されるレコードを入力とし、同じ値を返す変換関数を作る。**
  - 通常、この関数の中ではレコードのディープコピーが行われる。この変換によって元のレコードが変更されていないことを確認するテストを書くとよいだろう。
- **ロジックを選んでその本体を変換関数側に移し、レコードに新たなフィールドを設ける。そのフィールドを使うようにクライアント側のコードを変更する。**
  - ロジックが複雑ならば、まず「関数の抽出（p.112）」を施す。
- **テストする。**
- **その他の関連した関数群について上記の手順を繰り返す。**

例

　私の育ったところでは紅茶は生活の重要な一部です。国民に紅茶を供給する特殊な公共事業を想像できてしまうほどです。それは公共事業らしく規制もされています。毎月、この公共事業は顧客が消費した紅茶の量を計測しています。

```
reading = {customer: "ivan", quantity: 10, month: 5, year: 2017};
```

　紅茶の消費から生じるさまざまな値を、コードのさまざまな場所で計算しています。そうした計算の一つが baseCharge（基本料金）です。これは顧客への課税対象額を計算するのに使われます。

client 1...
```
  const aReading = acquireReading();
  const baseCharge = baseRate(aReading.month, aReading.year) * aReading.quantity;
```

　もう一つは、taxableCharge（課税対象額）です。課税対象額は base（基本料金）よりも安くなっています。賢明にも政府は、市民は誰でもある程度の量の紅茶を無税で手に入れられるべきだと考えているのです。

client 2...
```
  const aReading = acquireReading();
  const base = (baseRate(aReading.month, aReading.year) * aReading.quantity);
  const taxableCharge = Math.max(0, base - taxThreshold(aReading.year));
```

　このコードを眺めたところ、同じ計算が複数箇所で繰り返されているのを見つけました。こうした重複は変更が必要になったときにトラブルのもとになります（賭けてもいいです。それは時

156

間の問題です）。「**関数の抽出（p.112）**」を計算箇所に施すことで、このような重複に対処することもできます。しかし、そうした関数はプログラムのあちこちに散らばってしまいがちで、将来の開発者がどこにあるか認識するのが困難になります。実際に見渡してみると、そうした関数がコードの他の場所でも使われているのが見つかりました。

client 3...
```
  const aReading = acquireReading();
  const basicChargeAmount = calculateBaseCharge(aReading);

  function calculateBaseCharge(aReading) {
    return baseRate(aReading.month, aReading.year) * aReading.quantity;
  }
```

　この問題に対処する方法の一つが、そうしたすべての派生値を変換ステップに移すことです。変換ステップでは生の計測値を受け取り、共有される派生値を付加した enrichReading（計測値）として返します。
　まずは入力オブジェクトのコピーを返すだけの変換関数を作ります。

```
function enrichReading(original) {
  const result = _.cloneDeep(original);
  return result;
}
```

　　　　　lodash の `cloneDeep` 関数でディープコピーを作ります。

　変換によって生成されるデータが付加情報を含むだけで本質的に元のデータと同じ場合、変換関数の名前に enrich を付けることにしています。生成されるデータが別のものと感じるときは、関数名に transform を付けます。
　次に、変更したい計算処理を一つ選びます。まず、計測値に対して今のままの enrichReading を呼び出します。今のところ enrichReading は何もしていません。

client 3...
```
  const rawReading = acquireReading();
  const aReading = enrichReading(rawReading);
  const basicChargeAmount = calculateBaseCharge(aReading);
```

　`calculateBaseCharge` に「**関数の移動（p.206）**」を施し、変換関数である enrichReading 側に移します。

```
function enrichReading(original) {
  const result = _.cloneDeep(original);
  result.baseCharge = calculateBaseCharge(result);
  return result;
}
```

第6章　リファクタリングはじめの一歩

変換関数の中であれば、結果のオブジェクトをいちいちコピーせずに更新するのもよしとします。変更不可性は望ましいものですが、通常の言語では扱いにくいものです。関数の外側から見た変更不可性を実現するためなら余分な作業も厭いませんが、内部の小さなスコープなら直接更新してしまいます。また、コードを変換関数に移す際には、ふさわしいフィールド名にしました（格納用の変数名は aReading にしました）。

変換関数のクライアント側で、付加されたフィールドを使うように変更します。

client 3...
```
const rawReading = acquireReading();
const aReading = enrichReading(rawReading);
const basicChargeAmount = aReading.baseCharge;
```

calculateBaseCharge の呼び出しをすべて変更したら、calculateBaseCharge も enrich Reading 内に入れ子にします。これにより、baseCharge（基本料金）を計算した値が必要な場合は、情報が付加されたレコードを使うべきということを明示します。ここで注意しなければならない落とし穴があります。enrichReading は、派生値付きの計測値を返しますが、元の計測値は変更しないはずです。テストを追加したほうが賢明ですね。

```
it('check reading unchanged', function() {
  const baseReading = {customer: "ivan", quantity: 15, month: 5, year: 2017};
  const oracle = _.cloneDeep(baseReading);
  enrichReading(baseReading);
  assert.deepEqual(baseReading, oracle);
});
```

これで、一つ目のクライアントコードで同じフィールドを使うように変更できます。

client 1...
```
const rawReading = acquireReading();
const aReading = enrichReading(rawReading);
const baseCharge = aReading.baseCharge;
```

ついでに「**変数のインライン化（p.129）**」を baseCharge に施すとよいでしょう。
次に、taxableCharge の計算に取りかかります。最初に変換関数を追加します。

client 2...
```
const rawReading = acquireReading();
const aReading = enrichReading(rawReading);
const base = (baseRate(aReading.month, aReading.year) * aReading.quantity);
const taxableCharge = Math.max(0, base - taxThreshold(aReading.year));
```

基準額の計算箇所は簡単に新たなフィールドに置き換えることができます。計算が複雑なら、先に「**関数の抽出（p.112）**」を施します。ここでは簡単なので一度に済ませます。

```
const rawReading = acquireReading();
const aReading = enrichReading(rawReading);
const base = aReading.baseCharge;
const taxableCharge = Math.max(0, base - taxThreshold(aReading.year));
```

うまくいくことを確認したら、「**変数のインライン化（p.129）**」を施します。

```
const rawReading = acquireReading();
const aReading = enrichReading(rawReading);
const taxableCharge = Math.max(0, aReading.baseCharge - taxThreshold(aReading.year));
```

そして、`taxableCharge` の計算を変換関数に移します。

```
function enrichReading(original) {
  const result = _.cloneDeep(original);
  result.baseCharge = calculateBaseCharge(result);
  result.taxableCharge = Math.max(0, result.baseCharge - taxThreshold(result.year));
  return result;
}
```

新たなフィールドを使うように元のコードを変更します。

```
const rawReading = acquireReading();
const aReading = enrichReading(rawReading);
const taxableCharge = aReading.taxableCharge;
```

　テストを終えたら、おそらく `taxableCharge` に「**変数のインライン化（p.129）**」を施せるようになっているでしょう。

　この付加された計測値に伴う大きな問題は、クライアントがデータ値を変更したらどうなるかということです。たとえば、`quantity`（量）フィールドの値を途中で変更すると、データ不整合が起きます。JavaScript でこれを避けるための最善の選択肢は、代わりに「**関数群のクラスへの集約（p.150）**」を使うことです。変更不可のデータ構造の備わった言語であれば、このような問題は起きません。そのためそうした言語では、変換関数はより一般的です。しかし言語に変更不可性が備わっていないとしても、ウェブページに表示する派生データのように、データが読み取り専用のコンテキストにあるときは、変換関数を使うことができます。

Split Phase

フェーズの分離

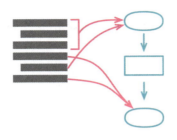

```
const orderData = orderString.split(/\s+/);
const productPrice = priceList[orderData[0].split("-")[1]];
const orderPrice = parseInt(orderData[1]) * productPrice;
```

```
const orderRecord = parseOrder(order);
const orderPrice = price(orderRecord, priceList);

function parseOrder(aString) {
  const values = aString.split(/\s+/);
  return ({
    productID: values[0].split("-")[1],
    quantity: parseInt(values[1]),
  });
}
function price(order, priceList) {
  return order.quantity * priceList[order.productID];
}
```

動機

　一つのコードが異なる二つの処理を行っている場合、別々のモジュールに分離する方法がないかを探します。そうした分離に力を割くのは、変更が必要になったときに、トピックごとに分けて対処することができ、両方を一度に頭に入れる必要がないからです。運が良ければ片方のモジュールだけを変更すれば済みます。もう一方のモジュールの詳細を思い出す必要はありません。

　こうしたきれいな分離を行うために、振る舞いを順次的な 2 段階のフェーズに分けるというお勧めの方法があります。処理の入力データが、ロジックを実行するのに必要なモデルに合致していない場合が良い例です。処理を始める前に、入力をメインの処理に都合の良い形式に整形します。

　または、実行すべきロジックを三つ以上の順次処理ステップに分解することもできます。それ

ぞれは全然別な処理になります。

　一番わかりやすい例はコンパイラです。テキスト（プログラム言語のコード）を入力とし、実行可能な形式（特定のハードウェア用のオブジェクトコードなど）に変換することが基本的なタスクです。長年の経験から、これを一連のフェーズに分けると便利だということがわかっています。すなわち、テキストをトークンに分割し、トークンを構文木へとパースし、構文木にさまざまな変換を施し（最適化など）、最終的にオブジェクトコードを生成します。各ステップのスコープは限定されており、あるステップを考える際には他のステップの詳細を理解する必要はありません。

　大規模なソフトウェアではこのようにフェーズに分離するのは一般的です。コンパイラのさまざまな段階には、数多くの関数やクラスが含まれているでしょう。しかし、基本的な「フェーズの分離」は、いかなる大きさのコードに対しても適用できます。もちろん、コードを複数のフェーズに分離するのが理にかなっている場合だけですが。確実な手がかりは、処理の段階によって使用するデータのセットや関数が決まっている場合です。それらを別々のモジュールに分けることで、コード上に違いを明示できます。

手順

- 後半となるフェーズのコードを、関数として抽出する。

- テストする。

- 抽出した関数に追加される引数として、中間データ構造を導入する。

- テストする。

- 抽出した後半のフェーズの各パラメータを確認する。それらが前半のフェーズでも使われているなら、中間データ構造へと移す。一つ移すごとにテストする。

  - あるパラメータについては後半のフェーズで使うべきでないこともある。その場合は、そのパラメータを使用した結果を、中間データ構造のフィールドとして抽出する。その後「**ステートメントの呼び出し側への移動（p.225）**」を施して、この中間データ構造に値を格納している行を移動する。

- 前半のフェーズのコードに「**関数の抽出（p.112）**」を施し、中間データ構造を返すようにする。

  - 前半のフェーズを変換オブジェクトとして抽出してもよい。

例

　注文の価格を計算するコードから始めましょう。品物の種類はここでは重要ではありません。

```
function priceOrder(product, quantity, shippingMethod) {
  const basePrice = product.basePrice * quantity;
  const discount = Math.max(quantity - product.discountThreshold, 0)
```

第 6 章　リファクタリングはじめの一歩

```
          * product.basePrice * product.discountRate;
  const shippingPerCase = (basePrice > shippingMethod.discountThreshold)
          ? shippingMethod.discountedFee : shippingMethod.feePerCase;
  const shippingCost = quantity * shippingPerCase;
  const price = basePrice - discount + shippingCost;
  return price;
}
```

　よくあるつまらない例ですが、ここには二つのフェーズが含意されています。最初の 3 行の
コードでは、製品情報を使って製品に基づいた basePrice（価格）と discount（値引き額）を計
算しています。それ以降のコードでは、配送情報を用いて shippingCost（送料）を計算してい
ます。価格と送料の計算を複雑にする変更が発生するかもしれませんが、これらは比較的独立し
て機能するので、このコードを二つのフェーズに分けておくことは有意義です。
　まずは送料の計算に「**関数の抽出（p.112）**」を適用します。

```
function priceOrder(product, quantity, shippingMethod) {
  const basePrice = product.basePrice * quantity;
  const discount = Math.max(quantity - product.discountThreshold, 0)
          * product.basePrice * product.discountRate;
  const price = applyShipping(basePrice, shippingMethod, quantity, discount);
  return price;
}
function applyShipping(basePrice, shippingMethod, quantity, discount) {
  const shippingPerCase = (basePrice > shippingMethod.discountThreshold)
          ? shippingMethod.discountedFee : shippingMethod.feePerCase;
  const shippingCost = quantity * shippingPerCase;
  const price = basePrice - discount + shippingCost;
  return price;
}
```

　後半のフェーズに必要となるすべてのデータを、個別のパラメータで渡しています。より現実
的な状況では、パラメータの数は膨大なものになるかもしれません。しかし後で減らすつもりな
ので心配はいりません。
　次に、フェーズ間で情報を受け渡すための中間データ構造を導入します。

```
function priceOrder(product, quantity, shippingMethod) {
  const basePrice = product.basePrice * quantity;
  const discount = Math.max(quantity - product.discountThreshold, 0)
          * product.basePrice * product.discountRate;
  const priceData = {};
  const price = applyShipping(priceData, basePrice, shippingMethod, quantity, discount);
  return price;
}
function applyShipping(priceData, basePrice, shippingMethod, quantity, discount) {
  const shippingPerCase = (basePrice > shippingMethod.discountThreshold)
          ? shippingMethod.discountedFee : shippingMethod.feePerCase;
  const shippingCost = quantity * shippingPerCase;
```

```
  const price = basePrice - discount + shippingCost;
  return price;
}
```

それでは applyShipping のさまざまなパラメータについて見ていきましょう。最初のパラ
メータは前半フェーズのコードで作られた basePrice です。これを中間データ構造に移し、パ
ラメータ群から取り除きます。

```
function priceOrder(product, quantity, shippingMethod) {
  const basePrice = product.basePrice * quantity;
  const discount = Math.max(quantity - product.discountThreshold, 0)
        * product.basePrice * product.discountRate;
  const priceData = {basePrice: basePrice};
  const price = applyShipping(priceData, basePrice, shippingMethod, quantity, discount);
  return price;
}
function applyShipping(priceData, basePrice, shippingMethod, quantity, discount) {
  const shippingPerCase = (priceData.basePrice > shippingMethod.discountThreshold)
        ? shippingMethod.discountedFee : shippingMethod.feePerCase;
  const shippingCost = quantity * shippingPerCase;
  const price = priceData.basePrice - discount + shippingCost;
  return price;
}
```

次のパラメータは shippingMethod です。これは前半フェーズでは使われていないのでその
ままにしておきます。

今度は quantity です。これは前半フェーズで使われますが、そこで作られるわけではあり
ません。そのためパラメータとして残しておくこともできます。しかし、通常はできるだけ中間
データ構造に移すほうを選びます。

```
function priceOrder(product, quantity, shippingMethod) {
  const basePrice = product.basePrice * quantity;
  const discount = Math.max(quantity - product.discountThreshold, 0)
        * product.basePrice * product.discountRate;
  const priceData = {basePrice: basePrice, quantity: quantity};
  const price = applyShipping(priceData, shippingMethod, quantity, discount);
  return price;
}
function applyShipping(priceData, shippingMethod, quantity, discount) {
  const shippingPerCase = (priceData.basePrice > shippingMethod.discountThreshold)
        ? shippingMethod.discountedFee : shippingMethod.feePerCase;
  const shippingCost = priceData.quantity * shippingPerCase;
  const price = priceData.basePrice - discount + shippingCost;
  return price;
}
```

第 6 章　リファクタリングはじめの一歩

discount についても同様にします。

```
function priceOrder(product, quantity, shippingMethod) {
  const basePrice = product.basePrice * quantity;
  const discount = Math.max(quantity - product.discountThreshold, 0)
        * product.basePrice * product.discountRate;
  const priceData = {basePrice: basePrice, quantity: quantity, discount:discount};
  const price = applyShipping(priceData, shippingMethod, discount);
  return price;
}
function applyShipping(priceData, shippingMethod, discount) {
  const shippingPerCase = (priceData.basePrice > shippingMethod.discountThreshold)
        ? shippingMethod.discountedFee : shippingMethod.feePerCase;
  const shippingCost = priceData.quantity * shippingPerCase;
  const price = priceData.basePrice - priceData.discount + shippingCost;
  return price;
}
```

　全部のパラメータについての検討を終えたので、中間データ構造が完成しました。これで前半
フェーズのコードを、中間データ構造を返す関数として抽出します。

```
function priceOrder(product, quantity, shippingMethod) {
  const priceData = calculatePricingData(product, quantity);
  const price = applyShipping(priceData, shippingMethod);
  return price;
}
function calculatePricingData(product, quantity) {
  const basePrice = product.basePrice * quantity;
  const discount = Math.max(quantity - product.discountThreshold, 0)
        * product.basePrice * product.discountRate;
  return {basePrice: basePrice, quantity: quantity, discount:discount};
}
function applyShipping(priceData, shippingMethod) {
  const shippingPerCase = (priceData.basePrice > shippingMethod.discountThreshold)
        ? shippingMethod.discountedFee : shippingMethod.feePerCase;
  const shippingCost = priceData.quantity * shippingPerCase;
  const price = priceData.basePrice - priceData.discount + shippingCost;
  return price;
}
```

　仕上げに、もはや意味のなくなった定数を片付けます。

```
function priceOrder(product, quantity, shippingMethod) {
  const priceData = calculatePricingData(product, quantity);
  return applyShipping(priceData, shippingMethod);
}
function calculatePricingData(product, quantity) {
  const basePrice = product.basePrice * quantity;
  const discount = Math.max(quantity - product.discountThreshold, 0)
```

164

```
              * product.basePrice * product.discountRate;
  return {basePrice: basePrice, quantity: quantity, discount:discount};
}
function applyShipping(priceData, shippingMethod) {
  const shippingPerCase = (priceData.basePrice > shippingMethod.discountThreshold)
          ? shippingMethod.discountedFee : shippingMethod.feePerCase;
  const shippingCost = priceData.quantity * shippingPerCase;
  return priceData.basePrice - priceData.discount + shippingCost;
}
```

第7章

カプセル化

　モジュールとして分割すべきかを決める基準としておそらく最も重要なことは、システムの他の部分から隠蔽すべき秘密を持っているかということです [Parnas]。データ構造は最も典型的な秘密です。データ構造は「**レコードのカプセル化（p.168）**」や「**コレクションのカプセル化（p.176）**」によるカプセル化で隠蔽できます。プリミティブな値であっても「**オブジェクトによるプリミティブの置き換え（p.181）**」でカプセル化できます。これによる副次的効果は驚嘆に値します。一時変数はリファクタリングの邪魔になることがよくあります。計算される順序を保証したり、他のコードから利用できることを保証したりしなければなりません。この場合は「**問い合わせによる一時変数の置き換え（p.185）**」が大きな助けになります。特に極端に長い関数を分割する際には有効です。

　クラスは情報隠蔽のために設計されました。前章の「**関数群のクラスへの集約（p.150）**」で、クラスを構成する方法を述べました。一般的な抽出／インライン化の操作は「**クラスの抽出（p.189）**」と「**クラスのインライン化（p.193）**」により、クラスに対しても行えます。

　クラスの内部を隠蔽するのと同様に、クラス間の結合を隠蔽するのが有効なこともよくあります。その場合は「**委譲の隠蔽（p.196）**」を施します。しかし隠蔽のしすぎは冗長なインタフェースのもとです。したがって、その逆の「**仲介人の除去（p.199）**」も必要です。

　クラスやモジュールはカプセル化の最大の形式ですが、関数もまたその実装をカプセル化しています。ときにはアルゴリズムの総入れ替えが必要になることもあります。その場合は「**関数の抽出（p.112）**」でアルゴリズムを関数としてラップし、「**アルゴリズムの置き換え（p.202）**」を施します。

Encapsulate Record

レコードのカプセル化

旧：データクラスによるレコードの置き換え

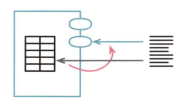

```
organization = {name: "Acme Gooseberries", country: "GB"};
```

```
class Organization {
  constructor(data) {
    this._name = data.name;
    this._country = data.country;
  }
  get name()      {return this._name;}
  set name(arg)   {this._name = arg;}
  get country()   {return this._country;}
  set country(arg) {this._country = arg;}
}
```

動機

　レコード構造は、プログラミング言語の一般的な機能です。それらは関連するデータを一緒にグループ化する直感的な方法を提供し、緩いデータの群れの代わりに意味のあるデータ単位を渡すことを可能にします。しかし、単純なレコード構造には欠点があります。最も厄介なのは、レコードに格納されている値と計算した値の明確な区別を強要されることです。整数の範囲を保持する場合について考えてみましょう。整数の範囲は {start：1, end：5} または {start：1, length：5}（あるいは {end：5, length：5} のような一風変わった持ち方）として保持できます。しかし、レコード構造がどうなっていようと、ここで知りたいのは start, end, length です。

　これが、変更可能なデータについてはレコード化するよりオブジェクト化したほうが良いと考える理由です。オブジェクトであれば、保持されているものを隠蔽し、三つの値すべてに対するメソッドを用意できます。オブジェクトのユーザは、どれが保持され、どれが計算されるかを知る必要がありません。このカプセル化は名前の変更にも役立ちます。フィールド名を変更しても、新たな名前と古い名前の両方のメソッドが使えます。これにより呼び出し側を徐々に置き換えていくことが可能になります。

　「変更可能」なデータについてはオブジェクトのほうが良いと言いましたが、変更不可の値が

ある場合は、二つの値をレコードに持たせ、必要に応じて値を付加するステップを施すこともできます。同様に、フィールド名の変更のときのコピーも簡単です。

レコードの構造には2種類あります。正規にフィールド名を宣言したものと、任意の名前を使えるものです。後者はハッシュ、マップ、ハッシュマップ、辞書、連想配列などと呼ばれ、クラスライブラリで提供されます。多くの言語ではハッシュマップを作るための便利な構文が用意されており、プログラミングのさまざまな場面で有効です。欠点はどのようなフィールドを保持するかが明示されないことです。フィールドとして start と end があるのか、start と length があるのかは、ハッシュマップの生成箇所や利用箇所を見るしかありません。プログラムの小さな範囲でのみ使われているなら問題ありませんが、使用範囲が広いと暗黙の構造がもたらす問題はますます大きくなります。リファクタリングすることで、そうした暗黙のレコードを明示的なレコードにすることもできますが、どうせならクラスにしてしまいましょう。

JSON や XML にシリアライズされるようなリストやハッシュマップからなる入れ子構造を受け渡すことは珍しくありません。こういう構造もカプセル化しておけば、後のフォーマット変更や、データ更新の追跡に困難が生じた場合にも対応できます。

手順

- レコードを保持する変数に「変数のカプセル化（p.138）」を施す。
  - コード名をカプセル化するための関数には、検索しやすい名前を付ける。

- 変数の中身を、レコードをラップする簡単なクラスに置き換える。レコードをそのまま返すアクセサをそのクラスに定義する。変数をカプセル化する関数を変更して、アクセサを使うようにする。

- テストする。

- レコードそのものではなくオブジェクトを返す関数を用意する。

- レコードの使用箇所ごとに、レコードを返す関数の呼び出しを、オブジェクトを返す関数の呼び出しに置き換える。フィールドデータの取得にはオブジェクトのアクセサを使うようにする。必要ならばそのためのアクセサを作る。変更のたびにテストする。
  - 入れ子構造を持つなど、レコードが複雑な場合は、まずデータを更新しているクライアントのコードに注目する。データを読むだけのクライアントについては、コピーや読み取り専用のプロキシを返すことを検討する。

- 生データへのアクセサと、検索しやすくしておいたレコードそのままを返す関数をクラスから取り除く。

- テストする。

- レコードのフィールド自体が構造体である場合、「レコードのカプセル化」と「コレクションのカプセル化（p.176）」を再帰的に施すことを検討する。

第7章　カプセル化

例

プログラム全体で使われている定数があるとしましょう。

```
const organization = {name: "Acme Gooseberries", country: "GB"};
```

これはプログラムのいたるところでレコード構造として使われている JavaScript のオブジェクトです。次のように利用されます。

```
result += `<h1>${organization.name}</h1>`;
```

そして次のように更新されます。

```
organization.name = newName;
```

最初の一歩として、手軽な「**変数のカプセル化（p.138）**」を施します。

```
function getRawDataOfOrganization() {return organization;}
```

example reader...（参照側の例）
```
result += `<h1>${getRawDataOfOrganization().name}</h1>`;
```

example writer...（更新側の例）
```
getRawDataOfOrganization().name = newName;
```

これは通常の「**変数のカプセル化（p.138）**」ではありません。そのため、わざと見た目の悪い検索しやすい名前を getter として選びました。短命に終わらせるつもりだからです。

レコードのカプセル化は、単なる変数のカプセル化より深いレベルで行われます。レコード自身が操作されるのを制御したいためです。レコードをクラスに置き換えることで、それが可能になります。

class Organization...
```
class Organization {
  constructor(data) {
    this._data = data;
  }
}
```

top level
```
const organization = new Organization({name: "Acme Gooseberries", country: "GB"});

function getRawDataOfOrganization() {return organization._data;}
function getOrganization() {return organization;}
```

170

オブジェクトが用意できたので、レコードの参照箇所を調べます。レコードを更新している箇所は setter に置き換えます。

class Organization...
```
set name(aString) {this._data.name = aString;}
```

client...
```
getOrganization().name = newName;
```

同様に、値を読んでいる箇所も適切な getter に置き換えます。

class Organization...
```
get name() {return this._data.name;}
```

client...
```
result += `<h1>${getOrganization().name}</h1>`;
```

修正が済んだら、予定どおり短命の関数に引導を渡します。

```
function getRawDataOfOrganization() {return organization._data;}
function getOrganization() {return organization;}
```

_data フィールドの構造もオブジェクト内部に畳み込んでしまいましょう。

```
class Organization {
  constructor(data) {
    this._name = data.name;
    this._country = data.country;
  }
  get name()         {return this._name;}
  set name(aString) {this._name = aString;}
  get country()             {return this._country;}
  set country(aCountryCode) {this._country = aCountryCode;}
}
```

この利点は、入力データレコードとのつながりを断ち切れることです。入力データレコードへの参照があちこちにあると、カプセル化の抜け穴になってしまうので、このやり方が有効でしょう。データを個別のフィールドとして畳み込まない場合でも、_data に代入する際にコピーするのが賢明でしょう。

例：入れ子レコードのカプセル化

上の例は階層の浅いレコードについてのものでしたが、JSON ドキュメントから取得したデータのように、データが深くネストしている場合はどうしたらよいでしょうか。基本となるリファ

クタリング手順はそのままです。更新については浅いデータの場合と同様に注意を払う必要がありますが、参照については別の選択肢がいくつかあります。

例として、もう少しネストの深いデータを次に示します。複数の顧客が顧客 ID をキーとしたハッシュマップに保存されています。

```
"1920": {
  name: "martin",
  id: "1920",
  usages: {
    "2016": {
      "1": 50,
      "2": 55,
      // 3 月分以降は省略
    },
    "2015": {
      "1": 70,
      "2": 63,
      // 3 月分以降は省略
    }
  }
},
"38673": {
  name: "neal",
  id: "38673",
  // 同様に顧客情報が続く
```

ネストされたデータが深くなるにつれて、参照も更新もデータ構造の階層を掘り下げるようになります。

sample update...
```
customerData[customerID].usages[year][month] = amount;
```

sample read...
```
function compareUsage (customerID, laterYear, month) {
  const later   = customerData[customerID].usages[laterYear][month];
  const earlier = customerData[customerID].usages[laterYear - 1][month];
  return {laterAmount: later, change: later - earlier};   // 前年同月比較
}
```

このデータをカプセル化する際も、まず「**変数のカプセル化（p.138）**」を施します。

```
function getRawDataOfCustomers()     {return customerData;}
function setRawDataOfCustomers(arg) {customerData = arg;}
```

sample update...
```
getRawDataOfCustomers()[customerID].usages[year][month] = amount;
```

sample read...
```
function compareUsage (customerID, laterYear, month) {
  const later   = getRawDataOfCustomers()[customerID].usages[laterYear][month];
  const earlier = getRawDataOfCustomers()[customerID].usages[laterYear - 1][month];
  return {laterAmount: later, change: later - earlier};  // 前年同月比較
}
```

そしてデータ構造全体のためのクラスを作ります。

```
class CustomerData {
  constructor(data) {
    this._data = data;
  }
}
```

top level...
```
function getCustomerData() {return customerData;}
function getRawDataOfCustomers()    {return customerData._data;}
function setRawDataOfCustomers(arg) {customerData = new CustomerData(arg);}
```

更新処理が最も大切なところです。そのため、`getRawDataOfCustomers` のすべての呼び出しを調べた上で、データを書き込んでいる箇所に注目します。次で更新しています。

sample update...
```
getRawDataOfCustomers()[customerID].usages[year][month] = amount;
```

　一般的な手順は、`CustomerData`（顧客データ）クラスのインスタンスをまるごと返し、必要に応じてアクセサを作成して使うやり方です。ここでは更新のための setter は顧客データクラスにありません。さらに、この更新は構造の深いところで行われるものです。そこで、データ構造の深いところを変更する setter を作るために、このコードに「**関数の抽出（p.112）**」を施します。

sample update...
```
setUsage(customerID, year, month, amount);
```

top level...
```
function setUsage(customerID, year, month, amount) {
  getRawDataOfCustomers()[customerID].usages[year][month] = amount;
}
```

次いで「**関数の移動（p.206）**」を施し、関数を新たな `CustomerData` クラスに移します。

sample update...
```
getCustomerData().setUsage(customerID, year, month, amount);
```

第 7 章　カプセル化

class CustomerData...
```
setUsage(customerID, year, month, amount) {
  this._data[customerID].usages[year][month] = amount;
}
```

　大きなデータ構造に取り組むときは、更新の処理に集中するほうが良いでしょう。それらを発見しやすくして一つの場所にまとめることが、カプセル化の最も重要な役割です。

　すべての更新をカプセル化できたと思えるときがいつか来るでしょう。でも、どうすれば確信できるでしょうか。方法は二つあります。その一つが、データのディープコピーを返すように`getRawDataOfCustomers`を変更することです。テストカバレッジが十分なら、カプセル化し損ねた箇所が一つでもあるとテストが失敗するはずです。

top level...
```
function getCustomerData() {return customerData;}
function getRawDataOfCustomers()    {return customerData.rawData;}
function setRawDataOfCustomers(arg) {customerData = new CustomerData(arg);}
```

class CustomerData...
```
get rawData() {
  return _.cloneDeep(this._data);
}
```

　　　　　　ディープコピーには lodash ライブラリを使っています。

　もう一つの方法は、読み取り専用のデータ構造プロキシを返すことです。プロキシは背後のオブジェクトをクライアントのコードが変更しようとすると例外を上げます。言語によっては容易に実現できますが、JavaScript では大変です。皆さんへの練習問題としておきます。あるいは、コピーを作った場合も、更新を検出するために、再帰的に凍結することも考えられます。

　更新をカプセル化するのは有意義です。では参照はどうでしょうか。それにはいくつか選択肢があります。

　最初の選択肢は、setter に行ったのと同じことをするものです。すべての参照箇所を関数として抽出し、`CustomerData`クラスに移します。

class CustomerData...
```
usage(customerID, year, month) {
  return this._data[customerID].usages[year][month];
}
```

top level...
```
function compareUsage (customerID, laterYear, month) {
  const later   = getCustomerData().usage(customerID, laterYear, month);
  const earlier = getCustomerData().usage(customerID, laterYear - 1, month);
  return {laterAmount: later, change: later - earlier};
}
```

この方法のすばらしいところは、customerData のすべての使い方を網羅する明示的な API が与えられることです。クラスを見ればデータの使い方がわかります。しかし、特殊なケースが多いとコード量が膨大になっていく可能性もあります。モダンな言語にはリストやハッシュ［mf-lh］のデータ構造を掘り進みやすくする自然な手がかり（アフォーダンス）が備わっています。そのため階層上位のデータ構造だけをクライアントに渡せば十分です。

クライアントがデータ構造を必要としているなら、実際のデータをそのまま渡してやることもできます。しかし問題なのは、クライアントがデータを直接変更してしまうのを禁ずることができない点です。そうなると更新部分を関数としてカプセル化した意義が台無しです。以上から、ベースとなるデータのコピーを返すのが最も簡単です。前に書いた rawData メソッドを使います。

class CustomerData...
```
  get rawData() {
    return _.cloneDeep(this._data);
  }
```

top level...
```
  function compareUsage (customerID, laterYear, month) {
    const later = getCustomerData().rawData[customerID].usages[laterYear][month];
    const earlier = getCustomerData().rawData[customerID].usages[laterYear - 1][month];
    return {laterAmount: later, change: later - earlier};
  }
```

これは簡単なのですが不都合なこともあります。最もわかりやすい問題は、大きなデータ構造をコピーするのにかかるコストです。速度性能上の問題になることがあるのです。しかし、こうしたものにはありがちですが、性能コストは許容範囲に収まるかもしれません。悩む前にその影響を測定しましょう。またクライアントには、オリジナルを変更するつもりでコピー側を変更してしまうといった混乱が生じるかもしれません。その場合は、読み取り専用のプロキシを作ったり、コピーされたデータを凍結したりすることで、変更しようとしても適切なエラーが返るようにできます。

「**レコードのカプセル化**」を再帰的に施すのがもう一つの選択肢です。非常に手間がかかりますが、高度に制御できます。この方法では、顧客データをクラスにします。まず「**コレクションのカプセル化（p.176）**」を顧客データの usages（使用履歴）に適用します。そして Usage クラスを作ります。Usage オブジェクトに「**参照から値への変更（p.260）**」を施すことで、アクセサによる更新の制御を強制できるようになります。しかし、大規模なデータ構造にこれを施すには大変な労力を要します。データ構造の大部分にそれほどアクセスしないようなら、実際には不必要でしょう。getter と新たなクラスを巧妙に組み合わせることで事足りる場合もあります。これは、getter で構造を掘り進み、カプセル化されていないデータの代わりにデータ構造をラップしたオブジェクトを返すという方法です。これについては "Refactoring Code to Load a Document"［mf-ref-doc］（ドキュメント読み込みコードのリファクタリング）という記事で説明しています。

Encapsulate Collection

コレクションのカプセル化

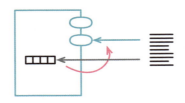

```
class Person {
  get courses() {return this._courses;}
  set courses(aList) {this._courses = aList;}
}
```

```
class Person {
  get courses() {return this._courses.slice();}
  addCourse(aCourse)    { ... }
  removeCourse(aCourse) { ... }
}
```

動機

　プログラムに変更可能なデータがあれば、とにかくカプセル化したくなります。いつどのようにデータ構造が変更されるかがわかりやすくなるからです。その結果、必要に応じてデータ構造を変更するのも容易になります。カプセル化は特にオブジェクト指向の開発者が奨励するものですが、コレクションの扱いについてはよくある誤りがあります。コレクションの変数へのアクセスはカプセル化されていても、getterでコレクションそのものを返してしまうと、コレクションを保持するクラスを介さずに、その中身を変更できてしまうことです。

　これを避けるため、コレクションの内容を変更するメソッドをクラスに用意します。通常はadd（追加）とremove（削除）です。こうするとコレクションへの変更操作は、それを保持するクラス経由となり、プログラムの進化に合わせて、コレクションに対する変更方法を柔軟に変更できるようになります。

　モジュールの外側でコレクションを変更しない習慣がチームに根付いているなら、追加と削除メソッドを用意するだけで大丈夫かもしれません。しかし、そうした習慣に頼るのは賢明ではありません。一つの過ちが、見つけにくいバグのもとになります。元から断つにはコレクションのgetterで元のコレクションを返さないことです。そうすればクライアントが誤って変更してしまうこともありません。

　コレクションを返さないというのは、ベースとなるコレクションの変更を防ぐ一つの方法です。この方法では、コレクションのフィールドを使うときには必ず、そのクラスの特定のメソッドを通じて行うことになります。aCustomer.orders.size ではなく aCustomer.numberOfOrders

というメソッドを使うというわけです。しかし、この方法には賛同しかねます。モダンな言語には標準化されたインタフェースを備えたリッチなコレクションクラスが用意されています。これらは Collection Pipelines [mf-cp] のように効果的に組み合わせることができます。この手の機能を提供する専用のメソッドを追加してしまうと、コードが大幅に増え、コレクション操作の組み合わせが容易にできなくなってしまいます。

もう一つの方法は、コレクションに対して読み取り専用のアクセスを許すというものです。たとえば Java ならばコレクションの読み取り専用プロキシを返すのは簡単です。このプロキシはすべての読み取りを背後のコレクションにフォワードし、逆にすべての書き込みを禁じます。Java では、例外を起こすことでブロックします。イテレータの類いでコレクションを組み合わせるライブラリもこれと同様です。イテレータは背後のコレクションを変更できないという前提を利用しています。

おそらく最も一般的な方法は、コレクションの取得メソッドを用意し、それにコレクションのコピーを返させるというものです。これならばコピーにどんな変更を加えても、カプセル化されたコレクションには影響しません。開発者が、返ってきたコレクションを変更することで元のフィールドのコレクションを変更できると期待していると、ちょっとした混乱を招くかもしれません。しかし、多くのコードベースでは、getter でコレクションのコピーを返すことが一般化しています。コレクションが巨大な場合、性能上の問題になるかもしれませんが、ほとんどのリストはそれほど大きくないので、性能についての一般則（「**リファクタリングとパフォーマンス（p.65）**」）が成り立ちます。

プロキシによる方法とコピーを使う方法のもう一つの違いは、プロキシでは元データの変更が反映されますが、コピーには反映されないことです。ほとんどの場合、これは問題になりません。通常このような形でアクセスされたリストは、短い期間しか保持されないからです。

重要なのはコードベースにおける一貫性です。どちらか一方だけを使いましょう。そうすれば、全員がその振る舞いに慣れ、コレクションのアクセサを呼ぶときに、その動きを期待するようになるからです。

手順

- コレクションの参照がまだカプセル化されていないなら「変数のカプセル化（p.138）」を施す。
- 要素を追加・削除するための関数をコレクションに追加する。
  - コレクションの setter がある場合、可能ならば「**setter の削除（p.339）**」を施す。それが不可能ならコレクションのコピーを返すようにする。
- 静的チェックを実行する。
- すべてのコレクションの参照を探す。コレクションの変更メソッドを呼んでいる場合は、新たな追加・削除のメソッドを使うようにすべて書き換える。変更のたびにテストする。
- コレクションの getter を変更して、保護されたビュー（読み取り専用プロキシまたはコピー）

第 7 章　カプセル化

　を返すようにする。

● テストする。

例

　次のような Person（人）クラスがあるとしましょう。このクラスはフィールドに Course（授業）のリストを保持しています。

class Person...
```
constructor (name) {
  this._name = name;
  this._courses = [];
}
get name() {return this._name;}
get courses() {return this._courses;}
set courses(aList) {this._courses = aList;}
```

class Course...
```
constructor(name, isAdvanced) {
  this._name = name;
  this._isAdvanced = isAdvanced;
}
get name()      {return this._name;}
get isAdvanced() {return this._isAdvanced;}
```

　クライアントは、Course のコレクションを使って授業の情報を集めます。

```
numAdvancedCourses = aPerson.courses
  .filter(c => c.isAdvanced)
  .length
;
```

　それぞれのフィールドがアクセサで守られているからといって、このクラスが十分にデータをカプセル化していると考えてしまうのは早計です。実は、Course のリストは適切なカプセル化が行われていないのです。確かに Course をまとめて登録する場合は、setter によってうまくコントロールされています。

client code...
```
const basicCourseNames = readBasicCourseNames(filename);
aPerson.courses = basicCourseNames.map(name => new Course(name, false));
```

　しかし、リストを直接変更することも簡単なのは次でわかるでしょう。

178

コレクションのカプセル化

```
client code...
  for(const name of readBasicCourseNames(filename)) {
    aPerson.courses.push(new Course(name, false));
  }
```

　これはカプセル化を破っています。リストがこのような形で変更されてしまうと、Person クラスは変更をコントロールできないからです。フィールドの参照がカプセル化されていても、その内容がカプセル化されていないのです。
　Course を追加・削除するためのメソッドを Person クラスに追加し、適切なカプセル化を施そうと思います。

```
class Person...
  addCourse(aCourse) {
    this._courses.push(aCourse);
  }
  removeCourse(aCourse, fnIfAbsent = () => {throw new RangeError();}) {
    const index = this._courses.indexOf(aCourse);
    if (index === -1) fnIfAbsent();
    else this._courses.splice(index, 1);
  }
```

　削除に関しては、削除の要求があったときに、その要素がコレクションになかったらどうするかを決める必要があります。無視するか、エラーを上げるかです。このコードではエラーを上げるのをデフォルトにしていますが、その振る舞いについて呼び出し側が必要に応じて指定できるようにしています。
　コレクションの変更メソッドを直接呼んでいるすべての箇所を変更し、新たなメソッドを使うようにします。

```
client code...
  for(const name of readBasicCourseNames(filename)) {
    aPerson.addCourse(new Course(name, false));
  }
```

　個々の要素の追加・削除用のメソッドがあれば、通常は setCourses は必要ありません。その場合は「setter の削除（p.339）」を施します。なんらかの理由で setter の API が必要な場合でも、フィールドには渡されたコレクションのコピーを代入するようにします。

```
class Person...
  set courses(aList) {this._courses = aList.slice();}
```

　これでクライアントは更新用の正しいメソッドが使用できるようになりました。しかし、さらにこれ以外の手段でリストが変更されないことを保証したいと思います。それはコピーを返すことで可能になります。

第7章 カプセル化

class Person...
```
get courses() {return this._courses.slice();}
```

一般論として、コレクションについては少し偏執的なくらいでちょうどいいと思っています。想定外の更新で起きるエラーをデバッグするくらいなら、コピーしておくほうを選びます。コレクションの更新は常に明々白々とは限りません。たとえば、JavaScript で配列をソートすると元の配列が変更されます。多くの言語において、コレクションを変更するような操作ではコピーを返すのがデフォルトにもかかわらずです。コレクションを管理する責任のあるクラスでは、常にコピーしたコレクションを返すようにすべきです。それどころか私はコレクションを変更する恐れがある操作をするたびに、コピーするのが癖になりつつあります。

180

Replace Primitive with Object

オブジェクトによるプリミティブの置き換え

旧：オブジェクトによるデータ値の置き換え
旧：クラスによるタイプコードの置き換え

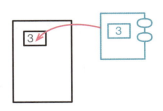

```
orders.filter(o => "high" === o.priority
            || "rush" === o.priority);
```

```
orders.filter(o => o.priority.higherThan(new Priority("normal")))
```

動機

　開発の初期段階では、情報を見たままの数値や文字列といったデータ項目で表現してしまいがちです。ところが開発が進むにつれ、単純な項目と思っていたものがそれほど単純ではなくなってきます。しばらくの間は電話番号を文字列で表現しておくことができますが、そのうちにフォーマットしたり市外局番を抜き出したりなどの特殊な振る舞いが必要になります。この手のロジックはコードベース内で急速に重複していく傾向にあり、使うのがどんどん手間になっていきます。

　単純な表示以上のことをする必要があるとわかったならすぐに、ちょっとしたデータでも新たなクラスにしてしまいましょう。そうしたクラスは当初はプリミティブ型を単にラップするだけかもしれません。しかし、クラスがあれば必要に応じて固有の振る舞いを追加できます。一見、地味ですが、手間をかけてやると有効なツールへと育ちます。大したものには思えないかもしれませんが、コードベースにもたらす効果は驚くほど大きいのです。事実、多くの経験豊富な開発者が、このリファクタリングはツールキットの中で最も価値のあるものだと考えています。たとえ入門プログラマの直感に反するとしてもです。

手順

- 「変数のカプセル化（p.138）」ができていないならば、施す。
- データ値のための単純な値クラスを作る。既存の値をコンストラクタで受け取り、値を返す **getter** を用意する。

第 7 章 カプセル化

- 静的チェックを実行する。
- 値クラスのインスタンスを作るように setter を変更し、インスタンスのフィールドに値を格納するようにする。必要に応じてその型を変える。
- getter を変更し、値クラスの getter の呼び出し結果を返すようにする。
- テストする。
- 処理内容がよりわかるように、元のアクセサに「関数名の変更（p.130）」の適用を検討する。
- 新たなオブジェクトの役割が値オブジェクトなのか参照オブジェクトなのかを明確にすることを検討する。検討の結果、値オブジェクトにするなら「参照から値への変更（p.260）」を施す。参照オブジェクトにするなら「値から参照への変更（p.264）」を施す。

例

次の簡単な Order（注文）クラスを考えます。このクラスは単純なレコード構造からデータを読み込みます。プロパティの一つは priority（優先度）で、ただの文字列となっています。

class Order...
```
constructor(data) {
  this.priority = data.priority;
  // 初期化が続く
```

クライアントは次のようになります。

client...
```
highPriorityCount = orders.filter(o => "high" === o.priority
                                    || "rush" === o.priority)
                          .length;
```

データ値を操作するときは、まずそれに「変数のカプセル化（p.138）」をします。

class Order...
```
get priority()        {return this._priority;}
set priority(aString) {this._priority = aString;}
```

コンストラクタの priority を初期化する行でも、ここで定義した setter を使います。

こうしてフィールドを自己カプセル化しておけば、このデータを操作している間も現状の使い方を維持できます。

Priority（優先度）を表す簡易な値クラスを作ります。ここに、その値を設定するコンストラクタと文字列にして返す関数を置きます。

182

```
class Priority {
  constructor(value) {this._value = value;}
  toString() {return this._value;}
}
```

これは、value という getter ではなく toString という関数にするのが望ましいでしょう。このクラスのクライアントが要求しているのは属性というよりは文字列表現なはずだからです。

次に、Order クラスがこの新たなクラスを使うようにアクセサを変更します。

class Order...
```
get priority()        {return this._priority.toString();}
set priority(aString) {this._priority = new Priority(aString);}
```

これで Priority クラスができましたが、Order クラスにある getter は誤解を招くと思います。Priority オブジェクトそのものではなく、優先度を表す文字列を返しているからです。「**関数名の変更（p.130）**」をすぐに施します。

class Order...
```
get priorityString()  {return this._priority.toString();}
set priority(aString) {this._priority = new Priority(aString);}
```

client...
```
highPriorityCount = orders.filter(o => "high" === o.priorityString
                                    || "rush" === o.priorityString)
                     .length;
```

幸いにして、setter の名前はそのままでよいでしょう。引数名から期待されることは伝わるからです。

これで、このリファクタリングは一旦終わりです。しかし、優先度の利用の仕方を見て、Priority クラスそのものを使うべきではないかと考えました。よって、Priority オブジェクトを直接返す getter を Order に用意します。

class Order...
```
get priority()        {return this._priority;}
get priorityString()  {return this._priority.toString();}
set priority(aString) {this._priority = new Priority(aString);}
```

client...
```
highPriorityCount = orders.filter(o => "high" === o.priority.toString()
                                    || "rush" === o.priority.toString())
                     .length;
```

第 7 章　カプセル化

　Priority クラスが他の場所でも使えるようになったので、Order のクライアントが setter の
引数に Priority のインスタンスを渡せるようにしようと思います。Priority のコンストラク
タを調整します。

class Priority...
```
constructor(value) {
  if (value instanceof Priority) return value;
  this._value = value;
}
```

　ここで大切なことは、新たな Priority クラスが振る舞いを配置する場所として使えるように
なったことです。振る舞いは、新たにコードを書くのでも、他から移したものでもかまいません。
単純な例ですが、優先度の値をバリデーションするロジックと、比較するロジックを追加してみ
ましょう。

class Priority...
```
constructor(value) {
  if (value instanceof Priority) return value;
  if (Priority.legalValues().includes(value))
    this._value = value;
  else
    throw new Error(`<${value}> is invalid for Priority`);
}
toString() {return this._value;}
get _index() {return Priority.legalValues().findIndex(s => s === this._value);}
static legalValues() {return ['low', 'normal', 'high', 'rush'];}

equals(other) {return this._index === other._index;}
higherThan(other) {return this._index > other._index;}
lowerThan(other) {return this._index < other._index;}
```

　Priority は値オブジェクトにすると決めたので、ついでに equals（等値性の確認）メソッド
を用意し、変更不可であることを保証するようにしました。
　こうした振る舞いを追加することで、クライアントのコードもより意味のあるものにできます。

client...
```
highPriorityCount = orders.filter(o => o.priority.higherThan(new Priority("normal")))
                          .length;
```

184

Replace Temp with Query

問い合わせによる一時変数の置き換え

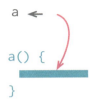

```
const basePrice = this._quantity * this._itemPrice;
if (basePrice > 1000)
  return basePrice * 0.95;
else
  return basePrice * 0.98;
```

```
get basePrice() {this._quantity * this._itemPrice;}

...

if (this.basePrice > 1000)
  return this.basePrice * 0.95;
else
  return this.basePrice * 0.98;
```

動機

　一時変数の用途の一つは、あるコードの値を保持しておき、関数の後ろのほうでそれを参照できるようにすることです。一時変数を使うことで、値の参照はもちろん、その意味を説明し、値を計算するためのコードが繰り返されるのを防ぐことができます。確かにこうした変数は便利なのですが、もう一歩進めて関数にするとさらに有意義なこともあります。

　大きな関数の分解に取り組んでいるとしましょう。変数を関数に置き換えると関数の抽出が容易になります。抽出される関数に逐一パラメータとして変数を渡す必要がなくなるからです。このロジックを関数にすることで、抽出されたロジックと元の関数との間にはっきりとした境界が築かれます。そして、厄介な依存性や副作用を特定でき、避けられるようになります。

　変数の代わりに関数を使うことで、似通った関数で計算ロジックが重複するのを避けることができます。コードのさまざまな場所で同じように計算される変数があったら、それらを一つの関数にすることを考えます。

　このリファクタリングはクラスの中で使うのが最も効果的です。クラスは、抽出しようとしているメソッド間で共通となるコンテキストを与えてくれるからです。クラスの外でこのリファクタリングをしようとしても、トップレベルの関数のパラメータが多くなり、関数を使うメリット

を打ち消してしまいます。入れ子関数ならこれは避けられますが、関連する関数間でロジックを共有することが難しくなってきます。

「問い合わせによる一時変数の置き換え」に適した一時変数はほんの一部です。あらかじめ計算された結果を後から参照するためだけの変数に限られます。一度しか代入されない変数が、最も単純な例です。しかし、複雑なコードから複数回代入される変数でも、当てはまることがあります。その複雑なコードをクエリに抽出できる場合がそうです。さらに、変数を計算するロジックは、変数が後で使われたときも同じ結果値を返す必要があります。つまり、oldAddressのような名前のスナップショットとして使われる変数は対象外です。

手順

- 一時変数の値は、それが使われる前に確定していることを確認する。また、それを計算するコードはいつ使っても常に同じ結果になることを確認する。
- 一時変数が読み取り専用でないときは、可能であれば読み取り専用にする。
- テストする。
- 一時変数への代入を関数として抽出する。
  - 一時変数と関数に同じ名前を付けられない場合は、一時的な名前を関数に付ける。
  - 抽出された関数に副作用がないことを確かめる。もし副作用がある場合、「問い合わせと更新の分離（p.314）」を施す。
- テストする。
- 「変数のインライン化（p.129）」を施して、一時変数を取り除く。

例

次のような簡単なクラスがあったとしましょう。

class Order...
```
constructor(quantity, item) {
  this._quantity = quantity;
  this._item = item;
}

get price() {
  var basePrice = this._quantity * this._item.price;
  var discountFactor = 0.98;
  if (basePrice > 1000) discountFactor -= 0.03;
  return basePrice * discountFactor;
}
}
```

問い合わせによる一時変数の置き換え

　一時変数 basePrice（本体価格）と discountFactor（割引率）をメソッドに置き換えたいと思います。

　まずは basePrice を const にしてテストを実行します。これは再代入の見落としを見つけるための良い方法です。こうした短い関数ではともかく、より長めの関数では見落としがちなのです。

class Order...
```
    constructor(quantity, item) {
      this._quantity = quantity;
      this._item = item;
    }

    get price() {
      const basePrice = this._quantity * this._item.price;
      var discountFactor = 0.98;
      if (basePrice > 1000) discountFactor -= 0.03;
      return basePrice * discountFactor;
    }
  }
```

　次に代入の右辺を getter として抽出します。

class Order...
```
  get price() {
    const basePrice = this.basePrice;
    var discountFactor = 0.98;
    if (basePrice > 1000) discountFactor -= 0.03;
    return basePrice * discountFactor;
  }

  get basePrice() {
    return this._quantity * this._item.price;
  }
```

　テストした後、「**変数のインライン化（p.129）**」を施します。

class Order...
```
  get price() {
    const basePrice = this.basePrice;
    var discountFactor = 0.98;
    if (this.basePrice > 1000) discountFactor -= 0.03;
    return this.basePrice * discountFactor;
  }
```

　discountFactor にも同様の手順を繰り返します。まず「**関数の抽出（p.112）**」を施します。

187

class Order...

```
get price() {
  const discountFactor = this.discountFactor;
  return this.basePrice * discountFactor;
}

get discountFactor() {
  var discountFactor = 0.98;
  if (this.basePrice > 1000) discountFactor -= 0.03;
  return discountFactor;
}
```

　ここでは、`discountFactor` への 2 回の代入を含むように関数を抽出する必要があります。元の変数は `const` にできます。

　最後にインライン化します。

```
get price() {
  return this.basePrice * this.discountFactor;
}
```

クラスの抽出

Extract Class

逆：クラスのインライン化（p.193）

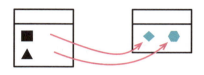

```
class Person {
  get officeAreaCode() {return this._officeAreaCode;}
  get officeNumber()   {return this._officeNumber;}
```

```
class Person {
  get officeAreaCode() {return this._telephoneNumber.areaCode;}
  get officeNumber()   {return this._telephoneNumber.number;}
}
class TelephoneNumber {
  get areaCode() {return this._areaCode;}
  get number()   {return this._number;}
}
```

動機

　クラスはカリカリの抽象であるべきで、少数の明確な責務だけを受け持つ、などのガイドラインを読んだことがあるでしょう。しかし実際にはクラスは大きくなっていくものです。操作をこちらに追加し、データをあちらに追加し、という具合にです。別にクラスを分割するまでもないと考え、クラスに責務を追加していくと、責務が成長し、子を産んで、やがて手に負えないほど複雑になります。あっという間にクラスは電子レンジでチンしたカモのようにカチカチに硬直化します。

　たくさんのメソッドを持ち、データを大量に保持するクラスを想像してみてください。大きすぎて容易に理解できないクラスです。切り出せるところがどこかを考えて、実際に切り出す必要があります。目安となるのは、データとメソッドの一部（部分集合）をまとめて別のクラスにできそうかどうかです。他にも、データの一部（部分集合）が同時に変更されたり、互いに強く依存したりしている関係にあれば、それも良い目安です。データやメソッドを削除するとどうなるかを想定してみるのもチェックとして有効です。削除したとしたら、他のどのフィールドやメソッドの意味が失われるでしょうか。

　開発の後期になると、クラスのサブタイプ化のやり方も目安になってきます。たとえば、サブタイプ化してもわずかな特性しか使っていないとか、特性によって異なるやり方でサブタイプ化しなければならないという状況に出会うかもしれません。

手順

- クラスの責務をどのように切り出すかを決める。
- 切り出した責務を記述するための新たな子クラスを作る。
  - 責務を切り出したことで、元の親クラス名がふさわしくなくなったら、元のクラスの名前を変える。
- 元の親クラスのインスタンスを生成するときに、新たな子クラスのインスタンスも作り、親インスタンスから子インスタンスへのリンクを加える。
- 移動したい各フィールドに「フィールドの移動（p.215）」を施す。移動のたびにテストする。
- メソッドを子クラスに移動するために「関数の移動（p.206）」を施す。低レベルのメソッド（呼ぶ側ではなく呼ばれる側）から着手する。移動のたびにテストする。
- 両クラスのインタフェースを見直す。不要なメソッドを取り除き、新たな状況にふさわしい名前に変更する。
- 新たな子クラスのインスタンスを公開するかどうか決める。公開するなら、「参照から値への変更（p.260）」を新たなクラスに施すことを検討する。

例

次のような簡単な Person（人）クラスがあるとしましょう。

class Person...
```
get name()     {return this._name;}
set name(arg) {this._name = arg;}
get telephoneNumber() {return `(${this.officeAreaCode}) ${this.officeNumber}`;}
get officeAreaCode()     {return this._officeAreaCode;}
set officeAreaCode(arg) {this._officeAreaCode = arg;}
get officeNumber() {return this._officeNumber;}
set officeNumber(arg) {this._officeNumber = arg;}
```

おや、電話番号の振る舞いを独立したクラスとして切り出せそうです。まず空の TelephoneNumber（電話番号）クラスを定義します。

```
class TelephoneNumber {
}
```

簡単ですね。次に、Person のインスタンスを生成するときに、TelephoneNumber のインスタンスも作るようにします。

class Person...
```
constructor() {
  this._telephoneNumber = new TelephoneNumber();
}
```

class TelephoneNumber...
```
get officeAreaCode()    {return this._officeAreaCode;}
set officeAreaCode(arg) {this._officeAreaCode = arg;}
```

そしてフィールドの一つに「**フィールドの移動（p.215）**」を施します。

class Person...
```
get officeAreaCode()    {return this._telephoneNumber.officeAreaCode;}
set officeAreaCode(arg) {this._telephoneNumber.officeAreaCode = arg;}
```

テストして、次のフィールドを移動します。

class TelephoneNumber...
```
get officeNumber() {return this._officeNumber;}
set officeNumber(arg) {this._officeNumber = arg;}
```

class Person...
```
get officeNumber() {return this._telephoneNumber.officeNumber;}
set officeNumber(arg) {this._telephoneNumber.officeNumber = arg;}
```

もう一度テストして、次に `telephoneNumber` メソッドを移します。

class TelephoneNumber...
```
get telephoneNumber() {return `(${this.officeAreaCode}) ${this.officeNumber}`;}
```

class Person...
```
get telephoneNumber() {return this._telephoneNumber.telephoneNumber;}
```

この辺りで整理整頓をしておきましょう。`TelephoneNumber` クラスのコード中の `office` は意味がないので、名前を変えることにします。

class TelephoneNumber...
```
get areaCode()    {return this._areaCode;}
set areaCode(arg) {this._areaCode = arg;}
get number()    {return this._number;}
set number(arg) {this._number = arg;}
```

class Person...
```
get officeAreaCode()    {return this._telephoneNumber.areaCode;}
set officeAreaCode(arg) {this._telephoneNumber.areaCode = arg;}
get officeNumber()    {return this._telephoneNumber.number;}
set officeNumber(arg) {this._telephoneNumber.number = arg;}
```

第 7 章　カプセル化

　TelephoneNumber クラスに telephoneNumber（電話番号）メソッドがあるのもおかしいので、「**関数名の変更（p.130）**」を施します。

class TelephoneNumber...
```
toString() {return `(${this.areaCode}) ${this.number}`;}
```

class Person...
```
get telephoneNumber() {return this._telephoneNumber.toString();}
```

　電話番号は汎用的に使えるものです。そのため、この新たなオブジェクトを他でも利用できるように公開しようと思います。そうすれば Person クラスの office で始まるメソッドを、TelephoneNumber へのアクセサに置き換えられます。こうした場合、TelephoneNumber は「値オブジェクト（Value Object）」[mf-vo] にしておいたほうがうまく機能します。そこで次は、「**参照から値への変更（p.260）**」を施します（そのリファクタリングでは、ここでの電話番号の例をその後どうしたかを説明しています）。

クラスのインライン化

逆：**クラスの抽出（p.189）**

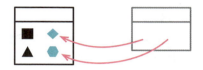

```
class Person {
  get officeAreaCode() {return this._telephoneNumber.areaCode;}
  get officeNumber()   {return this._telephoneNumber.number;}
}
class TelephoneNumber {
  get areaCode() {return this._areaCode;}
  get number()   {return this._number;}
}
```

```
class Person {
  get officeAreaCode() {return this._officeAreaCode;}
  get officeNumber()   {return this._officeNumber;}
}
```

動機

「**クラスのインライン化**」は「**クラスの抽出（p.189）**」の逆です。クラスがその役割を終えて、もはや存在価値がなくなったときは「**クラスのインライン化**」を施します。クラスから責務を移動するリファクタリングの結果、このような責務がほとんど残っていないクラスができることがよくあります。そんなときは、そうしたクラスを別のクラスに畳み込んでしまいます。畳み込む先として、この小さなクラスを最もよく使うクラスを選びます。

　他にこの「**クラスのインライン化**」を施すケースは、二つのクラスをリファクタリングして特性の配置を換えたいときです。そんなときは、まず「**クラスのインライン化**」で一つのクラスにまとめてから「**クラスの抽出（p.189）**」であらためて分離したほうが簡単です。これは物事を再構成するときの一般的なアプローチです。あるコンテキストから他のコンテキストに、要素を一つずつ移すほうが簡単なこともありますが、まずインライン化のリファクタリングで一つのコンテキストにまとめてから、あらためて抽出のリファクタリングで別の要素として分離するほうがうまくいくこともあります。

第 7 章　カプセル化

手順

- インライン先のクラスに、元のクラスのすべての public 関数に対応する関数を作る。これらは元のクラスに委譲するだけの関数である。
- 元のクラスのメソッドへの参照をすべて変更し、インライン先のクラスの委譲メソッドを使うようにする。変更のたびにテストする。
- すべての関数とデータを、元のクラスからインライン先に移す。一つ移すごとにテストする。これを元のクラスが空になるまで繰り返す。
- 元のクラスを削除し、ささやかな弔いをする。

例

次のような出荷の TrackingInformation（追跡情報）を保持するクラスがあるとしましょう。

```
class TrackingInformation {
  get shippingCompany()    {return this._shippingCompany;}
  set shippingCompany(arg) {this._shippingCompany = arg;}
  get trackingNumber()     {return this._trackingNumber;}
  set trackingNumber(arg) {this._trackingNumber = arg;}
  get display()            {
    return `${this.shippingCompany}: ${this.trackingNumber}`;
  }
}
```

これは Shipment（出荷）クラスの中で参照されます。

class Shipment...
```
get trackingInfo() {
  return this._trackingInformation.display;
}
get trackingInformation()    {return this._trackingInformation;}
set trackingInformation(aTrackingInformation) {
  this._trackingInformation = aTrackingInformation;
}
```

このクラスは以前は意味があったのかもしれませんが、もはや役立っていないようです。そのため Shipment にインライン化したいと思います。

まず TrackingInformation のメソッドを呼んでいる箇所を調べます。

caller...
```
aShipment.trackingInformation.shippingCompany = request.vendor;
```

こうしたメソッドをすべて Shipment に移そうと思いますが、普段「**関数の移動（p.206）**」でするのとは少々違ったやり方で移したいと思います。このケースでは、Shipment クラスに委譲

194

メソッドを置き、クライアントがそれを呼ぶように調整します。

class Shipment...
```
set shippingCompany(arg) {this._trackingInformation.shippingCompany = arg;}
```

caller...
```
aShipment.trackingInformation.shippingCompany = request.vendor;
```

　クライアントコードで TrackingInformation を参照しているすべての箇所に対してこれを施します。完了したら TrackingInformation クラスのすべての要素を Shipment クラスに移すことができます。
　まず「**関数のインライン化（p.121）**」を表示用のメソッドに施していきます。

class Shipment...
```
get trackingInfo() {
  return `${this.shippingCompany}: ${this.trackingNumber}`;
}
```

shippingCompany（輸送会社）フィールドを移します。

```
get shippingCompany()    {return this._trackingInformation._shippingCompany;}
set shippingCompany(arg) {this._trackingInformation._shippingCompany = arg;}
```

　このケースでは、「**フィールドの移動（p.215）**」の完全な手順は踏みません。shippingCompany を参照しているのはインライン先の Shipment クラスだけだからです。そのため、参照を元のクラスからインライン先に移す必要はありません。
　全部を移すまで繰り返します。移し終わったら、TrackingInformation クラスを削除できます。

class Shipment...
```
get trackingInfo() {
  return `${this.shippingCompany}: ${this.trackingNumber}`;
}
get shippingCompany()    {return this._shippingCompany;}
set shippingCompany(arg) {this._shippingCompany = arg;}
get trackingNumber()    {return this._trackingNumber;}
set trackingNumber(arg) {this._trackingNumber = arg;}
```

Hide Delegate

委譲の隠蔽

逆：仲介人の除去（p.199）

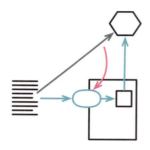

```
manager = aPerson.department.manager;
```

```
manager = aPerson.manager;

class Person {
  get manager() {return this.department.manager;}
}
```

動機

　カプセル化は、唯一のとは言わないまでも、良いモジュール化設計のための鍵の一つです。カプセル化によって、各モジュールはシステムの他の部分について知るべきことが少なくなります。何かが変更されても、影響を受けるモジュールの数は少なくなるため、変更がしやすくなります。

　オブジェクト指向について最初に教わるとき、カプセル化とはフィールドを隠すことだと習うでしょう。しかし経験を積むにつれて、他にもカプセル化できるものがあることに気づきます。

　サーバオブジェクトがクライアントコードと委譲先のオブジェクトの中間にあるとします。サーバオブジェクトのフィールドに保持された委譲先のオブジェクトのメソッドを呼び出すために、クライアントは、その委譲先のオブジェクトについて知っていなければなりません。委譲先のオブジェクトがインタフェースを変更すると、委譲先のオブジェクトを保持するサーバオブジェクトのクライアントにも変更が波及します。この依存関係を断ち切るために、委譲先のオブジェクトを隠すための単純な委譲用メソッドをサーバオブジェクトに置きます。委譲先のオブジェクト変更の影響は、サーバオブジェクトに限定され、末端のクライアントには波及しなくなります。

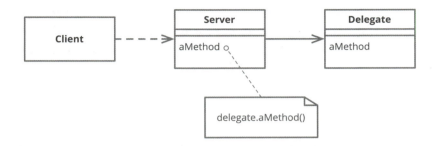

手順

- 委譲先のオブジェクトの各メソッドに対応する単純な委譲用メソッドをサーバオブジェクトに作る。
- クライアントを修正し、サーバオブジェクトの委譲メソッドを呼ぶようにする。変更のたびにテストする。
- クライアントで委譲先のオブジェクトへのアクセスが必要な箇所がなくなったなら、委譲先のオブジェクトへのアクセサをサーバオブジェクトから取り除く。
- テストする。

例

次のような Person（人）クラスと Department（部署）クラスがあるとしましょう。

class Person...
```
constructor(name) {
  this._name = name;
}
get name() {return this._name;}
get department()    {return this._department;}
set department(arg) {this._department = arg;}
```

class Department...
```
get chargeCode()    {return this._chargeCode;}
set chargeCode(arg) {this._chargeCode = arg;}
get manager()     {return this._manager;}
set manager(arg) {this._manager = arg;}
```

ある人の manager（上司）を調べたい場合、まず部署を取得する必要があります。

client code...
```
manager = aPerson.department.manager;
```

第 7 章　カプセル化

　これでは、Department クラスの振る舞いと、部署が上司を取得する責務を持っていることが
クライアントから丸見えです。Department クラスをクライアントから隠蔽することで、この結
合度を下げることができます。そのために、単純な委譲を行うメソッドを Person クラスに作り
ます。

class Person...
```
get manager() {return this._department.manager;}
```

　次に、Person クラスのすべてのクライアントがこの新たなメソッドを使うように変更します。

client code...
```
manager = aPerson.department.manager;
```

　Department クラスの全メソッドへの対応と、Person クラスのすべてのクライアントに対す
る変更を済ませたら、Person クラスから department アクセサを取り除きます。

198

Remove Middle Man

仲介人の除去

逆：**委譲の隠蔽（p.196）**

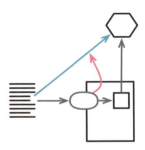

```
manager = aPerson.manager;

class Person {
  get manager() {return this.department.manager;}
}
```

```
manager = aPerson.department.manager;
```

動機

「**委譲の隠蔽（p.196）**」の動機では、委譲先のオブジェクトをカプセル化することの有効性について述べました。これはただではありません。対価として、クライアントが委譲先のオブジェクトの新たな特性を使おうとするたびに、単純な委譲メソッドをサーバオブジェクトに追加しなければなりません。特性を追加していると、やがてあまりにも多くの転送にいらいらしてきます。そうなると、もはやサーバオブジェクトはただの仲介人（「**仲介人（p.84）**」）に過ぎません。そろそろ委譲先のオブジェクトを直接呼ばせてはどうでしょう（この不吉な臭いは、開発メンバが「デメテルの法則」[訳注1]にあまりにものめり込んでいると漂ってきます。これは、法則というよりも、「ときには役に立つデメテルの提案」と呼んだほうが良いと強く思います）。

隠蔽をどの程度施すのが適切なのかを見極めるのは困難です。幸い、「**委譲の隠蔽（p.196）**」と「**仲介人の除去**」があるおかげで、これは大した問題ではありません。時が経つにつれて、コードを調整すればよいのです。システムが変化すれば、どの程度隠蔽すべきかの基準も変化します。以前は妥当だったカプセル化も、半年後には扱いにくいものになります。謝る必要はありません。ひたすら直すのみです。それがリファクタリングというものです。

訳注1　デメテルの法則（Law of Demeter, LoD）とは、あるオブジェクトが呼び出せるメソッドを、直接参照しているオブジェクトや渡されたオブジェクトのものだけに限定する設計原則。

第 7 章 カプセル化

手順

- 委譲先のオブジェクトを取得する getter を作る。
- 委譲メソッドを使用するクライアントごとに、委譲メソッドへの呼び出しを getter から始まるメソッドチェーンで置き換える。変更のたびにテストする。
  - 委譲メソッドのすべての呼び出しを置き換えたら、委譲メソッドを削除できる。
  - 自動リファクタリングでは、「変数のカプセル化（p.138）」を委譲フィールドに施した後、それを使うすべてのメソッドに「関数のインライン化（p.121）」を施せばよい。

例

次のような Person（人）クラスでは、上司を特定するために Department（部署）クラスのオブジェクトへのリンクを保持しているとしましょう（本書を順に読まれている方は、この例に何やら見覚えがあるでしょう）。

client code...
```
manager = aPerson.manager;
```

class Person...
```
get manager() {return this._department.manager;}
```

class Department...
```
get manager()    {return this._manager;}
```

これは扱いやすいですし、Department クラスもカプセル化されています。しかし、大量のメソッドについてこのようにすると、結果として Person クラスには、単純な委譲があふれかえることになります。そうしたときは、仲介人を取り除けばよいのです。まず、委譲先のオブジェクトへの getter を作ります。

class Person...
```
get department()    {return this._department;}
```

クライアントのこのような箇所を一つひとつ変更して、Department オブジェクトを直接使うようにします。

client code...
```
manager = aPerson.department.manager;
```

クライアントの変更がすべて完了したら、Person クラスから manager（上司）メソッドを取り除くことができます。Person クラスに他の単純な委譲があればこの過程を繰り返します。

あるいは、混在した状態にしてもよいでしょう。よく使われる委譲についてはクライアントが使いやすいように委譲したままにしておくこともできます。委譲を隠蔽するにせよ、仲介人を除去するにせよ、絶対的な理由などありません。状況によって、どちらのアプローチを取るべきかは変わります。それでも分別のある人ならどちらが良いか判断できるでしょう。

リファクタリングが自動化されていれば、この手順には有効なバリエーションがあります。まず「**変数のカプセル化（p.138）**」を department に施します。これで manager の getter は、department の公開された getter を使うようになります。

class Person...
```
get manager() {return this.department.manager;}
```

> この変更は JavaScript では微妙すぎるかもしれません。しかし、_department からアンダースコアを取り除いた（department にした）ことで、フィールドを直接アクセスするのではなく新たな getter を使うようにしました。

その後で「**関数のインライン化（p.121）**」を manager メソッドに施し、すべての呼び出しを一括して置き換えます。

Substitute Algorithm

アルゴリズムの置き換え

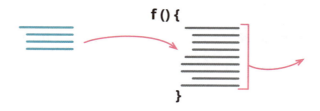

```
function foundPerson(people) {
  for(let i = 0; i < people.length; i++) {
    if (people[i] === "Don") {
      return "Don";
    }
    if (people[i] === "John") {
      return "John";
    }
    if (people[i] === "Kent") {
      return "Kent";
    }
  }
  return "";
}
```

⇓

```
function foundPerson(people) {
  const candidates = ["Don", "John", "Kent"];
  return people.find(p => candidates.includes(p)) || '';
}
```

動機

　私は、猫の皮を剥ごうなどとしたことは一度もありませんが、その方法にはいくつかあると聞いています。その中には、きっと簡単なものや難しいものがあるのでしょう。これはアルゴリズムについても言えます。何かをするために、よりわかりやすい方法が見つかったら、複雑な方法をそれで置き換えるべきです。リファクタリングは、複雑なものをより単純な部品へと分解します。しかし、アルゴリズムをまるごと取り除いて、より簡単なものへ置き換えるという結論に至ることもあるでしょう。こうした状況は、徐々に問題がはっきりしてきて、簡単な方法がわかってきたときに起こります。また、使い始めたライブラリの機能と自分のコードが重複しているときにも起こります。

　アルゴリズムに手を加えて動作を少し変えたいとき、まず必要な変更がしやすい形に置き換えてから行うほうが簡単な場合もあります。

アルゴリズムの置き換え

　このステップを実行する前に、メソッドをなるべく分解しておきます。巨大で複雑なアルゴリズムを置き換えるのはきわめて困難です。この置き換えを扱いやすくするには、元を単純にするより他にありません。

手順

- 完結した機能を果たすように置き換え前のコードを整える。
- この機能だけを使ったテストを用意して、その振る舞いを把握する。
- 代わりのアルゴリズムを用意する。
- 静的チェックを実行する。
- テストを実行して古いアルゴリズムと新たなアルゴリズムの出力結果を比較する。それらが同じなら終了する。違えば、古いアルゴリズムを比較対象としてテストとデバッグを行う。

第8章

特性の移動

　ここまで紹介してきたリファクタリングは、プログラム要素の作成、削除、および名前の変更に関するものでした。リファクタリングのもう一つの重要な役割は、要素をコンテキスト間で移動させることです。クラスやモジュール間で関数を移動するためには「**関数の移動（p.206）**」を行います。フィールドも「**フィールドの移動（p.215）**」で移動できます。

　個々のステートメントも移動します。「**ステートメントの関数内への移動（p.221）**」でステートメントを関数内に移動し、「**ステートメントの呼び出し側への移動（p.225）**」で関数外に移動します。同様に、「**ステートメントのスライド（p.231）**」によって関数内で移動します。既存の関数と同じ処理をしているステートメントに対して「**関数呼び出しによるインラインコードの置き換え（p.230）**」を行って、重複を排除することもあります。

　ループに対してよく適用するリファクタリングは二つあります。ループの仕事を一つだけにする「**ループの分離（p.236）**」と、ループを完全に取り除くための「**パイプラインによるループの置き換え（p.240）**」です。

　そして、多くのすぐれたプログラマたちが好むリファクタリングが「**デッドコードの削除（p.246）**」です。不要なステートメントに火炎放射を浴びせるのは最高です。

Move Function

関数の移動

```
class Account {
  get overdraftCharge() {...}
```

```
class AccountType {
  get overdraftCharge() {...}
```

動機

　すぐれたソフトウェア設計の核心はモジュール性です。そのおかげで、プログラムのほんの一部を理解しただけで、多くの変更ができるようになります。このモジュール性を実現するためには、関連するソフトウェア要素をグループにまとめて、それらの結び付きを簡単に特定して把握できるようにする必要があります。しかし、私はこれを行う決まった方法があるとは考えていません。自分が行っていることをより深く理解するにつれ、ソフトウェア要素をどのようにグループ化するのが最善なのかがわかってきます。その深まった理解を反映するには、要素を移動する必要があります。

　すべての関数はなんらかのコンテキストに置かれます。グローバル関数の場合もありますが、通常はなんらかのモジュールの形式を取ります。オブジェクト指向のプログラムでは、中核となるモジュールのコンテキストはクラスです。ある関数を別の関数の入れ子にして、共通のコンテキストを作る方法もあります。プログラミング言語によってさまざまなモジュール形式が提供されており、それぞれが関数を配置するコンテキストを作ります。

　関数を移動する最も直接的な理由は、その関数が存在するコンテキストの要素よりも他のコンテキストの要素を多く参照している場合です。移動によって、関数をそれらの要素と一緒にすると、カプセル化が改善することがよくあります。ソフトウェアの他の部分がそのモジュールの詳細に依存しなくなるためです。

　また、呼び出し元が存在する場所や、次の拡張時に呼び出したい場所に関数を移動することがあります。別の関数内で定義されたヘルパー関数が単体で有用な場合は、よりアクセスしやすい場所に移動すると有意義です。別のクラスに移動したほうが使いやすくなるメソッドもあります。

　関数の移動の判断はたいてい困難を伴います。その判断を下すには、その関数の現在のコンテキストと移動先候補のコンテキストを調べます。どの関数が移動したい関数を呼び出すか、移動したい関数がどの関数を呼び出すのか、どのデータを使っているかを調べる必要があります。

関数のグループのために新しいコンテキストが必要になるケースは多いため、「**関数群のクラスへの集約（p.150）**」や「**クラスの抽出（p.189）**」によって新しいコンテキストを作成します。関数をどこに配置するのが最適かを決めるのは難しいかもしれませんが、通常はその選択が難しければ難しいほど、配置先を決める重要性は下がります。関数をあるコンテキストに実際に移動してみて、どれだけうまく適合するかを調べることは有意義です。うまく適合しなかったとしても、後からいつでも移動できます。

手順

- **移動対象の関数が現在のコンテキストで使用しているプログラム要素をすべて調べる。それらも移動すべきかどうかを検討する。**
  - 呼び出している関数にも移動すべきものがあった場合、通常、まずはその関数から移動する。こうすることで、一連の関数の移動を依存性の低い関数から開始できる。
  - 上位レベルの関数がサブ関数群の唯一の呼び出し元だった場合、それらのサブ関数群を上位の関数にインライン化し、移動した後で再抽出してもよい。
- **選択した関数がポリモーフィックなメソッドかどうかを確認する。**
  - オブジェクト指向言語の場合、スーパークラスとサブクラスに注意する必要がある。
- **関数を移動先のコンテキストにコピーする。新居となる移動先に関数が適合するように調整する。**
  - コード本体が元のコンテキスト内の要素を使用する場合、それらの要素をパラメータとして渡すか、あるいは元のコンテキストへの参照を渡す必要がある。
  - 関数を移動すると、新しいコンテキストにうまく適合する別の名前を付けたくなることがよくある。
- **静的解析を実行する。**
- **元のコンテキストから移動後の関数を参照できるようにする。**
- **元の関数を委譲関数に変更する。**
- **テストする。**
- **元の関数に対して「関数のインライン化（p.121）」の適用を検討する。**
  - 元の関数は委譲関数として残してもよい。しかし、移動した関数を呼び出し元が簡単に呼び出せるなら、余分な仲介者は取り除くほうが良い。

例：入れ子関数をトップレベルに移動する

GPS の追跡記録から合計距離を計算する関数を例に取ります。

第 8 章　特性の移動

```javascript
function trackSummary(points) {
  const totalTime = calculateTime();
  const totalDistance = calculateDistance();
  const pace = totalTime / 60 / totalDistance ;
  return {
    time: totalTime,
    distance: totalDistance,
    pace: pace
  };

  function calculateDistance() {
    let result = 0;
    for (let i = 1; i < points.length; i++) {
      result += distance(points[i-1], points[i]);
    }
    return result;
  }

  function distance(p1,p2) { ... }
  function radians(degrees) { ... }
  function calculateTime() { ... }

}
```

　calculateDistance 関数をトップレベルに移動して、trackSummary 関数の他の部分に依存せずに合計距離を計算できるようにしたいと思います。
　最初に、関数をトップレベルにコピーします。

```javascript
function trackSummary(points) {
  const totalTime = calculateTime();
  const totalDistance = calculateDistance();
  const pace = totalTime / 60 / totalDistance ;
  return {
    time: totalTime,
    distance: totalDistance,
    pace: pace
  };

  function calculateDistance() {
    let result = 0;
    for (let i = 1; i < points.length; i++) {
      result += distance(points[i-1], points[i]);
    }
    return result;
  }
  ...
  function distance(p1,p2) { ... }
  function radians(degrees) { ... }
  function calculateTime() { ... }
}
```

208

```
function top_calculateDistance() {
  let result = 0;
  for (let i = 1; i < points.length; i++) {
    result += distance(points[i-1], points[i]);
  }
  return result;
}
```

　こんなふうに関数をコピーするときは、名前を変更して、コードと脳内の両方で区別できるよ
うにしておきたいところです。どういう名前が適切かについて今は考えたくないので、一時的な
名前を付けておきます。

　このプログラムは依然として動作しますが、静的解析は正しくエラーを警告してくれます。新
しい関数に distance と points という二つの未定義のシンボルがあるからです。points はパ
ラメータとして渡すのが自然です。

```
function top_calculateDistance(points) {
  let result = 0;
  for (let i = 1; i < points.length; i++) {
    result += distance(points[i-1], points[i]);
  }
  return result;
}
```

　distance 関数に対しても同じことができますが、それよりも calculateDistance と一緒に
移動すべきでしょう。distance に関連するコードは次のとおりです。

function trackSummary...
```
function distance(p1,p2) {
  // Haversine formula の公式は http://www.movable-type.co.uk/scripts/latlong.html を参照
  const EARTH_RADIUS = 3959; // 地球の半径のマイル数
  const dLat = radians(p2.lat) - radians(p1.lat);
  const dLon = radians(p2.lon) - radians(p1.lon);
  const a = Math.pow(Math.sin(dLat / 2),2)
          + Math.cos(radians(p2.lat))
          * Math.cos(radians(p1.lat))
          * Math.pow(Math.sin(dLon / 2), 2);
  const c = 2 * Math.atan2(Math.sqrt(a), Math.sqrt(1-a));
  return EARTH_RADIUS * c;
}
function radians(degrees) {
  return degrees * Math.PI / 180;
}
```

　distance 関数は radians 関数だけを使用しており、radians 関数はこのコンテキスト内の
何も使用していません。そのため、これらの関数を渡すよりも、一緒に移動するほうが良さそう
です。二つの関数を現在のコンテキストから calculateDistance の中に移動して入れ子にす

209

第8章　特性の移動

ることで、この方向への小さな一歩を踏み出せます。

```
function trackSummary(points) {
  const totalTime = calculateTime();
  const totalDistance = calculateDistance();
  const pace = totalTime / 60 / totalDistance ;
  return {
    time: totalTime,
    distance: totalDistance,
    pace: pace
  };

  function calculateDistance() {
    let result = 0;
    for (let i = 1; i < points.length; i++) {
      result += distance(points[i-1], points[i]);
    }
    return result;

    function distance(p1,p2) { ... }
    function radians(degrees) { ... }

  }
```

こうすれば、合併症の有無を静的分析でもテストでも調べられます。この場合はまったく異常がないので、top_calculateDistance にコピーできます。

```
function top_calculateDistance(points) {
  let result = 0;
  for (let i = 1; i < points.length; i++) {
    result += distance(points[i-1], points[i]);
  }
  return result;

  function distance(p1,p2) { ... }
  function radians(degrees) { ... }

}
```

このコピーを行ってもまだプログラムの動作は変わりませんが、ここで静的分析をするとよいでしょう。もし distance 関数が radians 関数を呼び出していることを見落としていたとしても、ソースコード解析ツールの linter がこの段階で教えてくれます。

さて、これで準備ができたので、大きな変更に進みましょう。元の calculateDistance の本体から top_calculateDistance を呼び出すようにします。

```
function trackSummary(points) {
  const totalTime = calculateTime();
  const totalDistance = calculateDistance();
```

210

```
  const pace = totalTime / 60 / totalDistance ;
  return {
    time: totalTime,
    distance: totalDistance,
    pace: pace
  };

  function calculateDistance() {
    return top_calculateDistance(points);
  }
```

ここで実行するテストは非常に重要です。移動した関数が新居にうまく住み着いたことをきちんと確認します。

テストが終わってからすることは、引っ越した後に箱から荷物を取り出すようなものです。まずは、単に委譲しているだけの元の関数を残すかどうかを決めます。今回の例では、呼び出し元がほとんどなく、入れ子関数でよくあるようにきわめて局所的なため、喜んで取り除きます。

```
function trackSummary(points) {
  const totalTime = calculateTime();
  const totalDistance = top_calculateDistance(points);
  const pace = totalTime / 60 / totalDistance ;
  return {
    time: totalTime,
    distance: totalDistance,
    pace: pace
  };
```

このタイミングは名前をどうすべきかを考える良い機会でもあります。トップレベルの関数は最もよく目立つので、最適な名前を付けたいと思います。totalDistance が良い選択に思えます。trackSummary 内の変数によってシャドーイングされてしまうため、すぐには使用できませんが、そのままにしておく理由は何もないので、「**変数のインライン化（p.129）**」を行います。

```
function trackSummary(points) {
  const totalTime = calculateTime();
  const pace = totalTime / 60 / totalDistance(points) ;
  return {
    time: totalTime,
    distance: totalDistance(points),
    pace: pace
  };

function totalDistance(points) {
  let result = 0;
  for (let i = 1; i < points.length; i++) {
    result += distance(points[i-1], points[i]);
  }
  return result;
```

第 8 章　特性の移動

　変数を残す必要があった場合は、`totalDistanceCache` や `distance` のような名前に変更したでしょう。

　`distance` 関数と `radians` 関数は `totalDistance` 内の何にも依存しないので、それらもトップレベルに移動して、四つの関数すべてをトップレベルにするのがよいでしょう。

```
function trackSummary(points) { ... }
function totalDistance(points) { ... }
function distance(p1,p2) { ... }
function radians(degrees) { ... }
```

　可視性を制限するために `distance` と `radians` を `totalDistance` 内に残す人たちもいます。それは言語によっては検討に値しますが、ES 2015 の仕様では JavaScript は非常にすぐれたモジュールメカニズムを備えているため、関数の可視性を最適にコントロールできます。一般論として、入れ子関数には注意が必要です。隠れたデータの相互関係が非常に簡単にできてしまい、追跡を難しくするからです。

例：クラス間での移動

　「関数の移動」のバリエーションを説明するために、次のコードを例に取り上げます。

class Account...
```
  get bankCharge() {
    let result = 4.5;
    if (this._daysOverdrawn > 0) result += this.overdraftCharge;
    return result;
  }

  get overdraftCharge() {
    if (this.type.isPremium) {
      const baseCharge = 10;
      if (this.daysOverdrawn <= 7)
        return baseCharge;
      else
        return baseCharge + (this.daysOverdrawn - 7) * 0.85;
    }
    else
      return this.daysOverdrawn * 1.75;
  }
```

　口座の種類ごとに手数料計算のアルゴリズムを切り替えるような変更が見込まれています。そのためには、`overdraftCharge`（当座貸越手数料）メソッドを `AccountType`（口座種別）クラスに移動するのが自然に思えます。

　最初のステップは、`overdraftCharge` メソッドが使用するメソッドや属性を調べて、それらをまとめて移動する価値があるかどうかを検討することです。この例の場合、`daysOverdrawn`

212

（貸越日数）は口座ごとに異なるため、Account（口座）クラスに残す必要があります。

次に、メソッド本体を AccountType にコピーして、うまく適合させます。

class AccountType...
```
overdraftCharge(daysOverdrawn) {
  if (this.isPremium) {
    const baseCharge = 10;
    if (daysOverdrawn <= 7)
      return baseCharge;
    else
      return baseCharge + (daysOverdrawn - 7) * 0.85;
  }
  else
    return daysOverdrawn * 1.75;
}
```

このメソッドを新しい場所に適合させるためには、スコープが変わった二つの要素を処理する必要があります。isPremium は this に対する簡単な呼び出しに変わっています。days Overdrawn に関しては、値として渡すか、Account を渡すかを決める必要があります。まずは単に値を渡すようにします。しかし、将来 Account の daysOverdrawn 以外の情報、特にAccountType によって異なる情報が必要になった場合は、変更することになるでしょう。

次に、元のメソッド本体を委譲呼び出しに置き換えます。

class Account...
```
get bankCharge() {
  let result = 4.5;
  if (this._daysOverdrawn > 0) result += this.overdraftCharge;
  return result;
}

get overdraftCharge() {
  return this.type.overdraftCharge(this.daysOverdrawn);
}
```

さてここで、委譲処理をそのまま残すか、または overdraftCharge をインライン化するかを決める必要があります。インライン化すると次のようになります。

class Account...
```
get bankCharge() {
  let result = 4.5;
  if (this._daysOverdrawn > 0)
    result += this.type.overdraftCharge(this.daysOverdrawn);
  return result;
}
```

第 8 章　特性の移動

　先ほどの手順では、daysOverdrawn をパラメータとして渡しました。しかし、Account から
受け渡したいデータが多い場合は、Account そのものを渡すのがよいでしょう。

class Account...
```
get bankCharge() {
  let result = 4.5;
  if (this._daysOverdrawn > 0) result += this.overdraftCharge;
  return result;
}

get overdraftCharge() {
  return this.type.overdraftCharge(this);
}
```

class AccountType...
```
overdraftCharge(account) {
  if (this.isPremium) {
    const baseCharge = 10;
    if (account.daysOverdrawn <= 7)
      return baseCharge;
    else
      return baseCharge + (account.daysOverdrawn - 7) * 0.85;
  }
  else
    return account.daysOverdrawn * 1.75;
}
```

214

Move Field

フィールドの移動

```
class Customer {
  get plan() {return this._plan;}
  get discountRate() {return this._discountRate;}
```

⇓

```
class Customer {
  get plan() {return this._plan;}
  get discountRate() {return this.plan.discountRate;}
```

動機

　プログラミングでは、振る舞いを実装するコードをたくさん書きます。しかし、プログラムの力の源は実のところデータ構造にあります。問題に適合するすぐれたデータ構造があれば、振る舞いを記述するコードは単純ですっきりします。しかし、データ構造が貧弱だと、貧弱なデータをなんとかするためだけに大量のコードを書くことになります。その結果、わかりにくく、ひどいコードになるだけでなく、不適切なデータ構造のせいでプログラムの処理内容が不明瞭になります。

　このように、データ構造は重要です。しかし、プログラミングに関する多くのことと同様に、適切なデータ構造を定義するのは難しいことです。私は、最適なデータ構造を導き出すために初期分析を行っており、これまでの経験とドメイン駆動設計のような技術を通じて自分の能力を向上させてきました。しかし私のスキルと経験をもってしても、いまだに初期設計で間違えることはよくあります。それでもプログラミングの過程で、問題領域とデータ構造について理解が進みます。ある週には合理的で正しかった設計判断も、次の週には間違いになっていることがあります。

　データ構造が正しくないとわかったら、すぐに変更することが重要です。データ構造の欠陥を放置すると、その後長きにわたって、思考を混乱させ、コードを複雑化する原因になるでしょう。

　あるレコードを関数に渡す際に、必ず別レコードのフィールドも渡す必要がある場合、フィールドを移動したくなります。まとめて関数に渡すデータは、通常なら同じレコードにまとめるべきで、それによりデータの関係が明確になります。また、データの更新も構造を見直す要因になります。あるレコードを更新するたびに別レコードのフィールドも更新していることは、フィールドの場所が間違っていることを示唆しています。複数の場所にある同じフィールドを更新しなければならないことは、フィールドを別の場所に移動して一度だけで更新できるようにすべきこ

とを示しています。

「**フィールドの移動**」は、通常、より広範囲な変更の一部として行います。フィールドの移動が完了すると、そのフィールドの利用プログラムの多くにとっては、移動先のオブジェクトのほうが移動元よりも適切なデータのアクセス先になります。しかし、そのリファクタリングは後回しにします。別のケースとして、データの利用方法がネックになり、その時点では「**フィールドの移動**」を行えない場合があります。そうしたときには最初にデータの利用側をリファクタリングし、その後でフィールドを移動する必要があります。

ここまでに「レコード」について書いたことは、クラスやオブジェクトにもすべて当てはまります。クラスは関数が付加されたレコード型であり、他のデータ型と同じく健全に保つ必要があります。付加された関数のおかげで、データはアクセサメソッドの背後にカプセル化されるため、データの移動がより簡単になります。データを移動して、アクセサを変更すれば、呼び出し側が利用するアクセサは依然として動作します。したがって、クラスがあるほうがリファクタリングは簡単で、以降の説明ではそのことを前提にします。カプセル化をサポートしていない生のレコードを使用する場合でも、同様の変更は可能ですが、より難しくなります。

手順

- 移動元のフィールドをカプセル化する。

- テストする。

- 移動先にフィールド（およびアクセサ）を作成する。

- 静的解析を実行する。

- 移動元のオブジェクトから移動先のオブジェクトを参照できるようにする。

  - 移動先への参照として、既存のフィールドやメソッドが使えるかもしれない。使えない場合は、参照用メソッドを簡単に作れるかどうかを調べる。うまくいかない場合は、移動元のオブジェクトに移動先のオブジェクトを格納する新しいフィールドを作成する必要があるかもしれない。これを恒久的な変更としてもよいが、より広範囲のリファクタリングがある程度進むまでの一時的な変更としてもよい。

- 移動先のフィールドを使うようにアクセサを調整する。

  - 移動先のオブジェクトが移動元のオブジェクト間で共有される場合は、移動先と移動元の両方のフィールドを更新するように setter を変更した上で「**アサーションの導入（p.309）**」を施して矛盾する更新を検出できるようにする。矛盾する更新がないと判断できたら、移動先のフィールドを使うようにアクセサを変更する。

- テストする。

- 移動元のフィールドを削除する。

- テストする。

フィールドの移動

例

Customer（顧客）と CustomerContract（契約）のコードを例に取ります。

class Customer...
```
constructor(name, discountRate) {
  this._name = name;
  this._discountRate = discountRate;
  this._contract = new CustomerContract(dateToday());
}
get discountRate() {return this._discountRate;}
becomePreferred() {
  this._discountRate += 0.03;
  // さらに便宜を図る
}
applyDiscount(amount) {
  return amount.subtract(amount.multiply(this._discountRate));
}
```

class CustomerContract...
```
constructor(startDate) {
  this._startDate = startDate;
}
```

discountRate（割引率）フィールドを Customer から CustomerContract に移動したいとしましょう。

最初にすべきことは、「**変数のカプセル化（p.138）**」を適用して、discountRate フィールドへのアクセスをカプセル化することです。

class Customer...
```
constructor(name, discountRate) {
  this._name = name;
  this._setDiscountRate(discountRate);
  this._contract = new CustomerContract(dateToday());
}
get discountRate() {return this._discountRate;}
_setDiscountRate(aNumber) {this._discountRate = aNumber;}
becomePreferred() {
  this._setDiscountRate(this.discountRate + 0.03);
  // さらに便宜を図る
}
applyDiscount(amount) {
  return amount.subtract(amount.multiply(this.discountRate));
}
```

ここでは discountRate の公開 setter を提供したくなかったので、プロパティの setter は使わずに discountRate を更新するメソッドを用意しました。

217

CustomerContract にフィールドとアクセサを追加します。

class CustomerContract...
```
constructor(startDate, discountRate) {
  this._startDate = startDate;
  this._discountRate = discountRate;
}
get discountRate() {return this._discountRate;}
set discountRate(arg) {this._discountRate = arg;}
```

次に Customer のアクセサを変更して、新しいフィールドを使うようにします。この変更をしようとしたときに "Cannot set property 'discountRate' of undefined" というエラーが発生しました。これはコンストラクタの中で CustomerContract オブジェクトを作成する前に _setDiscountRate が呼ばれたためです。この問題に対処するために、まず以前の状態に戻してから、「**ステートメントのスライド（p.231）**」を行って、_setDiscountRate を呼び出す行を CustomerContract オブジェクトを作成する行の後に移動します。

class Customer...
```
constructor(name, discountRate) {
  this._name = name;
  this._contract = new CustomerContract(dateToday());
  this._setDiscountRate(discountRate);
}
```

テストを行い、アクセサを再度変更して CustomerContract を使うようにします。

class Customer...
```
get discountRate() {return this._contract.discountRate;}
_setDiscountRate(aNumber) {this._contract.discountRate = aNumber;}
```

ここでは JavaScript を使っているため、元のフィールドを宣言していません。そのため、これ以上削除するものはありません。

生のレコードを変更する

このリファクタリングは、オブジェクトの場合には概して簡単です。カプセル化により、自然な形でデータアクセスをメソッドでラップできるためです。多数の関数がレコードに直接アクセスしている場合でも、依然として価値のあるリファクタリングですが、実施するのは確実にずっと難しくなります。

すべての読み書き処理に対してアクセサ関数を作成し、それを使うように変更できます。移動したいフィールドが変更不可の場合は、値の初期化時に移動元のフィールドと移動先のフィールドの両方を更新することで、参照の処理を段階的に移行できます。とはいえ、できるだけ「**レコードのカプセル化（p.168）**」で、レコードをまずクラスに変換したほうが、より簡単に変更で

きるでしょう。

共有オブジェクトに移動する

さて、別のケースを考えてみましょう。金利を持つ銀行口座を例に取ります。

class Account...
```
constructor(number, type, interestRate) {
  this._number = number;
  this._type = type;
  this._interestRate = interestRate;
}
get interestRate() {return this._interestRate;}
```

class AccountType...
```
constructor(nameString) {
  this._name = nameString;
}
```

Account（口座）の `interestRate`（利率）は、AccountType（口座種別）で決まるように変更したいと思います。

`interestRate` へのアクセスはすでにうまくカプセル化されているので、AccountType にフィールドと適切なアクセサを作成します。

class AccountType...
```
constructor(nameString, interestRate) {
  this._name = nameString;
  this._interestRate = interestRate;
}
get interestRate() {return this._interestRate;}
```

しかし、Account クラスのアクセサを変更する上では潜在的な問題があります。このリファクタリングの前は、Account（口座）ごとに `interestRate`（金利）が設定されていました。ここでは、すべての口座の金利を帰属する口座種別で一律にしようとしています。口座種別が同じ口座の金利がすべて同じならば、外部仕様は変わらないので、このリファクタリングに問題はありません。しかし、口座によって金利が異なっている場合は、もはやリファクタリングではありません。もし Account 情報がデータベースに保存されている場合は、データベースをチェックして、すべての Account の `interestRate` が一致していることを確認する必要があります。「**アサーションの導入（p.309）**」を Account クラスに適用してもよいでしょう。

第 8 章　特性の移動

class Account...
```
constructor(number, type, interestRate) {
  this._number = number;
  this._type = type;
  assert(interestRate === this._type.interestRate);
  this._interestRate = interestRate;
}
get interestRate() {return this._interestRate;}
```

アサーションを導入した後で、このシステムをしばらく動かしてみて、エラーが起きるかどうかを確認するとよいでしょう。あるいは、アサーションを追加する代わりに、エラー発生時のログ出力を追加する方法もあります。外部仕様に影響を与えないと確信できれば、アクセサを変更して Account からの interestRate の更新を完全に削除できます。

class Account...
```
constructor(number, type) {
  this._number = number;
  this._type = type;
}
get interestRate() {return this._type.interestRate;}
```

220

Move Statements into Function

ステートメントの関数内への移動

逆：ステートメントの呼び出し側への移動（p.225）

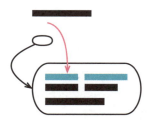

```
result.push(`<p>title: ${person.photo.title}</p>`);
result.concat(photoData(person.photo));

function photoData(aPhoto) {
  return [
    `<p>location: ${aPhoto.location}</p>`,
    `<p>date: ${aPhoto.date.toDateString()}</p>`,
  ];
}
```

```
result.concat(photoData(person.photo));

function photoData(aPhoto) {
  return [
    `<p>title: ${aPhoto.title}</p>`,
    `<p>location: ${aPhoto.location}</p>`,
    `<p>date: ${aPhoto.date.toDateString()}</p>`,
  ];
}
```

動機

　重複の除去は、健全なコードを導くための最もすぐれた経験則の一つです。特定の関数を呼び出すたびに同じコードが実行されていたら、反復コードを関数自体に組み込むことを検討します。そうすることで、反復コードに将来変更が生じた場合でも、1か所だけを修正すればすべての呼び出し側で使えるようになります。将来、反復コードに差異が発生した場合は、「**ステートメントの呼び出し側への移動（p.225）**」を行うことで、反復コード（またはその一部）を簡単に元の場所に移動できます。

　ステートメントを関数に移動するのは、それを呼び出し先の関数の一部とみなすほうが理解しやすい場合です。呼び出し先の関数の一部としては意味をなさないものの、一緒に呼び出す必要がある場合は、そのステートメントと呼び出し先の関数を対象にして「**関数の抽出（p.112）**」

第 8 章　特性の移動

を行います。これは、インライン化と名前変更のステップがないことを除いて、次に説明する手順と本質的に同じです。これらのステップを省くのは珍しいことではなく、後から熟考した上で実行することもよくあります。

手順

- 反復コードが移動先の関数呼び出しに隣接していない場合は、「ステートメントのスライド（p.231）」を行って隣接させる。
- 移動元の関数の呼び出し元が移動先の関数だけだった場合は、移動元の関数からコードをカットし、移動先の関数にペーストして、テストを行い、残りの手順を無視する。
- 複数の呼び出し元がある場合は、いずれかの呼び出しに対して「関数の抽出（p.112）」を行い、移動先の関数呼び出しと移動したいステートメントを抽出する。名前は一時的なものにするが、簡単に grep できる名前にする。
- 他のすべての呼び出しを変更して、新しい関数を使うようにする。変更のたびにテストする。
- 元の呼び出しのすべてで新しい関数を使うようになったら、「関数のインライン化（p.121）」を行って元の関数を新しい関数に完全にインライン化し、元の関数を削除する。
- 「関数名の変更（p.130）」を行って、新しい関数の名前を元の関数と同じ名前に変更する。
  - もし思いつくならば、より良い名前に変更する。

例

写真データ用の HTML を生成するコードを例に取ります。

```
function renderPerson(outStream, person) {
  const result = [];
  result.push(`<p>${person.name}</p>`);
  result.push(renderPhoto(person.photo));
  result.push(`<p>title: ${person.photo.title}</p>`);
  result.push(emitPhotoData(person.photo));
  return result.join("\n");
}

function photoDiv(p) {
  return [
    "<div>",
    `<p>title: ${p.title}</p>`,
    emitPhotoData(p),
    "</div>",
  ].join("\n");
}

function emitPhotoData(aPhoto) {
  const result = [];
```

```
    result.push(`<p>location: ${aPhoto.location}</p>`);
    result.push(`<p>date: ${aPhoto.date.toDateString()}</p>`);
    return result.join("\n");
}
```

このコードには、emitPhotoData 関数の呼び出しが二つあり、各呼び出しの前に意味的に同等なコードが一行あります。title（タイトル）の表示処理を emitPhotoData に移動してこの重複を削除したいと思います。呼び出し元が唯一の場合はコードを単にカット＆ペーストすれば済みますが、呼び出し元が多い場合は安全な手順を採用したいものです。

まず、呼び出し元の一つに対して「**関数の抽出（p.112）**」を行います。抽出するのは emitPhotoData 側に移動したいステートメントと、emitPhotoData の呼び出し部分です。

```
function photoDiv(p) {
  return [
    "<div>",
    zznew(p),
    "</div>",
  ].join("\n");
}

function zznew(p) {
  return [
    `<p>title: ${p.title}</p>`,
    emitPhotoData(p),
  ].join("\n");
}
```

次に emitPhotoData に対する他の呼び出しを一つずつ探して、呼び出し部とその前段のステートメントとを、新しい関数の呼び出しに置き換えてテストします。

```
function renderPerson(outStream, person) {
  const result = [];
  result.push(`<p>${person.name}</p>`);
  result.push(renderPhoto(person.photo));
  result.push(zznew(person.photo));
  return result.join("\n");
}
```

すべての呼び出しを変更し終えたら、emitPhotoData に対して「**関数のインライン化（p.121）**」を行います。

223

```
function zznew(p) {
  return [
    `<p>title: ${p.title}</p>`,
    `<p>location: ${p.location}</p>`,
    `<p>date: ${p.date.toDateString()}</p>`,
  ].join("\n");
}
```

そして仕上げに「**関数名の変更（p.130）**」を行います。

```
function renderPerson(outStream, person) {
  const result = [];
  result.push(`<p>${person.name}</p>`);
  result.push(renderPhoto(person.photo));
  result.push(emitPhotoData(person.photo));
  return result.join("\n");
}

function photoDiv(aPhoto) {
  return [
    "<div>",
    emitPhotoData(aPhoto),
    "</div>",
  ].join("\n");
}

function emitPhotoData(aPhoto) {
  return [
    `<p>title: ${aPhoto.title}</p>`,
    `<p>location: ${aPhoto.location}</p>`,
    `<p>date: ${aPhoto.date.toDateString()}</p>`,
  ].join("\n");
}
```

また、ここではパラメータ名を自分のネーミング規約に合わせて変更しました。

ステートメントの呼び出し側への移動

逆：ステートメントの関数内への移動（p.221）

```
emitPhotoData(outStream, person.photo);

function emitPhotoData(outStream, photo) {
  outStream.write(`<p>title: ${photo.title}</p>\n`);
  outStream.write(`<p>location: ${photo.location}</p>\n`);
}
```

```
emitPhotoData(outStream, person.photo);
outStream.write(`<p>location: ${person.photo.location}</p>\n`);

function emitPhotoData(outStream, photo) {
  outStream.write(`<p>title: ${photo.title}</p>\n`);
}
```

動機

　関数は、私たちプログラマが構築する抽象化の基本的な構成要素です。そして、他の抽象化と同様に、いつも境界線を正しく引けるわけではありません。多くの有用なソフトウェアがそうであるように、コードベースの機能は変化しますが、その際に抽象化の境界線がいつの間にか変わっていることがあります。これは関数について言うと、ある時期には凝集度の高い不可分な単位の振る舞いだったものが、異質なものが混ざりあったものに変わっていることを意味します。

　境界線の変化に気づくのは、複数箇所で利用していた共通の振る舞いを、一部の呼び出しに対してだけ変更する必要が出てきた場合です。そうしたときは、変更の対象となる振る舞いを、関数から呼び出し側に移動する必要があります。その場合、「**ステートメントのスライド（p.231）**」を行って、その振る舞いを関数の最初または最後に移動し、その後で「**ステートメントの呼び出し側への移動**」を行います。振る舞いを変えたいコードを呼び出し側に移動しておけば、必要なときにいつでも変更できます。

　「**ステートメントの呼び出し側への移動**」は小さな変更に対してうまく機能します。呼び出し側と呼び出される側の境界線をあらためて定義し直す必要がある場合には、まず「**関数のインライ**

第 8 章　特性の移動

ン化（p.121）」を行い、次にステートメントをスライドした後で、より良い境界線となる新しい
関数を抽出する方法が最善です。

手順

- 呼び出し側が一つか二つで、呼び出される関数が単純な場合は、その関数から最初の行を
  カットして、呼び出し側にペーストする。テストすれば終わりである。
- 呼び出し側が多い場合は、「移動したくない」すべてのステートメント群を対象に「関数の抽
  出（p.112）」を行う。一時的な、しかし簡単に検索できる名前を付ける。
  - 関数がサブクラスによってオーバーライドされるメソッドの場合は、それらのメソッドすべて
    に対してこの抽出を行い、残すべきメソッドがすべてのクラスで同じになるようにする。それ
    が終わったら、サブクラスで抽出したメソッドを削除する。
- 元の関数に対して「関数のインライン化（p.121）」を行う。
- 抽出した関数に「関数宣言の変更（p.130）」を行って元の名前に変更する。
  - もし思いつくなら、より良い名前に変更する。

例

単純なケースとして、二つの呼び出し元を持つ関数を例に取ります。

```
function renderPerson(outStream, person) {
  outStream.write(`<p>${person.name}</p>\n`);
  renderPhoto(outStream, person.photo);
  emitPhotoData(outStream, person.photo);
}

function listRecentPhotos(outStream, photos) {
  photos
    .filter(p => p.date > recentDateCutoff())
    .forEach(p => {
      outStream.write("<div>\n");
      emitPhotoData(outStream, p);
      outStream.write("</div>\n");
    });
}

function emitPhotoData(outStream, photo) {
  outStream.write(`<p>title: ${photo.title}</p>\n`);
  outStream.write(`<p>date: ${photo.date.toDateString()}</p>\n`);
  outStream.write(`<p>location: ${photo.location}</p>\n`);
}
```

listRecentPhotos 関数における位置情報のレンダリングは変更する必要があるものの、

226

renderPerson 関数での処理はそのままに保ちたいとします。この変更を簡単に行うために、emitPhotoData 関数の最終行に対して「**ステートメントの呼び出し側への移動**」を行います。

このような単純なケースの場合、通常は emitPhotoData 内の最終行をカットして、二つの呼び出しの下にペーストすれば済みます。とはいえ、ここではもっと複雑なケースで行うべきことを説明したいので、より洗練された、しかし安全な手順を説明します。

最初のステップでは、emitPhotoData に残したいコードに対して「**関数の抽出（p.112）**」を行います。

```
function renderPerson(outStream, person) {
  outStream.write(`<p>${person.name}</p>\n`);
  renderPhoto(outStream, person.photo);
  emitPhotoData(outStream, person.photo);
}

function listRecentPhotos(outStream, photos) {
  photos
    .filter(p => p.date > recentDateCutoff())
    .forEach(p => {
      outStream.write("<div>\n");
      emitPhotoData(outStream, p);
      outStream.write("</div>\n");
    });
}

function emitPhotoData(outStream, photo) {
  zztmp(outStream, photo);
  outStream.write(`<p>location: ${photo.location}</p>\n`);
}

function zztmp(outStream, photo) {
  outStream.write(`<p>title: ${photo.title}</p>\n`);
  outStream.write(`<p>date: ${photo.date.toDateString()}</p>\n`);
}
```

通常、抽出した関数の名前は一時的なものなので、意味のある名前をひねり出そうと悩んだりはしません。しかし、簡単に grep できる名前にしておくと便利です。この時点でテストしておけば、関数呼び出しの境界線を変えてもコードが正しく動作することを確認できます。

次に、各呼び出しに対して順次「**関数のインライン化（p.121）**」を行います。renderPerson から始めます。

```
function renderPerson(outStream, person) {
  outStream.write(`<p>${person.name}</p>\n`);
  renderPhoto(outStream, person.photo);
  zztmp(outStream, person.photo);
  outStream.write(`<p>location: ${person.photo.location}</p>\n`);
}
```

第 8 章　特性の移動

```
function listRecentPhotos(outStream, photos) {
  photos
    .filter(p => p.date > recentDateCutoff())
    .forEach(p => {
      outStream.write("<div>\n");
      emitPhotoData(outStream, p);
      outStream.write("</div>\n");
    });
}

function emitPhotoData(outStream, photo) {
  zztmp(outStream, photo);
  outStream.write(`<p>location: ${photo.location}</p>\n`);
}

function zztmp(outStream, photo) {
  outStream.write(`<p>title: ${photo.title}</p>\n`);
  outStream.write(`<p>date: ${photo.date.toDateString()}</p>\n`);
}
```

再度テストして、呼び出しが正しく機能することを確認したら、次に進みます。

```
function renderPerson(outStream, person) {
  outStream.write(`<p>${person.name}</p>\n`);
  renderPhoto(outStream, person.photo);
  zztmp(outStream, person.photo);
  outStream.write(`<p>location: ${person.photo.location}</p>\n`);
}

function listRecentPhotos(outStream, photos) {
  photos
    .filter(p => p.date > recentDateCutoff())
    .forEach(p => {
      outStream.write("<div>\n");
      zztmp(outStream, p);
      outStream.write(`<p>location: ${p.location}</p>\n`);
      outStream.write("</div>\n");
    });
}

function emitPhotoData(outStream, photo) {
  zztmp(outStream, photo);
  outStream.write(`<p>location: ${photo.location}</p>\n`);
}

function zztmp(outStream, photo) {
  outStream.write(`<p>title: ${photo.title}</p>\n`);
  outStream.write(`<p>date: ${photo.date.toDateString()}</p>\n`);
}
```

次に、外側の関数を削除して、「**関数のインライン化（p.121）**」を完了します。

228

ステートメントの呼び出し側への移動

```
function renderPerson(outStream, person) {
  outStream.write(`<p>${person.name}</p>\n`);
  renderPhoto(outStream, person.photo);
  zztmp(outStream, person.photo);
  outStream.write(`<p>location: ${person.photo.location}</p>\n`);
}

function listRecentPhotos(outStream, photos) {
  photos
    .filter(p => p.date > recentDateCutoff())
    .forEach(p => {
      outStream.write("<div>\n");
      zztmp(outStream, p);
      outStream.write(`<p>location: ${p.location}</p>\n`);
      outStream.write("</div>\n");
    });
}

function emitPhotoData(outStream, photo) {
  zztmp(outStream, photo);
  outStream.write(`<p>location: ${photo.location}</p>\n`);
}

function zztmp(outStream, photo) {
  outStream.write(`<p>title: ${photo.title}</p>\n`);
  outStream.write(`<p>date: ${photo.date.toDateString()}</p>\n`);
}
```

そして zztmp の名前を元に戻します。

```
function renderPerson(outStream, person) {
  outStream.write(`<p>${person.name}</p>\n`);
  renderPhoto(outStream, person.photo);
  emitPhotoData(outStream, person.photo);
  outStream.write(`<p>location: ${person.photo.location}</p>\n`);
}

function listRecentPhotos(outStream, photos) {
  photos
    .filter(p => p.date > recentDateCutoff())
    .forEach(p => {
      outStream.write("<div>\n");
      emitPhotoData(outStream, p);
      outStream.write(`<p>location: ${p.location}</p>\n`);
      outStream.write("</div>\n");
    });
}

function emitPhotoData(outStream, photo) {
  outStream.write(`<p>title: ${photo.title}</p>\n`);
  outStream.write(`<p>date: ${photo.date.toDateString()}</p>\n`);
}
```

8

229

Replace Inline Code with Function Call

関数呼び出しによるインラインコードの置き換え

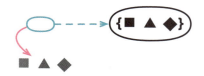

```
let appliesToMass = false;
for(const s of states) {
  if (s === "MA") appliesToMass = true;
}
```

```
appliesToMass = states.includes("MA");
```

動機

　関数を利用することで、複数の振る舞いをまとめることができます。関数は理解にも役立ちます。名前の付いた関数は、コードの仕組みではなく目的を説明できるからです。重複の除去という点でも有意義です。同じコードを2回書く代わりに関数を呼び出すだけで済むからです。ロジックを変更する必要が生じた場合には、漏れなく変更するために類似したコードを調べる必要がなくなります（呼び出し側を調べて、すべてをロジック変更の対象にすべきかを確認する必要があるかもしれませんが、それが必要なケースは少なく、さほど難しくありません）。

　既存の関数と同じ処理をしているインラインコードがある場合、通常はそのインラインコードを関数呼び出しに置き換えます。例外は、たまたまコードが類似しているだけとみなせる場合です。そうしたときは、関数本体を変更しても、インラインコードの動作は変更したくありません。一つの指針は関数名です。良い関数名ならば、インラインコードと置き換えたときに意味を成すはずです。意味を成さない場合は、名前が不適切だからかもしれません（そのときは「**関数名の変更（p.130）**」を行って修正します）。あるいは、その状況では関数の目的が必要されるものと異なっているからかもしれません。その場合はその関数を呼び出すべきではありません。

　ライブラリ関数群の呼び出しを使ってこのリファクタリングを行えた場合、特に満足のいくものになります。関数本体を書く必要がないからです。

手順

- インラインコードを既存の関数の呼び出しで置き換える。
- テストする。

ステートメントのスライド

Slide Statements

旧：重複した条件記述の断片の統合

```
const pricingPlan = retrievePricingPlan();
const order = retreiveOrder();
let charge;
const chargePerUnit = pricingPlan.unit;
```

```
const pricingPlan = retrievePricingPlan();
const chargePerUnit = pricingPlan.unit;
const order = retreiveOrder();
let charge;
```

動機

　互いに関係する処理が並んでいると、コードは理解しやすくなります。同じデータ構造にアクセスするコードが複数行ある場合、他のデータ構造にアクセスするコードと混在させずに、それらだけをまとめるべきです。そのための最も素朴な方法は、「**ステートメントのスライド**」を行って該当するコードを集めることです。この非常に典型的なケースは、変数の宣言と利用です。すべての変数を関数の先頭で宣言するやり方を好む人たちもいますが、私は利用する直前に変数を宣言するほうを選びます。

　通常、関係するコードをまとめる作業は、別のリファクタリングの準備として行います。よくあるのは「関数の抽出（p.112）」の準備です。関係するコードを明確に分離された関数に格納することは、連続したコード行にまとめるよりも分離の仕方としてすぐれていますが、そもそもコードがまとまっていなければ「関数の抽出（p.112）」は行えません。

手順

- コード断片の移動先を特定する。移動元と移動先の間のステートメントを調べて、スライドする候補のコード断片によって干渉が起きないかを確認する。干渉が起きる場合はあきらめる。
    - コード断片は、それが参照する要素の宣言より前にはスライドできない。
    - コード断片は、それを参照する要素より後にはスライドできない。
    - コード断片は、それが参照する要素を変更するステートメントを越えてスライドできない。

第 8 章　特性の移動

- ある要素を変更するコード断片は、変更対象の要素を参照する他の要素を越えてスライドできない。

- ソースからコード断片を切り取り、移動先の場所に貼り付ける。

- テストする。

　テストが失敗した場合は、スライドを小さなステップに分割してみてください。スライド先を近くにするか、スライドするコード断片の量を減らしてみるとよいでしょう。

例

　コード断片をスライドする際には、判断すべきことが二つあります。それは、どんなスライドをしたいのか、実際にスライドできるのかです。前者は、状況に大きく依存します。最も単純なレベルとしては、利用する場所の近くで要素を宣言したいので、利用場所の直前に宣言をスライドさせることがよくあります。しかしほとんどの場合、コードをスライドするのは別のリファクタリングのためです。典型的には「関数の抽出（p.112）」をするために、コードをスライドして 1 か所に集めます。

　コードをスライドしたい場所が決まったら、次はそれを行えるかどうかを判断します。そのためには、スライドしたいコードと、スライド前後にあるコードを調べる必要があります。それらのコードが互いに干渉して、プログラムの外部仕様を変えてしまわないかどうかを確認します。

　次のコード断片を検討します。

```
 1 const pricingPlan = retrievePricingPlan();
 2 const order = retreiveOrder();
 3 const baseCharge = pricingPlan.base;
 4 let charge;
 5 const chargePerUnit = pricingPlan.unit;
 6 const units = order.units;
 7 let discount;
 8 charge = baseCharge + units * chargePerUnit;
 9 let discountableUnits = Math.max(units - pricingPlan.discountThreshold, 0);
10 discount = discountableUnits * pricingPlan.discountFactor;
11 if (order.isRepeat) discount += 20;
12 charge = charge - discount;
13 chargeOrder(charge);
```

　最初の 7 行は宣言のため、移動は比較的簡単です。たとえば、割引処理に関するコードをまとめたい場合、7 行目の（let discount）を 10 行目（discount = ...）の直前に移動するでしょう。宣言には副作用がなく、他の変数を参照しないため、discount 変数自体を参照する最初の行の直前まで安全に移動できます。これはよくある移動でもあります。割引ロジックに対して「関数の抽出（p.112）」を行いたい場合には、最初に宣言を下に移す必要があるからです。

　副作用を持たない他のコードに対しても同様に分析します。その結果、2 行目（const order

232

= ...）も6行目（const units = ...）の直前まで問題なく移動できることがわかります。

　ここでは、移動先の前後のコードに副作用がないという事実にも助けられています。実際、副作用がないコードは思うがままに、自由に並べ替えることができます。これは、賢明なプログラマがコードから副作用を極力排除しようとする理由の一つです。

　しかし、ここにはちょっとした問題があります。2行目に副作用がないことはどうすればわかるのでしょうか。そのためには、retrieveOrder() の内部を調べて副作用がないことを確認する必要があります（そして、その関数が呼び出す関数をすべて調べ、さらに配下の関数を調べ、と続けます）。実際には、私が自分のコードを書くときは、基本的に「コマンドとクエリの分離原則（Command-Query Separation）」[mf-cqs]に従うので、値を返す関数には副作用がありません。コードベースを把握しているならば、そう確信できます。しかし未知のコードベースで作業するときは、もっと慎重に対処しなければならないでしょう。コードに副作用がないとわかっていることにはとても価値があるので、自分自身のコードではコマンドとクエリの分離原則に従うようにしています。

　副作用のあるコードをスライドするか、副作用のあるコードを越えてスライドするときは、細心の注意を払う必要があります。調べるべきことは、二つのコード断片間に干渉があるかどうかです。たとえば、11行目（if (order.isRepeat) ...）を最終行にスライドしたいとしましょう。しかし、12行目のためにそれはできません。12行目では、11行目で状態が変わる変数を参照しているためです。同様に12行目では、13行目（chargeOrder(charge)）が参照する変数を更新しているため、13行目を前方に移動することはできません。しかし、8行目（charge = baseCharge + ...）を9行目から11行目の間にスライドすることは可能です。なぜなら、共有状態を変更していないからです。

　ここで従うべき最も簡単なルールは、二つのコード断片が参照するデータを一方が更新している場合、片方のコード断片はもう片方を越えてスライドできないということです。ただし、これは常に成り立つルールではありません。次の二つの行では、どちらも問題なくスライドできます。

```
a = a + 10;
a = a + 5;
```

　つまり、スライドによる移動が安全かどうかを判断するには、関係する操作とそれらがどう構成されているかを正しく把握しなければなりません。

　このように状態の更新は熟慮を要するので、できるだけ排除するよう心がけています。さしずめこのコードなら、charge 変数に対して「**変数の分離（p.248）**」を施した後で、コードのあちこちを楽しくスライドすることでしょう。

　今回の例の場合、ローカル変数を変更するだけなので、分析は比較的簡単です。データ構造がもっと複雑な場合、いつ干渉が起こるのかを確かめるのはずっと難しくなります。このため、テストが重要な役割を果たします。コード断片をスライドし、テストを実行し、問題が起きるかどうかを確認します。テストカバレッジが十分なら満足のいくリファクタリングができるでしょう。テストが信頼できない場合は、より慎重に進める必要があります。しかし、それよりも取り

第 8 章　特性の移動

組んでいるコードのテストを改善すべきでしょう。

　スライド後にテストが失敗した場合に最も大事なことは、スライドを小さくすることです。スライド前後に挟まれる行数を 10 行から 5 行に減らしたり、危険に思える行の直前にスライド先を変えたりします。あるいはテストの失敗は、今スライドしても意味がなく、その前に取り組むべきことがあることを示しているのかもしれません。

例：条件文のコードのスライド

　条件文のコードもスライドできます。条件文からロジックを抜き出せば重複を除去することになり、条件文に入れる場合は重複するロジックを追加することになります。

　条件文の二つの節で同じステートメントを書いているコードを例に取ります。

```
let result;
if (availableResources.length === 0) {
  result = createResource();
  allocatedResources.push(result);
} else {
  result = availableResources.pop();
  allocatedResources.push(result);
}
return result;
```

　この場合、条件文の外にコードをスライドできます。それにより、条件文の外側の単一ステートメントに変わります。

```
let result;
if (availableResources.length === 0) {
  result = createResource();
} else {
  result = availableResources.pop();
}
allocatedResources.push(result);
return result;
```

　逆の場合、すなわちコード断片を条件文の中に移動することは、条件の各節でコード断片を重複させることを意味します。

参考情報

　ここで説明したのとほぼ同じものとして、Swap Statement [wake-swap] という名前のリファクタリングがあります。Swap Statement は隣接するコード断片を移動しますが、単一ステートメントのコード断片のみを対象にします。これは「**ステートメントのスライド**」において、スライドするコードとスライドでまたがるコードがどちらも単一のステートメントの場合と考えることができます。このリファクタリングは魅力的です。何しろ、小さなステップで進めることを私はい

つも言い続けているからです。とはいえ小さすぎて、リファクタリングの初心者にとっては、馬鹿げて見えることでしょう。

しかし、私はこのリファクタリングをより大きなコード断片で説明することにしました。なぜなら、それが普段のやり方だからです。大きなスライドが難しい場合は、一度に一つのステートメントしか移動しませんが、大きなスライドで問題に遭遇することはほとんどありません。しかし、より複雑なコードの場合は、スライドを小さくするほうが最終的に簡単になります。

Split Loop

ループの分離

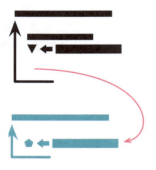

```
let averageAge = 0;
let totalSalary = 0;
for (const p of people) {
  averageAge += p.age;
  totalSalary += p.salary;
}
averageAge = averageAge / people.length;
```

```
let totalSalary = 0;
for (const p of people) {
  totalSalary += p.salary;
}

let averageAge = 0;
for (const p of people) {
  averageAge += p.age;
}
averageAge = averageAge / people.length;
```

動機

　1回のループで処理したいというだけの理由で、二つの異なる処理を同時に行っているループをよく見かけます。しかし、同じループの中で二つの異なる処理をしていると、ループを修正する際には、必ず両方の処理内容を理解しなければならなくなります。ループを分離することで、変更すべき処理だけを理解すればよくなります。

　ループを分離すると、使い勝手も向上します。単一の値を計算するループは、その値を返すだけです。しかし、多くの処理をするループは、構造体を返したり、ローカル変数に代入したりする必要があります。「**ループの分離**」に続けて「**関数の抽出（p.112）**」を行うことがよくあります。

結果としてループを 2 回実行することになるため、多くのプログラムはこのリファクタリングを不快に思うでしょう。私が常に心がけていることは、リファクタリングと最適化の分離です（**リファクタリングとパフォーマンス（p.65）**）。最適化はコードをきれいにした後で行えばよく、ループの走査が性能のボトルネックになっているなら、簡単に元に戻せます。実際には大きなリストに対するループであっても、ボトルネックになることはめったにありません。ループを分離することで、より強力な他の最適化が可能になることもよくあります。

手順

- ループをコピーする。
- 重複による副作用を特定して排除する。
- テストする。

これが終わったら、各ループに対して「**関数の抽出（p.112）**」の適用を検討します。

例

給与総額（totalSalary）と最年少（youngest）を求める短いコードを例に取ります。

```
let youngest = people[0] ? people[0].age : Infinity;
let totalSalary = 0;
for (const p of people) {
  if (p.age < youngest) youngest = p.age;
  totalSalary += p.salary;
}
return `youngestAge: ${youngest}, totalSalary: ${totalSalary}`;
```

非常に簡単なループですが、ここでは二つの異なる処理を行っています。これらを分離するために、まずはループをコピーします。

```
let youngest = people[0] ? people[0].age : Infinity;
let totalSalary = 0;
for (const p of people) {
  if (p.age < youngest) youngest = p.age;
  totalSalary += p.salary;
}

for (const p of people) {
  if (p.age < youngest) youngest = p.age;
  totalSalary += p.salary;
}

return `youngestAge: ${youngest}, totalSalary: ${totalSalary}`;
```

第 8 章　特性の移動

　ループをコピーすると重複のせいで計算結果がおかしくなる場合があるので、そうした重複を取り除く必要があります。ループ内に副作用がなければ放置しておくこともできますが、この例には当てはまりません。

```
let youngest = people[0] ? people[0].age : Infinity;
let totalSalary = 0;
for (const p of people) {
  if (p.age < youngest) youngest = p.age;
  totalSalary += p.salary;
}

for (const p of people) {
  if (p.age < youngest) youngest = p.age;
  totalSalary += p.salary;
}

return `youngestAge: ${youngest}, totalSalary: ${totalSalary}`;
```

　正式には、これで「**ループの分離**」のリファクタリングは終わりです。しかし「**ループの分離**」の目的は、それ自体ではなく、次の一手のために準備することです。通常は、ループをそれぞれ独立した関数に抽出できないかを調べます。まずは「**ステートメントのスライド（p.231）**」を行ってコードを少しだけ再構成します。

```
let totalSalary = 0;
for (const p of people) {
  totalSalary += p.salary;
}

let youngest = people[0] ? people[0].age : Infinity;
for (const p of people) {
  if (p.age < youngest) youngest = p.age;
}

return `youngestAge: ${youngest}, totalSalary: ${totalSalary}`;
```

次に、「**関数の抽出（p.112）**」を 2 回行います。

```
return `youngestAge: ${youngestAge()}, totalSalary: ${totalSalary()}`;

function totalSalary() {
  let totalSalary = 0;
  for (const p of people) {
    totalSalary += p.salary;
  }
  return totalSalary;
}

function youngestAge() {
```

238

```
  let youngest = people[0] ? people[0].age : Infinity;
  for (const p of people) {
    if (p.age < youngest) youngest = p.age;
  }
  return youngest;
}
```

　ここまで来ると、どうしても totalSalary に「**パイプラインによるループの置き換え（p.240）**」を適用せずにはいられなくなります。また、youngestAge には当然「**アルゴリズムの置き換え（p.202）**」ができます。

```
return `youngestAge: ${youngestAge()}, totalSalary: ${totalSalary()}`;

function totalSalary() {
  return people.reduce((total,p) => total + p.salary, 0);
}
function youngestAge() {
  return Math.min(...people.map(p => p.age));
}
```

パイプラインによるループの置き換え

Replace Loop with Pipeline

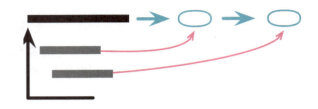

```
const names = [];
for (const i of input) {
  if (i.job === "programmer")
    names.push(i.name);
}
```

```
const names = input
  .filter(i => i.job === "programmer")
  .map(i => i.name)
;
```

動機

　多くのプログラマと同様に、私もオブジェクトの集合の反復処理にはループを使うように教えられました。しかし言語環境は、よりすぐれた仕組みとしてコレクションのパイプラインを提供するようになりました。コレクションのパイプライン [mf-cp] を使用すると、コレクションを消費したり出力したりする各処理を一連の操作として記述できます。こうした操作で最も一般的なものは、入力コレクションの各要素に関数を適用して変換する map と、パイプラインの後続ステップのために関数を適用して入力コレクションの一部を抽出する filter です。パイプライン構造で表現すると、ロジックを追うのがはるかに簡単になります。パイプラインを通過するオブジェクト群の流れを上から下に向かって読むことができるからです。

手順

- ループ処理のコレクション用に新しい変数を作成する。
  - 既存の変数を単純にコピーしてもよい。
- ループ内の各処理を上から一つずつ取り出し、コレクションのパイプライン操作に置き換えて、ループ処理のコレクション用変数を加工するパイプラインに付け加える。変更のたびにテストする。
- すべての処理をループから削除できたら、ループを取り除く。

パイプラインによるループの置き換え

- ループの処理結果がアキュムレータに格納される場合は、その変数にパイプラインの結果を割り当てる。

例

私たちのオフィス[訳注1]に関する CSV ファイルを例に取ります。

```
office, country, telephone
Chicago, USA, +1 312 373 1000
Beijing, China, +86 4008 900 505
Bangalore, India, +91 80 4064 9570
Porto Alegre, Brazil, +55 51 3079 3550
Chennai, India, +91 44 660 44766
```

... (さらにデータが続く)

次の関数では、インドのオフィスを選んで都市名と電話番号を返しています。

```
function acquireData(input) {
  const lines = input.split("\n");
  let firstLine = true;
  const result = [];
  for (const line of lines) {
    if (firstLine) {
      firstLine = false;
      continue;
    }
    if (line.trim() === "") continue;
    const record = line.split(",");
    if (record[1].trim() === "India") {
      result.push({city: record[0].trim(), phone: record[2].trim()});
    }
  }
  return result;
}
```

このループをコレクションのパイプラインに置き換えます。
まずは、ループを置き換えるための変数を別に作成します。

```
function acquireData(input) {
  const lines = input.split("\n");
  let firstLine = true;
  const result = [];
  const loopItems = lines
  for (const line of loopItems) {
    if (firstLine) {
```

訳注1 著者が所属する ThoughtWorks 社のオフィスの情報。

241

第 8 章　特性の移動

```
      firstLine = false;
      continue;
    }
    if (line.trim() === "") continue;
    const record = line.split(",");
    if (record[1].trim() === "India") {
      result.push({city: record[0].trim(), phone: record[2].trim()});
    }
  }
  return result;
}
```

　ループ内の最初の処理は、CSV ファイルの 1 行目を読み飛ばしているだけです。これは slice 関数で処理できるため、ループの最初の部分を削除し、slice 操作をループ変数に対するパイプラインに追加します。

```
function acquireData(input) {
  const lines = input.split("\n");
  let firstLine = true;
  const result = [];
  const loopItems = lines
        .slice(1);
  for (const line of loopItems) {
    if (firstLine) {
      firstLine = false;
      continue;
    }
    if (line.trim() === "") continue;
    const record = line.split(",");
    if (record[1].trim() === "India") {
      result.push({city: record[0].trim(), phone: record[2].trim()});
    }
  }
  return result;
}
```

　この変更のおかげで firstLine 変数を削除できました。こうした制御用変数の削除は特にうれしいものです。

　続く空白行の削除処理は、filter 操作に置換できます。

```
function acquireData(input) {
  const lines = input.split("\n");
  const result = [];
  const loopItems = lines
        .slice(1)
        .filter(line => line.trim() !== "")
        ;
  for (const line of loopItems) {
    if (line.trim() === "") continue;
```

242

```
    const record = line.split(",");
    if (record[1].trim() === "India") {
      result.push({city: record[0].trim(), phone: record[2].trim()});
    }
  }
  return result;
}
```

パイプラインを書くときには、終端のセミコロンを専用の行に書くのがお勧めです。

次に map 操作で、行を文字列の配列に変換します。元の関数内の record という変数名は不適切ですが、この段階では名前は変えずに、後で変更するほうが安全です。

```
function acquireData(input) {
  const lines = input.split("\n");
  const result = [];
  const loopItems = lines
        .slice(1)
        .filter(line => line.trim() !== "")
        .map(line => line.split(","))
        ;
  for (const line of loopItems) {
    const record = line;.split(",");
    if (record[1].trim() === "India") {
      result.push({city: record[0].trim(), phone: record[2].trim()});
    }
  }
  return result;
}
```

再度 filter 操作を行って、インドのレコードだけを抽出します。

```
function acquireData(input) {
  const lines = input.split("\n");
  const result = [];
  const loopItems = lines
        .slice(1)
        .filter(line => line.trim() !== "")
        .map(line => line.split(","))
        .filter(record => record[1].trim() === "India")
        ;
  for (const line of loopItems) {
    const record = line;
    if (record[1].trim() === "India") {
      result.push({city: record[0].trim(), phone: record[2].trim()});
    }
  }
  return result;
}
```

第 8 章　特性の移動

出力用のレコード形式に変換するために map を追加します。

```
function acquireData(input) {
  const lines = input.split("\n");
  const result = [];
  const loopItems = lines
        .slice(1)
        .filter(line => line.trim() !== "")
        .map(line => line.split(","))
        .filter(record => record[1].trim() === "India")
        .map(record => ({city: record[0].trim(), phone: record[2].trim()}))
        ;
  for (const line of loopItems) {
    const record = line;
    result.push(line);
  }
  return result;
}
```

この段階になると、ループで処理しているのはアキュムレータに値を格納することだけになりました。そのためループを削除し、パイプラインの処理結果をアキュムレータに割り当てます。

```
function acquireData(input) {
  const lines = input.split("\n");
  const result = lines
        .slice(1)
        .filter(line => line.trim() !== "")
        .map(line => line.split(","))
        .filter(record => record[1].trim() === "India")
        .map(record => ({city: record[0].trim(), phone: record[2].trim()}))
        ;
  for (const line of loopItems) {
    const record = line;
    result.push(line);
  }
  return result;
}
```

ここまでが、このリファクタリングの中核部分です。しかし、もう少しきれいにしたいと思います。result 変数をインライン化し、いくつかのラムダ式のパラメータ名を変更し、レイアウトをテーブルのようにして読みやすくしました。

```
function acquireData(input) {
  const lines = input.split("\n");
  return lines
        .slice   (1)
        .filter (line    => line.trim() !== "")
        .map     (line    => line.split(","))
```

244

```
      .filter (fields => fields[1].trim() === "India")
      .map    (fields => ({city: fields[0].trim(), phone: fields[2].trim()}))
      ;
}
```

lines 変数をインライン化することも考えましたが、この変数は処理内容を説明しているように思えたため残しました。

参考情報

ループをパイプラインに変換する例については、私の書いた「Refactoring with Loops and Collection Pipelines」[mf-ref-pipe] を参照してください。

Remove Dead Code

デッドコードの削除

```
if(false) {
  doSomethingThatUsedToMatter();
}
```

動機

　コードが実稼働すると、人々が利用するデバイス上のものであっても、重さによって課金されることはありません。少量の未使用コードがシステムの速度を落とすことはなく、多量のメモリを占有することもありません。実際に、よくできたコンパイラは目ざとくそれらを削除します。しかしそうだとしても、未使用コードはソフトウェアの動作を把握しようとする際の大きな足かせとなります。プログラマに対して、その関数が決して呼ばれないので無視してよい、という警告サインはありません。このため、そのコードが何をやっているのか、変更しても期待する結果になぜ影響を与えないのかを理解するために時間を費やすことになります。

　コードが使用されなくなったら削除すべきです。そのコードが将来必要になるかもしれないなどという心配はしません。必要になったらいつでも、バージョン管理システムから再び掘り起こせるからです。本当に将来必要になるかもしれないと思うならば、削除するコードと、削除したリビジョンに関してコードにコメントを残すかもしれません。しかし正直なところ、それを最後にやったのがいつなのかを思い出せませんし、そうしなかったことを後悔した記憶もありません。

　デッドコードのコメントアウトは、かつては一般的な習慣でした。それは、バージョン管理システムが広く使用される以前の時代や、使いづらかった時代には有用でした。現在では、とても小さなコードベースでもバージョン管理システムに置けるため、もはや必要のない習慣です。

手順

- デッドコードが外部から参照できる場合、たとえばそれが独立した関数の場合は、呼び出しが残っていないことを確認するために検索する。
- デッドコードを削除する。
- テストする。

第9章

データの再編成

　データ構造はプログラムに対して重要な役割を果たします。このため、それらに焦点を当てたリファクタリング群があることに大きな驚きはないでしょう。一つの値を異なる目的で利用すると混乱やバグの温床になります。そうしたときには、「**変数の分離（p.248）**」を行って用途ごとに変数を分けます。他のプログラム要素と同様に、変数に適切な名前を付けるのは難しいですが、重要なことです。そのため、「**変数名の変更（p.143）**」にはよくお世話になります。しかしときには、変数を完全に取り除くことが最善なこともあります。その場合は「**問い合わせによる導出変数の置き換え（p.256）**」を行います。

　参照オブジェクトと値オブジェクトの混乱による問題をコードベース内で見つけることがよくあります。そのときは「**参照から値への変更（p.260）**」あるいは「**値から参照への変更（p.264）**」を行って、スタイルを変更します。

247

Split Variable

変数の分離

旧：パラメータへの代入の除去
旧：一時変数の分離

```
let temp = 2 * (height + width);
console.log(temp);
temp = height * width;
console.log(temp);
```

```
const perimeter = 2 * (height + width);
console.log(perimeter);
const area = height * width;
console.log(area);
```

動機

　変数はさまざまな使い方をされます。そうした使い方の中には、変数に何度も代入することが不可欠なものもあります。ループ用変数は、ループが1回まわるごとに変化します（`for (let i=0; i<10; i++)` の i など）。収集用変数は、メソッドで処理した値を一つに集めます。

　その他の多くの変数は、長く曲がりくねったコードの結果を保持し、後から参照しやすくするためのものです。この手の変数を設定するのは、一度だけにすべきです。何度も設定するということは、そのメソッドにおいて変数が複数の責務を持っていることを示唆しています。責務を複数持つ変数は、それぞれの責務を持つ一つの変数で置き換えるべきです。一つの変数を二つのことに使うと、コードの読み手が非常に混乱します。

手順

- 宣言時と最初の代入時の変数名を変える。
  - 後の処理で `i = i + something` の形式で代入している場合は収集用変数なので、別の変数を作ってはいけない。収集用変数は、集計、文字列の連結、ストリームへの書き込み、コレクションへの追加などでよく使われる。
- 可能ならば、新しい変数は変更不可と宣言する。
- 2回目の代入より前にある元の変数へのすべての参照を変更する。

変数の分離

- テストする。
- 代入があるごとに宣言箇所で変数の名前を変更し、次の代入までの参照を変更する。最終的な代入に達するまでこれを順次繰り返す。

例

　この例では、ハギス^{訳注1}が動いた距離を計算します。始めは静止しているハギスに、最初の力が加わります。しばらくして次の力が加わり、ハギスをさらに加速させます。一般的な運動の法則を使えば、移動距離は次のように計算できます。

```
function distanceTravelled (scenario, time) {
  let result;
  let acc = scenario.primaryForce / scenario.mass;
  let primaryTime = Math.min(time, scenario.delay);
  result = 0.5 * acc * primaryTime * primaryTime;
  let secondaryTime = time - scenario.delay;
  if (secondaryTime > 0) {
    let primaryVelocity = acc * scenario.delay;
    acc = (scenario.primaryForce + scenario.secondaryForce) / scenario.mass;
    result += primaryVelocity * secondaryTime + 0.5 * acc * secondaryTime * secondaryTime;
  }
  return result;
}
```

　なんと扱いにくく、しみったれた関数でしょう。この例で興味を引くところは、acc 変数に値を 2 回代入しているところです。この変数は二つの責務を持っています。一つは最初の力で加えられた初期加速度を保持することで、もう一つは最初と 2 回目の両方の力による加速度を保持することです。この変数を分離したいと思います。

　　　変数の使い方を把握しようとするときに、エディタが関数またはファイル内シンボルのすべての出現箇所を強調表示してくれるのは便利です。最近のほとんどのエディタを使えば、これを非常に簡単に行えます。

　まず、この変数の名前を変えて、その新たな名前を const として宣言します。続いて、そこから次の代入箇所までのその変数への参照を変更します。次の代入で、元の変数を宣言します。

```
function distanceTravelled (scenario, time) {
  let result;
  const primaryAcceleration = scenario.primaryForce / scenario.mass;
  let primaryTime = Math.min(time, scenario.delay);
  result = 0.5 * primaryAcceleration * primaryTime * primaryTime;
```

訳注1　ハギス(haggis)は羊の臓物を刻んで胃袋に詰めて煮込んだスコットランドの伝統料理で、著者はこれが嫌いと見える。ハギスハーリング(Haggis hurling)という、ハギスを投げ飛ばすお遊びの競技がある。

第9章　データの再編成

```
    let secondaryTime = time - scenario.delay;
    if (secondaryTime > 0) {
      let primaryVelocity = primaryAcceleration * scenario.delay;
      let acc = (scenario.primaryForce + scenario.secondaryForce) / scenario.mass;
      result += primaryVelocity * secondaryTime + 0.5 * acc * secondaryTime * secondaryTime;
    }
    return result;
  }
```

　ここでは元の変数の最初の使い方だけを表現する新たな名前を付けました。この変数には一度しか代入されないことを保証するため、const を指定しています。元の変数は次の代入のところで宣言すればよいでしょう。これで、テストが可能になり、すべてうまくいくはずです。

　続いて、この変数への次の代入に取りかかります。これが終わると、元の変数名は完全に取り除かれて、使い方に合った新しい変数名に置き換わります。

```
  function distanceTravelled (scenario, time) {
    let result;
    const primaryAcceleration = scenario.primaryForce / scenario.mass;
    let primaryTime = Math.min(time, scenario.delay);
    result = 0.5 * primaryAcceleration * primaryTime * primaryTime;
    let secondaryTime = time - scenario.delay;
    if (secondaryTime > 0) {
      let primaryVelocity = primaryAcceleration * scenario.delay;
      const secondaryAcceleration = (scenario.primaryForce + scenario.secondaryForce) / scenario.mass;
      result += primaryVelocity * secondaryTime +
        0.5 * secondaryAcceleration * secondaryTime * secondaryTime;
    }
    return result;
  }
```

　読者の皆さんはきっと、まだ多くのリファクタリングがやり残されていると思ったことでしょう。ぜひやってみてください（まあ、ハギスを食らうよりもましだと思いますよ。あれって何が入っているか知っていますか）。

例：入力パラメータへの代入

　変数を分離すべき別のケースとして、入力パラメータに代入している場合があります。次の例を見てください。

```
  function discount (inputValue, quantity) {
    if (inputValue > 50) inputValue = inputValue - 2;
    if (quantity > 100) inputValue = inputValue - 1;
    return inputValue;
  }
```

　この例で、inputValue 変数は、関数への入力パラメータと、呼び出し側に戻す結果の保持と

250

の両方の用途で使っています（JavaScript ではパラメータの値渡しができるため、inputValue 変数を変更しても呼び出し側では検知できません）。

　この場合、次のように変数を分離します。

```javascript
function discount (originalInputValue, quantity) {
  let inputValue = originalInputValue;
  if (inputValue > 50) inputValue = inputValue - 2;
  if (quantity > 100) inputValue = inputValue - 1;
  return inputValue;
}
```

より適切な名前にするために「**変数名の変更（p.143）**」を 2 回行います。

```javascript
function discount (inputValue, quantity) {
  let result = inputValue;
  if (inputValue > 50) result = result - 2;
  if (quantity > 100) result = result - 1;
  return result;
}
```

　最後のコードでは、ロジックの 2 行目を変更して、inputValue 変数を元データとして使用したことに気づいたことでしょう。変更前と結果は変わりませんが、この 2 行目は、inputValue 変数の値に基づいて result の値を変更しており、（たまたま同じ値を取る）結果格納用の変数に基づいているわけではないことを明示しています。

Rename Field

フィールド名の変更

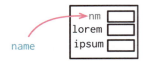

```
class Organization {
  get name() {...}
}
```

⇩

```
class Organization {
  get title() {...}
}
```

動機

　名前は重要です。レコード構造のフィールド名がプログラム全体で広く使われている場合は、特に重要です。データ構造は、プログラムを理解する上でとりわけ重要な役割を果たします。何年も前にフレッド・ブルックス[訳注2]は、「フローチャートを見せてくれても、テーブルを隠されたら、煙に巻かれたままだろう。テーブルを見せてくれれば、通常フローチャートは要らない。それだけですぐわかる」と言いました。最近ではフローチャートを描く人をほとんど見かけなくなりましたが、今もブルックスの金言は生きています。データ構造は何が起こっているのかを理解するための鍵です。

　データ構造は非常に重要なため、明快に保つことが不可欠です。他のことと同様に、データに対する私の理解は、そのソフトウェアで作業をするにつれて深まります。その深まった理解をプログラムに組み込むことがきわめて重要です。

　レコード構造内のフィールド名は変更できますが、その考えはクラスにも同様に適用できます。getter メソッドと setter メソッドは、そのクラスの利用者にとって実質的なフィールドを構成します。それらの名前を変更することは、生のレコード構造のフィールド名の変更と同様に重要です。

手順

- レコードのスコープが限定されている場合は、そのフィールドを使っている箇所のすべての名前を変更してテストする。その場合、残りの手順を行う必要はない。
- レコードがカプセル化されていない場合は、「レコードのカプセル化（p.168）」を行う。

訳注2　Frederick Phillips Brooks, Jr. 米国の計算機科学者。"The Mythical Man-Month"（邦題『人月の神話』）の著者。

- オブジェクト内の非公開フィールドの名前を変更し、内部メソッドを調整する。
- テストする。
- コンストラクタがその名前を使用する場合は、「関数宣言の変更（p.130）」を行って名前を変更する。
- アクセサに対して「関数名の変更（p.130）」を行う。

例：フィールド名を変更する

次のような定数宣言があります。

```
const organization = {name: "Acme Gooseberries", country: "GB"};
```

この name を title に変更したいとします。このオブジェクトはコードベースで広く使用されており、タイトルも更新されます。そこで、まずは「レコードのカプセル化（p.168）」を行います。

```
class Organization {
  constructor(data) {
    this._name = data.name;
    this._country = data.country;
  }
  get name()    {return this._name;}
  set name(aString) {this._name = aString;}
  get country()    {return this._country;}
  set country(aCountryCode) {this._country = aCountryCode;}
}

const organization = new Organization({name: "Acme Gooseberries", country: "GB"});
```

レコード構造をクラスにカプセル化したため、名前を変更するために必要な場所は、getter、setter、コンストラクタ、および内部データ構造の四つになりました。作業量を増やしたように思えるかもしれませんが、実際には作業は簡単になります。なぜなら、すべてを一気に行うのではなく、それぞれを独立した小さな変更で行えるようになったからです。ステップを小さくすると、各ステップで間違えにくくなるため、全体として作業量が減ります。絶対にミスをしないなら作業量は減らないでしょうが、ミスをしないなどということはずっと昔にあきらめた幻想です。

入力データ構造を内部データ構造にコピーしたので、それらを分離して、別々に扱えるようにする必要があります。そのために内部データ構造のフィールド名を変更して、コンストラクタやアクセサを適合させます。

class Organization...
```
class Organization {
  constructor(data) {
```

```
    this._title = data.name;
    this._country = data.country;
  }
  get name()    {return this._title;}
  set name(aString) {this._title = aString;}
  get country()     {return this._country;}
  set country(aCountryCode) {this._country = aCountryCode;}
}
```

次に、コンストラクタで title をサポートします。

class Organization...
```
  class Organization {
    constructor(data) {
      this._title = (data.title !== undefined) ? data.title : data.name;
      this._country = data.country;
    }
    get name()    {return this._title;}
    set name(aString) {this._title = aString;}
    get country()     {return this._country;}
    set country(aCountryCode) {this._country = aCountryCode;}
  }
```

これにより、コンストラクタの呼び出し側では、name, title のどちらも使えるようになりました（title が優先されます）。このため、コンストラクタの呼び出し側をすべて調べて、一つずつ新しい名前を使用するように変更できます。

```
  const organization = new Organization({title: "Acme Gooseberries", country: "GB"});
```

すべてが済んだら、name のサポートは打ち切ることができます。

class Organization...
```
  class Organization {
    constructor(data) {
      this._title = data.title;
      this._country = data.country;
    }
    get name()    {return this._title;}
    set name(aString) {this._title = aString;}
    get country()     {return this._country;}
    set country(aCountryCode) {this._country = aCountryCode;}
  }
```

コンストラクタとデータで新しい名前を使うようになったので、アクセサを変更できます。これはそれぞれに「関数名の変更（p.130）」を行うだけなので簡単です。

class Organization...

```
class Organization {
  constructor(data) {
    this._title = data.title;
    this._country = data.country;
  }
  get title()     {return this._title;}
  set title(aString) {this._title = aString;}
  get country()    {return this._country;}
  set country(aCountryCode) {this._country = aCountryCode;}
}
```

　ここでは、データ構造が広範囲で使われている場合に必要となる、最も重厚な形式の手順を説明しました。単一の関数内のように局所的に使われているだけの場合は、カプセル化しなくてもさまざまなプロパティ名の変更を一度に行えるでしょう。この完全な手順をどんなときに適用するかは考えどころです。リファクタリングの常として、テストが失敗したら、それはもっと慎重な手順を採用すべきという兆候です。

　データ構造を変更不可にできる言語もあります。その場合、カプセル化する代わりに、その値を新しい名前の変数にコピーし、利用側を段階的に変更した後で古い名前を削除できます。変更可能なデータ構造に対してデータの複製を行うことは、トラブルの原因になります。変更不可のデータが好ましい理由は、そうしたトラブルを回避できるからです。

Replace Derived Variable with Query

問い合わせによる導出変数の置き換え

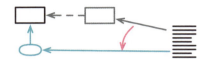

```
get discountedTotal() {return this._discountedTotal;}
set discount(aNumber) {
  const old = this._discount;
  this._discount = aNumber;
  this._discountedTotal += old - aNumber;
}
```

```
get discountedTotal() {return this._baseTotal - this._discount;}
set discount(aNumber) {this._discount = aNumber;}
```

動機

　ソフトウェアにおける問題の発生源として大きな割合を占めるのは、変更可能なデータです。データの変更を通じてコードの別々の箇所が厄介な形で結合してしまうことはよくあります。その結果、1か所への変更が見つかりにくい間接的な影響を及ぼします。多くの場合、変更可能なデータを完全に排除することは非現実的ですが、変更可能なデータの影響範囲はできる限り小さくすべきというのが私の主張です。

　この問題への非常に有効な対処法の一つは、簡単に計算できる変数をすべて削除することです。計算によりデータの意味をより明確にできることが多く、また、元データが変更されたときに変数を更新し損ねて、データが壊れるのを防ぐことにもつながります。

　これに対する妥当な例外は、元のデータが変更不可なため計算結果も変更不可にできる場合です。その場合、新しいデータ構造を生成する変換処理は、たとえそれらが計算で置き換え可能だとしても、そのままでかまいません。実際、導出プロパティを含むデータ構造をラップするオブジェクトと、あるデータ構造を別のデータ構造に変換する関数とは、表裏の関係にあります。元のデータが変更されたときに、導出されるデータ構造の存続期間を管理しなければならない場合は、オブジェクトのほうが明らかにすぐれています。しかし、元のデータが変更不可の場合、または導出されたデータがごく一時的なものの場合は、どちらのアプローチも有効です。

手順

- 対象とする変数の更新箇所をすべて特定する。必要に応じて、「変数の分離（p.248）」を行って、それぞれの更新箇所を分離する。

- その変数の値を計算する関数を作る。
- 「アサーションの導入（p.309）」を行って、変数が使用されるたびに、変数と計算結果が同じになることを確認する。
  - 必要に応じて、「変数のカプセル化（p.138）」を行ってアサーションの拠点を用意する。
- テストする。
- 変数の参照処理を新たな関数呼び出しで置き換える。
- テストする。
- 変数の宣言と更新箇所に対して、「デッドコードの削除（p.246）」を行う。

例

次に示すのは小さな例ですが、見苦しさという点では完璧です。

class ProductionPlan...
```
get production() {return this._production;}
applyAdjustment(anAdjustment) {
  this._adjustments.push(anAdjustment);
  this._production += anAdjustment.amount;
}
```

　蓼食う虫も好きずきとは言いますが、私には重複が見苦しく映ります。この重複は、よくあるコードの重複ではなく、データの重複です。applyAdjustment が呼び出されると anAdjustment は保持されるだけでなく、アキュムレータの _production を更新するためにも使われます。実際のところ _production の値は更新しなくても簡単に計算できます。

　しかし、私は慎重な人間です。この値を計算できるというのは仮説でしかありません。「**アサーションの導入（p.309）**」を行うことでその仮説を検証できます。

class ProductionPlan...
```
get production() {
  assert(this._production === this.calculatedProduction);
  return this._production;
}

get calculatedProduction() {
  return this._adjustments
    .reduce((sum, a) => sum + a.amount, 0);
}
```

　アサーション付きでテストを実行します。アサーションが失敗しなければ、フィールドを返す処理を計算処理に置換できます。

class ProductionPlan...
```
get production() {
  assert(this._production === this.calculatedProduction);
  return this.calculatedProduction;
}
```

そして、「**関数のインライン化（p.121）**」を行います。

class ProductionPlan...
```
get production() {
  return this._adjustments
    .reduce((sum, a) => sum + a.amount, 0);
}
```

古い変数への参照は、「**デッドコードの削除（p.246）**」を行ってきれいにします。

class ProductionPlan...
```
applyAdjustment(anAdjustment) {
  this._adjustments.push(anAdjustment);
  this._production += anAdjustment.amount;
}
```

例：複数の元データ

前の例は、_production 変数の値の元データが明確に一つだけだったので単純明快でした。しかしときには、複数の要素がアキュムレータ内で組み合わさる場合があります。

class ProductionPlan...
```
constructor (production) {
  this._production = production;
  this._adjustments = [];
}
get production() {return this._production;}
applyAdjustment(anAdjustment) {
  this._adjustments.push(anAdjustment);
  this._production += anAdjustment.amount;
}
```

先ほどと同様に「**アサーションの導入（p.309）**」を行うと、今回は _production の初期値がゼロでなかった場合に失敗します。

しかし、この場合でも導出データの置き換えは可能です。唯一の違いは、最初に「**変数の分離（p.248）**」を行う必要があることです。

```
constructor (production) {
  this._initialProduction = production;
  this._productionAccumulator = 0;
  this._adjustments = [];
}
get production() {
  return this._initialProduction + this._productionAccumulator;
}
```

これで「**アサーションの導入（p.309）**」が可能になります。

class ProductionPlan...
```
get production() {
  assert(this._productionAccumulator === this.calculatedProductionAccumulator);
  return this._initialProduction + this._productionAccumulator;
}

get calculatedProductionAccumulator() {
  return this._adjustments
    .reduce((sum, a) => sum + a.amount, 0);
}
```

この後は、先ほどと同様に進めることができます。しかしこの例の場合、`calculated`
`ProductionAccumulator` はインライン化せずに、それ自体をプロパティとして残すでしょう。

Change Reference to Value

参照から値への変更

逆：値から参照への変更（p.264）

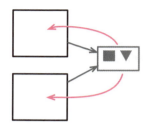

```
class Product {
  applyDiscount(arg) {this._price.amount -= arg;}
```

⇩

```
class Product {
  applyDiscount(arg) {
    this._price = new Money(this._price.amount - arg, this._price.currency);
  }
}
```

動機

　オブジェクトやデータ構造を入れ子にする場合、内部オブジェクトは参照または値として扱うことができます。両者の最も明白な違いは、内部オブジェクトのプロパティ更新をどのように処理するかです。参照として扱う場合は、内部オブジェクトのプロパティを更新し、同じ内部オブジェクトを保持します。値として扱う場合は、期待するプロパティを持つ新しい内部オブジェクトにまるごと置き換えます。

　あるフィールドを値として扱う場合、内部オブジェクトのクラスは「値オブジェクト（Value Object）」[mf-vo]に変更できます。値オブジェクトは一般的に仕様の把握が容易で、その理由は変更不可だからです。たいていの場合、変更不可のデータ構造は扱いが簡単です。変更不可のデータ値をプログラムの他の部分に渡しても、保有側のオブジェクトで、知らぬ間に値が変更される心配をする必要はありません。プログラムのあちこちに値をコピーしても、メモリのリンクの維持を気にする必要はありません。値オブジェクトは、分散システムや並行システムで特に有用です。

　このことは、このリファクタリングを適用すべきでない場合についても示唆しています。あるオブジェクトの変更を複数のオブジェクトで共有したい場合、共有オブジェクトは参照のままにしておく必要があります。

手順

● 候補のクラスが変更不可になっているか、あるいは変更不可にできるかどうかを確認する。

● 各 setter に対して、「setter の削除（p.339）」を行う。

● 値ベースの等価判定メソッドを用意し、値オブジェクトのフィールドを使って判定を行う。

　● ほとんどの言語環境では、この目的のためにオーバーライド可能な等価関数を提供している。通常、ハッシュコードを生成するメソッドもオーバーライドする必要がある。

例

ぞんざいな作りの電話番号を保持する Person オブジェクトを例に取ります。

class Person...
```
constructor() {
  this._telephoneNumber = new TelephoneNumber();
}

get officeAreaCode()    {return this._telephoneNumber.areaCode;}
set officeAreaCode(arg) {this._telephoneNumber.areaCode = arg;}
get officeNumber()      {return this._telephoneNumber.number;}
set officeNumber(arg)   {this._telephoneNumber.number = arg;}
```

class TelephoneNumber...
```
get areaCode()     {return this._areaCode;}
set areaCode(arg)  {this._areaCode = arg;}

get number()    {return this._number;}
set number(arg) {this._number = arg;}
```

　これは「**クラスの抽出（p.189）**」の例でリファクタリングした後の状況です。古い親オブジェクトには新しい子オブジェクトに対する更新メソッドがまだ残っています。この新しい Telephone Number クラスへの参照は一つだけのため、「**参照から値への変更**」に適しています。

　最初に行うべきことは、TelephoneNumber（電話番号）を変更不可にすることです。これは、フィールドに対して「**setter の削除（p.339）**」を適用することで行います。「**setter の削除（p.339）**」の最初のステップとして、「**関数宣言の変更（p.130）**」により二つのパラメータを TelephoneNumber のコンストラクタに追加し、そのコンストラクタ内でフィールドに値を設定するようにします。

class TelephoneNumber...
```
constructor(areaCode, number) {
  this._areaCode = areaCode;
  this._number = number;
}
```

第9章　データの再編成

　次に setter の呼び出し側を見てみましょう。setter の呼び出しをそれぞれオブジェクトの再代入に変える必要があります。AreaCode（市外局番）から始めます。

class Person...
```
get officeAreaCode()    {return this._telephoneNumber.areaCode;}
set officeAreaCode(arg) {
  this._telephoneNumber = new TelephoneNumber(arg, this.officeNumber);
}
get officeNumber()    {return this._telephoneNumber.number;}
set officeNumber(arg) {this._telephoneNumber.number = arg;}
```

　残りのフィールドに対してもこのステップを繰り返します。

class Person...
```
get officeAreaCode()    {return this._telephoneNumber.areaCode;}
set officeAreaCode(arg) {
  this._telephoneNumber = new TelephoneNumber(arg, this.officeNumber);
}
get officeNumber()    {return this._telephoneNumber.number;}
set officeNumber(arg) {
  this._telephoneNumber = new TelephoneNumber(this.officeAreaCode, arg);
}
```

　これで電話番号が変更不可になったので、値オブジェクトにする準備ができました。値オブジェクトへの仲間入りを果たすためには、値ベースの等価判定機能が必要です。その点において JavaScript は実に残念です。参照ベースの等価判定を値ベースの等価判定に置き換えるための言語仕様やコアライブラリがありません。ここでできる最善の策は、独自の equals メソッドを作成することです。

class TelephoneNumber...
```
equals(other) {
  if (!(other instanceof TelephoneNumber)) return false;
  return this.areaCode === other.areaCode &&
    this.number === other.number;
}
```

　次のようなテストも重要です。

```
it('telephone equals', function() {
  assert(      new TelephoneNumber("312", "555-0142")
        .equals(new TelephoneNumber("312", "555-0142")));
});
```

　　ここでは、同じコンストラクタ呼び出しであることを明示するために、変則的な字下げをしています。

262

このテストで重要なことは、二つのオブジェクトを別々に作成し、それらが等しいかどうかを確認することです。

　　ほとんどのオブジェクト指向言語には、値ベースの等価判定のためにオーバーライドできる組み込みのメソッドがあります。Ruby では == 演算子をオーバーライドし、Java では `Object.equals()` メソッドをオーバーライドします。等価判定メソッドをオーバーライドするときは、ハッシュコードを生成するメソッド（Java の `Object.hashCode()` など）もオーバーライドして、ハッシュを使用するコレクションが新しい値オブジェクトに対して正しく動作するようにする必要があります。

　この電話番号を複数のクライアントが利用している場合でも手順は同じです。その場合、「setter の削除（p.339）」を行う際には、単一ではなく複数のクライアントを修正します。また等価判定のテストでは、異なる電話番号との比較だけでなく、電話番号以外のオブジェクトや null 値との比較も有意義です。

Change Value to Reference

値から参照への変更

逆：参照から値への変更（p.260）

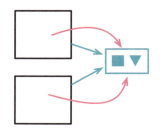

```
let customer = new Customer(customerData);
```

```
let customer = customerRepository.get(customerData.id);
```

動機

　複数のレコードが意味的に同じデータ構造にリンクするデータ構造になっている場合があります。注文リストを読み込んだとき、そのうちのいくつかは同じ顧客のものかもしれません。このような場合、顧客は値あるいは参照のどちらでも扱えます。値にした場合、顧客データは各注文にコピーされます。参照にした場合、複数の注文がリンクするデータ構造は一つだけです。

　顧客を更新する必要がない場合は、どちらのアプローチも妥当です。同じデータを複数コピーすることで少し混乱するかもしれませんが、よくあるやり方なので問題にはならないでしょう。ときには、複数コピーすることでメモリの問題になるかもしれませんが、多くのパフォーマンス問題と同様に、実際に問題となるのは比較的まれです。

　意味的に同じデータに対して複数の物理コピーを持たせる方法は、共有データを更新する必要があるときに大きな問題になります。その場合、すべてのコピーを見つけて漏れなく更新する必要があり、一つでも見落としてしまうとデータに厄介な不整合が生じます。通常はそうした場合、データのコピーを単一の参照に変更することが有用です。そうすれば、どのような変更もすべての顧客の注文に反映されます。

　値を参照に変更することで、一つの実体に対して存在するオブジェクトは唯一になります。通常、こうしたオブジェクトにアクセスできる場所としてなんらかのリポジトリが必要です。そうすることで、実体のオブジェクトを一度だけ作成したら、その後はリポジトリからオブジェクトを取得できます。

手順

- 参照オブジェクトのインスタンス用のリポジトリを作成する（リポジトリが存在しない場合）。
- コンストラクタから参照オブジェクトの適切なインスタンスを検索できるようにする。
- リポジトリを使用して参照オブジェクトを取得するように、コンストラクタを変更する。変更のたびにテストする。

例

注文を表現する Order クラスを例に取ります。このインスタンスは、外部から渡される JSON ドキュメントから作成できます。注文データには顧客の ID があり、そこから顧客オブジェクトを作成できます。

class Order...
```
constructor(data) {
  this._number = data.number;
  this._customer = new Customer(data.customer);
  // 他のデータをロードする
}
get customer() {return this._customer;}
```

class Customer...
```
constructor(id) {
  this._id = id;
}
get id() {return this._id;}
```

このコードで作成する Customer（顧客）は値オブジェクトです。顧客 ID123 を参照する注文が 5 件ある場合、5 個の顧客オブジェクトが別々に作られます。その一つを変更しても、他のオブジェクトには反映されません。顧客サービス部門からデータを収集するなどして、顧客オブジェクトを充実させたい場合、五つの顧客オブジェクトすべてを同じデータで更新する必要があります。このような重複したオブジェクトがあると、いつも私はいらいらしてしまいます。この例の顧客のように、同じ実体を表す複数のオブジェクトの存在は混乱を招きます。顧客オブジェクトが変更可能で不整合が起きる可能性がある場合、この問題は特に厄介です。

毎回同じ顧客オブジェクトを使用したい場合は、保存する場所が必要になります。このような実体をどこに格納するかはアプリケーションごとに異なりますが、単純なケースなら「リポジトリオブジェクト」[mf-repos]を利用する方法がよいでしょう。

```
let _repositoryData;

export function initialize() {
  _repositoryData = {};
  _repositoryData.customers = new Map();
```

第 9 章　データの再編成

```
  }

  export function registerCustomer(id) {
    if (! _repositoryData.customers.has(id))
      _repositoryData.customers.set(id, new Customer(id));
    return findCustomer(id);
  }

  export function findCustomer(id) {
    return _repositoryData.customers.get(id);
  }
```

　このリポジトリを使用すると、顧客オブジェクトを ID 指定で登録できるため、同じ ID を持つ顧客オブジェクトは確実に一つだけ作成できるようになります。これで、リポジトリを使うように注文のコンストラクタを変更できます。

　多くの場合、このリファクタリングを行う際には、リポジトリがすでに存在しているため、それをそのまま利用できます。

　次のステップは、注文クラスのコンストラクタで適切な顧客オブジェクトを取得できるようにすることです。この場合は、顧客 ID が入力データに存在するため、簡単です。

class Order...
```
  constructor(data) {
    this._number = data.number;
    this._customer = registerCustomer(data.customer);
    // 他のデータをロードする
  }
  get customer() {return this._customer;}
```

　これで、ある注文の顧客を変更した場合、同じ顧客を共有するすべての注文に反映されるようになりました。

　この例では、注文が初めて参照したときに新しい顧客オブジェクトを作成するようにしました。よくある別のアプローチは、事前に顧客リストを取得し、それらをリポジトリに登録しておき、注文を読んだときにリンクさせる方法です。その場合、リポジトリに存在しない顧客 ID を含む注文はエラーとなります。

　このコードの一つの問題は、コンストラクタ本体がグローバルリポジトリに結合されることです。グローバル情報は強力な薬のように慎重に扱われなければなりません。少量なら有益ですが、あまりに多量だと毒になります。心配な場合は、リポジトリをコンストラクタのパラメータとして渡してもよいでしょう。

第 10 章

条件記述の単純化

　プログラムの力の源の多くは、条件付きのロジックを実装できることにあります。しかし残念なことに、プログラムの複雑さの多くも条件記述に起因します。私は条件記述を理解しやすくするためのリファクタリングをよく行います。複雑な条件記述に対しては「**条件記述の分解（p.268）**」を行い、論理の組み合わせを明快にするために「**条件記述の統合（p.271）**」を行います。主処理の前にいくつかの事前判定を行うケースを明確にするためには、「**ガード節による入れ子の条件記述の置き換え（p.274）**」を行います。複数の条件記述で同じ条件分岐ロジックを使っている場合は、「**ポリモーフィズムによる条件記述の置き換え（p.279）**」を道具箱から出します。

　null のような特殊なケースを処理するために多くの条件記述が使われます。そうしたロジックがほとんど同じ場合は「**特殊ケースの導入（p.296）**」（「**ヌルオブジェクトの導入（p.296）**」とも呼ばれる）を適用することで、重複したコードを大量に削除できます。そして、多くの条件記述を削除する際に、プログラムの状態を把握したい（そして検証したい）場合は、「**アサーションの導入（p.309）**」が役に立ちます。

267

Decompose Conditional

条件記述の分解

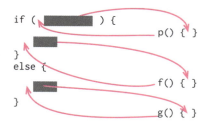

```
if (!aDate.isBefore(plan.summerStart) && !aDate.isAfter(plan.summerEnd))
  charge = quantity * plan.summerRate;
else
  charge = quantity * plan.regularRate + plan.regularServiceCharge;
```

```
if (summer())
  charge = summerCharge();
else
  charge = regularCharge();
```

動機

　プログラムを複雑にする原因の中でも特に一般的なのが、複雑な条件ロジックです。さまざまな条件に応じていろいろな処理をするコードを書こうとすると、すぐに長い関数になってしまいます。関数が長いこと自体が読みにくさの原因ですが、条件記述は難しさを増大させます。この問題は、条件判定とアクションのどちらに関しても、コードが何をしているのかは伝えるものの、「なぜ」そうするのかをあいまいにしがちなことに起因します。

　大きなブロックのコードに対しては常に、コードを分解し、それぞれを意図に沿って名付けた関数の呼び出しに置き換えることで、意図をより明確にできます。条件記述の場合、条件判定と条件ごとの処理に対してこれを行うのがお勧めです。これにより、条件を強調し、何を分岐させているのかを明確にします。また分岐の理由も強調します。

　実のところ、このリファクタリングは「関数の抽出（p.112）」の特殊ケースに過ぎませんが、実践上、特にすぐれた価値があるため特別扱いします。

手順

- 条件記述および条件の各節に「関数の抽出（p.112）」を適用する。

条件記述の分解

例

冬と夏で適用レートが異なる料金計算があるとします。

```
if (!aDate.isBefore(plan.summerStart) && !aDate.isAfter(plan.summerEnd))
  charge = quantity * plan.summerRate;
else
  charge = quantity * plan.regularRate + plan.regularServiceCharge;
```

条件記述を関数に抽出します。

```
if (summer())
  charge = quantity * plan.summerRate;
else
  charge = quantity * plan.regularRate + plan.regularServiceCharge;

function summer() {
  return !aDate.isBefore(plan.summerStart) && !aDate.isAfter(plan.summerEnd);
}
```

次に then 節を関数に抽出します。

```
if (summer())
  charge = summerCharge();
else
  charge = quantity * plan.regularRate + plan.regularServiceCharge;

function summer() {
  return !aDate.isBefore(plan.summerStart) && !aDate.isAfter(plan.summerEnd);
}
function summerCharge() {
  return quantity * plan.summerRate;
}
```

最後に else 節です。

```
if (summer())
  charge = summerCharge();
else
  charge = regularCharge();

function summer() {
  return !aDate.isBefore(plan.summerStart) && !aDate.isAfter(plan.summerEnd);
}
function summerCharge() {
  return quantity * plan.summerRate;
}
function regularCharge() {
  return quantity * plan.regularRate + plan.regularServiceCharge;
}
```

269

第 10 章　条件記述の単純化

これが終わったら、三項演算子を使って条件式を再フォーマットするとよいでしょう。

```
charge = summer() ? summerCharge() : regularCharge();

function summer() {
  return !aDate.isBefore(plan.summerStart) && !aDate.isAfter(plan.summerEnd);
}
function summerCharge() {
  return quantity * plan.summerRate;
}
function regularCharge() {
  return quantity * plan.regularRate + plan.regularServiceCharge;
}
```

Consolidate Conditional Expression

条件記述の統合

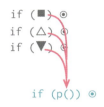

```
if (anEmployee.seniority < 2) return 0;
if (anEmployee.monthsDisabled > 12) return 0;
if (anEmployee.isPartTime) return 0;
```

```
if (isNotEligibleForDisability()) return 0;

function isNotEligibleForDisability() {
  return ((anEmployee.seniority < 2)
          || (anEmployee.monthsDisabled > 12)
          || (anEmployee.isPartTime));
}
```

動機

　一連の条件判定があって、それぞれの条件は異なるのに、結果のアクションが同じ場合があります。そうしたときは、andやor演算子を使って、単一の結果を返す一つの条件判定に統合します。

　条件判定のコードを統合することが重要な理由は二つあります。一つ目の理由は、複数の判定をまとめることで、行っている判定が実は一つだという意図を明示できることです。連続した条件判定でも結果は同じですが、単にいくつかの連続した条件判定が並んでいるように見えてしまいます。このリファクタリングが望ましい二つ目の理由は、「関数の抽出（p.112）」の準備になる場合が多いことです。条件判定の抽出は、コードをわかりやすくする上で特に有用です。これにより、そのステートメントが何をやっているのかから、なぜやっているのかに置き換えることができます。

　条件記述の統合が望ましいと考える理由は、それを行わない理由にもなります。もし複数の判定が本当に別々のもので、単一の判定と考えるべきでないなら、このリファクタリングは行いません。

第 10 章　条件記述の単純化

手順

● **いずれの条件判定にも副作用がないことを確認する。**
　　● いずれかに副作用がある場合は、最初に「問い合わせと更新の分離（p.314）」を行う。

● **条件判定を二つ取り出し、論理演算子を使って結合する。**
　　● 連続した条件判定は or で結合し、入れ子の if 文は and で結合する。

● **テストする。**

● **条件が一つになるまで、条件判定の結合を繰り返す。**

● **結果として得られた条件判定に対して「関数の抽出（p.112）」を検討する。**

例

あるコードの中に、次のような記述がありました。

```
function disabilityAmount(anEmployee) {
  if (anEmployee.seniority < 2) return 0;
  if (anEmployee.monthsDisabled > 12) return 0;
  if (anEmployee.isPartTime) return 0;
  // 障がい手当を計算する
```

　連続した条件判定ですが、結果はすべて同じです。結果が同じなので、これらの条件は一つにまとめるべきでしょう。このような連続した条件判定の場合は、or 演算子を使って結合します。

```
function disabilityAmount(anEmployee) {
  if ((anEmployee.seniority < 2)
      || (anEmployee.monthsDisabled > 12)) return 0;
  if (anEmployee.isPartTime) return 0;
  // 障がい手当を計算する
```

テストを行い、次の条件判定を取り込みます。

```
function disabilityAmount(anEmployee) {
  if ((anEmployee.seniority < 2)
      || (anEmployee.monthsDisabled > 12)
      || (anEmployee.isPartTime)) return 0;
  // 障がい手当を計算する
```

　一つにまとめ終えたら、まとめた条件に対して「**関数の抽出（p.112）**」を行います。

272

条件記述の統合

```
function disabilityAmount(anEmployee) {
  if (isNotEligibleForDisability()) return 0;
  // 障がい手当を計算する

  function isNotEligibleForDisability() {
    return ((anEmployee.seniority < 2)
            || (anEmployee.monthsDisabled > 12)
            || (anEmployee.isPartTime));
  }
```

例：and 演算子を使う

前の例では or 演算子を使ってステートメントを統合しましたが、and 演算子が必要になる場合もあります。それは、入れ子の if 文を使っている場合です。

```
if (anEmployee.onVacation)
  if (anEmployee.seniority > 10)
    return 1;
return 0.5;
```

これらは and 演算子で結合します。

```
if ((anEmployee.onVacation)
    && (anEmployee.seniority > 10)) return 1;
return 0.5;
```

混在する場合は、状況に応じて and と or を組み合わせて使います。その場合はコードがわかりづらくなるので、惜しみなく「関数の抽出（p.112）」を行って理解しやすくします。

10

273

ガード節による入れ子の条件記述の置き換え

Replace Nested Conditional with Guard Clauses

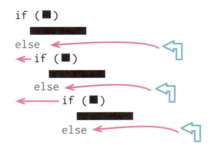

```
function getPayAmount() {
  let result;
  if (isDead)
    result = deadAmount();
  else {
    if (isSeparated)
      result = separatedAmount();
    else {
      if (isRetired)
        result = retiredAmount();
      else
        result = normalPayAmount();
    }
  }
  return result;
}
```

```
function getPayAmount() {
  if (isDead) return deadAmount();
  if (isSeparated) return separatedAmount();
  if (isRetired) return retiredAmount();
  return normalPayAmount();
}
```

動機

　条件記述には二つのスタイルがあると考えています。一つ目は、then 節と else 節の両方が正常動作の場合で、二つ目は、どちらか一方の節が正常動作で他方が例外的な動作の場合です。

　この 2 種類の条件記述は意図が異なるため、その違いをコードにきちんと表現すべきです。もし、両方の節が正常動作ならば、then 節と else 節を明示して条件を記述します。例外的な動作に対しては、その条件を判定し、成立する場合にはリターンします。この種の判定をよく**ガー**

ド節と呼びます。

「ガード節による入れ子の条件記述の置き換え」の重要な点は強調の仕方にあります。私がif-then-else構文を使うときは、then節にもelse節にも同じウェイトを置きます。これにより読み手に対して、両方が等しく起こり得ること、および等しく重要であることを伝えます。逆に、ガード節は「主要な処理ではないため、起きたときには何がしかのことをやって脱出する」ことを伝えます。

メソッドの入口と出口を一つずつとするように教わったプログラマと仕事をするときは、このリファクタリングを行うことがよくあります。入口一つについては、現在の言語ではそうするしかありませんが、出口が一つだけというルールは、まったく有益ではありません。大原則は明快さです。出口を一つにすることでメソッドが明快になるなら出口は一つでかまいませんが、そうでなければ出口の数にこだわるべきではありません。

手順

- 置き換えるべき条件で最も外側のものを選択し、ガード節に変更する。
- テストする。
- 必要に応じて繰り返す。
- すべてのガード節が同じ結果を返す場合は、「条件記述の統合（p.271）」を行う。

例

次に示すのは、従業員への支払額を計算するコードです[訳注1]。従業員が会社に在籍している場合のみ支払うため、該当しない二つのケース、すなわちisSeparated（離職者）とisRetired（退職者）を除外する必要があります。

```
function payAmount(employee) {
  let result;
  if(employee.isSeparated) {
    result = {amount: 0, reasonCode: "SEP"};
  }
  else {
    if (employee.isRetired) {
      result = {amount: 0, reasonCode: "RET"};
    }
    else {
      // 金額を計算するロジック
      lorem.ipsum(dolor.sitAmet);
      consectetur(adipiscing).elit();
      sed.do.eiusmod = tempor.incididunt.ut(labore) && dolore(magna.aliqua);
      ut.enim.ad(minim.veniam);
      result = someFinalComputation();
```

訳注1　この金額計算ロジックに書かれているのは、Lorem ipsum（ロレム・イプサム）と呼ばれるダミーテキスト。

第 10 章　条件記述の単純化

```
    }
  }
  return result;
}
```

　ここでは、入れ子の条件判定が、行っていることの真の意味を覆い隠してしまっています。こ
のコードの主目的である計算は、二つの条件が当てはまらない従業員に対してのみ適用されま
す。このような場合、ガード節を使うことでコードの意図をより明快に表現できます。リファク
タリングによるどんな変更でもそうですが、小さなステップで進めることが望ましいので、まず
一番上の条件判定から始めます。

```
function payAmount(employee) {
  let result;
  if (employee.isSeparated) return {amount: 0, reasonCode: "SEP"};
  if (employee.isRetired) {
    result = {amount: 0, reasonCode: "RET"};
  }
  else {
    // 金額を計算するロジック
    lorem.ipsum(dolor.sitAmet);
    consectetur(adipiscing).elit();
    sed.do.eiusmod = tempor.incididunt.ut(labore) && dolore(magna.aliqua);
    ut.enim.ad(minim.veniam);
    result = someFinalComputation();
  }
  return result;
}
```

　この変更をテストしたら、次に進みます。

```
function payAmount(employee) {
  let result;
  if (employee.isSeparated) return {amount: 0, reasonCode: "SEP"};
  if (employee.isRetired) return {amount: 0, reasonCode: "RET"};
  // 金額を計算するロジック
  lorem.ipsum(dolor.sitAmet);
  consectetur(adipiscing).elit();
  sed.do.eiusmod = tempor.incididunt.ut(labore) && dolore(magna.aliqua);
  ut.enim.ad(minim.veniam);
  result = someFinalComputation();
  return result;
}
```

　この時点で result 変数は何の役にも立たなくなったので、削除します。

276

ガード節による入れ子の条件記述の置き換え

```
function payAmount(employee) {
  let result;
  if (employee.isSeparated) return {amount: 0, reasonCode: "SEP"};
  if (employee.isRetired) return {amount: 0, reasonCode: "RET"};
  // 金額を計算するロジック
  lorem.ipsum(dolor.sitAmet);
  consectetur(adipiscing).elit();
  sed.do.eiusmod = tempor.incididunt.ut(labore) && dolore(magna.aliqua);
  ut.enim.ad(minim.veniam);
  return someFinalComputation();
}
```

変更可能な変数を一つ削除したら、おまけのイチゴを一つもらえる決まりですね。

例：条件を逆転する

Joshua Kerievsky[訳注2]は、本書の初版の草稿をレビューしてくれたときに、条件記述を逆にして「ガード節による入れ子の条件記述の置き換え」を行う場合が多いことを指摘してくれました。親切なことに、私が例題を考えなくてもいいように、次のサンプルコードも提供してくれました。

```
function adjustedCapital(anInstrument) {
  let result = 0;
  if (anInstrument.capital > 0) {
    if (anInstrument.interestRate > 0 && anInstrument.duration > 0) {
      result = (anInstrument.income / anInstrument.duration) * anInstrument.adjustmentFactor;
    }
  }
  return result;
}
```

今回も一つずつ置き換えていきますが、今度はガード節に入れる条件判定を逆にします。

```
function adjustedCapital(anInstrument) {
  let result = 0;
  if (anInstrument.capital <= 0) return result;
  if (anInstrument.interestRate > 0 && anInstrument.duration > 0) {
    result = (anInstrument.income / anInstrument.duration) * anInstrument.adjustmentFactor;
  }
  return result;
}
```

次の条件文はちょっと複雑なので、二段階に分けて逆にします。まずnotを追加します。

訳注2　Martin Fowler Signature Series の一冊である "Refactoring to Patterns"（邦題：『パターン指向リファクタリング入門』）の著者。

第 10 章　条件記述の単純化

```
function adjustedCapital(anInstrument) {
  let result = 0;
  if (anInstrument.capital <= 0) return result;
  if (!(anInstrument.interestRate > 0 && anInstrument.duration > 0)) return result;
  result = (anInstrument.income / anInstrument.duration) * anInstrument.adjustmentFactor;
  return result;
}
```

こんなふうに条件判定に否定演算子を残しておくのは心が痛むので、次のように単純化します。

```
function adjustedCapital(anInstrument) {
  let result = 0;
  if (anInstrument.capital <= 0) return result;
  if (anInstrument.interestRate <= 0 || anInstrument.duration <= 0) return result;
  result = (anInstrument.income / anInstrument.duration) * anInstrument.adjustmentFactor;
  return result;
}
```

二つの条件記述は同じ結果を返すため、「**条件記述の統合（p.271）**」をします。

```
function adjustedCapital(anInstrument) {
  let result = 0;
  if (   anInstrument.capital      <= 0
      || anInstrument.interestRate <= 0
      || anInstrument.duration     <= 0) return result;
  result = (anInstrument.income / anInstrument.duration) * anInstrument.adjustmentFactor;
  return result;
}
```

result 変数は二つの用途に使っています。最初に設定するゼロは、ガード節に該当したときに返す値です。次に設定するのは最終的な計算値です。この変数を取り除けば、変数の二重の用途を解消できる上に、イチゴももらえます。

```
function adjustedCapital(anInstrument) {
  if (   anInstrument.capital      <= 0
      || anInstrument.interestRate <= 0
      || anInstrument.duration     <= 0) return 0;
  return (anInstrument.income / anInstrument.duration) * anInstrument.adjustmentFactor;
}
```

Replace Conditional with Polymorphism

ポリモーフィズムによる条件記述の置き換え

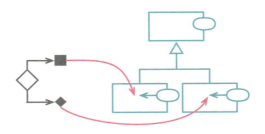

```
switch (bird.type) {
  case 'EuropeanSwallow':
    return "average";
  case 'AfricanSwallow':
    return (bird.numberOfCoconuts > 2) ? "tired" : "average";
  case 'NorwegianBlueParrot':
    return (bird.voltage > 100) ? "scorched" : "beautiful";
  default:
    return "unknown";
```

```
class EuropeanSwallow {
  get plumage() {
    return "average";
  }
class AfricanSwallow {
  get plumage() {
    return (this.numberOfCoconuts > 2) ? "tired" : "average";
  }
class NorwegianBlueParrot {
  get plumage() {
    return (this.voltage > 100) ? "scorched" : "beautiful";
  }
```

動機

　複雑な条件ロジックは、プログラミングでも特に難解な部分です。このため、私はいつも条件ロジックに構造を与える方法を模索します。ロジックを異なる状況、すなわち上位レベルのいくつかのケースに分離することで、条件を分割できることがよくあります。条件記述の構造自体を表現するのに、この分割方法で十分な場合もありますが、クラスとポリモーフィズムを用いると、この分離をより明快に表現できます。

　よくあるのは、ひとそろいの型を作り、それぞれの型に異なる条件ロジックを処理させるやり

第 10 章　条件記述の単純化

方です。たとえば書籍、音楽、食べ物といった型に応じて扱い方は異なるでしょう。最も顕著なのは、タイプコードで分岐する switch 文を含む関数が複数存在する場合です。その場合、各ケースに対応するクラスを作成し、ポリモーフィズムを利用して型固有の振る舞いをさせることで、共通な switch 文のロジックの重複を排除します。

　もう一つの状況は、そのロジックがバリエーションを持つ基本ケースとみなせる場合です。基本ケースは、最も一般的なもの、あるいは最も単純なものでもかまいません。そのロジックをスーパークラスに記述することで、バリエーションについて気にせずに、ロジックを把握できるようになります。次に、それぞれのバリエーションのロジックをサブクラスに記述します。これにより、基本ケースとの違いを強調したコードが記述できます。

　ポリモーフィズムは、オブジェクト指向プログラミングの重要な機能の一つですが、他の有用な機能と同様に、使われすぎる傾向があります。条件ロジックはすべてポリモーフィズムに置き換えるべき、と主張する人々に会ったことがありますが、私はその意見に同意しません。ほとんどの条件ロジックには、if/else や switch/case といった基本的な条件文を使います。しかし、先ほど説明したような複雑な条件ロジックを改善できる場合には、ポリモーフィズムは強力なツールになります。

手順

- ポリモーフィックな振る舞いを持たせるクラスが存在しない場合は、そのクラスと一緒に適切なインスタンスを返すファクトリ関数を作成する。
- 呼び出し側のコードで、ファクトリ関数を使うようにする。
- 条件ロジックを持つ関数をスーパークラスに移動する。
  - 条件ロジックが自己完結型の独立した関数になっていない場合は、「関数の抽出（p.112）」によって関数にする。
- サブクラスの一つを選んで、条件別のメソッドをオーバーライドするメソッドを作成する。条件文の該当する節の内容をサブクラスのメソッドにコピーし、適合するように調整する。
- 条件ロジックの各節に対してこれを繰り返す。
- スーパークラスのメソッドにはデフォルトケースを残す。スーパークラスを抽象クラスにすべき場合は、メソッドの処理がサブクラスの責務であること示すために、そのメソッドを抽象メソッドとして宣言するか、メソッド内でエラーを投げる。

例

　私の友人は鳥のコレクション[訳注3]を持っており、どれくらい速く飛べるのか、どんな羽毛を持っているのかを知りたがっています。そのための情報を判定する小さなプログラムがあります。

訳注3　ここに書かれている鳥はイギリスのコメディのモンティパイソンのシリーズに出てくる架空のもので、飛行速度やココナッツの数などはコメディのネタである。ちなみに、プログラミング言語 Python の命名もこれに由来する。

ポリモーフィズムによる条件記述の置き換え

```
function plumages(birds) {
  return new Map(birds.map(b => [b.name, plumage(b)]));
}
function speeds(birds) {
  return new Map(birds.map(b => [b.name, airSpeedVelocity(b)]));
}

function plumage(bird) {
  switch (bird.type) {
  case 'EuropeanSwallow':
    return "average";
  case 'AfricanSwallow':
    return (bird.numberOfCoconuts > 2) ? "tired" : "average";
  case 'NorwegianBlueParrot':
    return (bird.voltage > 100) ? "scorched" : "beautiful";
  default:
    return "unknown";
  }
}

function airSpeedVelocity(bird) {
  switch (bird.type) {
  case 'EuropeanSwallow':
    return 35;
  case 'AfricanSwallow':
    return 40 - 2 * bird.numberOfCoconuts;
  case 'NorwegianBlueParrot':
    return (bird.isNailed) ? 0 : 10 + bird.voltage / 10;
  default:
    return null;
  }
}
```

　ここには鳥の種類によって振る舞いの異なる関数が二つあります。そのため、クラスを作成し、型固有の動作にポリモーフィズムを利用するのがよいでしょう。

　関数 airSpeedVelocity（飛行速度）と plumage（羽毛）に対して「**関数群のクラスへの集約（p.150）**」を行うことから始めます。

```
function plumage(bird) {
  return new Bird(bird).plumage;
}

function airSpeedVelocity(bird) {
  return new Bird(bird).airSpeedVelocity;
}

class Bird {
  constructor(birdObject) {
    Object.assign(this, birdObject);
  }
```

10

281

第 10 章 条件記述の単純化

```
  get plumage() {
    switch (this.type) {
    case 'EuropeanSwallow':
      return "average";
    case 'AfricanSwallow':
      return (this.numberOfCoconuts > 2) ? "tired" : "average";
    case 'NorwegianBlueParrot':
      return (this.voltage > 100) ? "scorched" : "beautiful";
    default:
      return "unknown";
    }
  }
  get airSpeedVelocity() {
    switch (this.type) {
    case 'EuropeanSwallow':
      return 35;
    case 'AfricanSwallow':
      return 40 - 2 * this.numberOfCoconuts;
    case 'NorwegianBlueParrot':
      return (this.isNailed) ? 0 : 10 + this.voltage / 10;
    default:
      return null;
    }
  }
}
```

　次に、それぞれの種類の鳥に対応するサブクラスを追加し、適切なサブクラスをインスタンス化するファクトリ関数も一緒に作成します。

```
function plumage(bird) {
  return createBird(bird).plumage;
}

function airSpeedVelocity(bird) {
  return createBird(bird).airSpeedVelocity;
}

function createBird(bird) {
  switch (bird.type) {
  case 'EuropeanSwallow':
    return new EuropeanSwallow(bird);
  case 'AfricanSwallow':
    return new AfricanSwallow(bird);
  case 'NorweigianBlueParrot':
    return new NorwegianBlueParrot(bird);
  default:
    return new Bird(bird);
  }
}

class EuropeanSwallow extends Bird {
```

282

```
}

class AfricanSwallow extends Bird {
}

class NorwegianBlueParrot extends Bird {
}
```

さて、必要なクラス構造を作成したので、二つの条件メソッドの変更を開始できます。まずは `plumage` から始めます。switch 文の一つの節の処理を取り出し、適切なサブクラスでオーバーライドします。

class EuropeanSwallow...
```
get plumage() {
  return "average";
}
```

class Bird...
```
get plumage() {
  switch (this.type) {
  case 'EuropeanSwallow':
    throw "oops";
  case 'AfricanSwallow':
    return (this.numberOfCoconuts > 2) ? "tired" : "average";
  case 'NorwegianBlueParrot':
    return (this.voltage > 100) ? "scorched" : "beautiful";
  default:
    return "unknown";
  }
}
```

　　　私は猜疑心が強いので、`throw` 文を追加しました。

この時点でテストができます。すべてがうまくいったら、次の節に進みます。

class AfricanSwallow...
```
get plumage() {
  return (this.numberOfCoconuts > 2) ? "tired" : "average";
}
```

続けて `NorwegianBlueParrot` です。

class NorwegianBlueParrot...
```
get plumage() {
  return (this.voltage > 100) ? "scorched" : "beautiful";
}
```

第 10 章　条件記述の単純化

デフォルトケースの処理はスーパークラスのメソッドとして残します。

class Bird...
```
get plumage() {
  return "unknown";
}
```

airSpeedVelocity についても同じ作業を繰り返します。終わった後のコードは次のように
なります（トップレベルの airSpeedVelocity 関数と plumage 関数もインライン化しました）。

```
function plumages(birds) {
  return new Map(birds
                 .map(b => createBird(b))
                 .map(bird => [bird.name, bird.plumage]));
}
function speeds(birds) {
  return new Map(birds
                 .map(b => createBird(b))
                 .map(bird => [bird.name, bird.airSpeedVelocity]));
}

function createBird(bird) {
  switch (bird.type) {
  case 'EuropeanSwallow':
    return new EuropeanSwallow(bird);
  case 'AfricanSwallow':
    return new AfricanSwallow(bird);
  case 'NorwegianBlueParrot':
    return new NorwegianBlueParrot(bird);
  default:
    return new Bird(bird);
  }
}

class Bird {
  constructor(birdObject) {
    Object.assign(this, birdObject);
  }
  get plumage() {
    return "unknown";
  }
  get airSpeedVelocity() {
    return null;
  }
}
class EuropeanSwallow extends Bird {
  get plumage() {
    return "average";
  }
  get airSpeedVelocity() {
```

284

```
      return 35;
    }
  }
  class AfricanSwallow extends Bird {
    get plumage() {
      return (this.numberOfCoconuts > 2) ? "tired" : "average";
    }
    get airSpeedVelocity() {
      return 40 - 2 * this.numberOfCoconuts;
    }
  }
  class NorwegianBlueParrot extends Bird {
    get plumage() {
      return (this.voltage > 100) ? "scorched" : "beautiful";
    }
    get airSpeedVelocity() {
      return (this.isNailed) ? 0 : 10 + this.voltage / 10;
    }
  }
```

　最終的なコードを見ると、厳密にはスーパークラスの **Bird** は必要ないことがわかります。
JavaScript では、ポリモーフィズムのためのクラス階層は必要ありません。オブジェクトが適切
な名前のメソッドを実装する限り、すべて正常に動作します。しかし、この場合、各クラスがド
メイン内でどのように関係しているかを説明できるため、不要でもスーパークラスを残すほうが
良いでしょう。

例：バリエーションに対してポリモーフィズムを適用する

　鳥のサンプルでは、明確な汎化階層を利用しました。これは（私の著書を含む）技術書でよく
議論されるサブクラス化とポリモーフィズムの方法ですが、実際にはこれだけが継承を利用する
唯一の方法ではありません。それどころか、おそらくそれは最も一般的な方法でも、最善の方法
でもありません。継承を利用するもう一つの方法は、二つのオブジェクトの大部分が同じである
ものの、いくつかのバリエーションがあることを示したい場合に使います。

　例として、格付け機関が船の航海に対する投資格付けを計算するために使用するコードを考
えてみましょう。格付け機関は、潜在的なリスクと利益に影響するさまざまな要素を考慮して、
"A" または "B" のいずれかを付与します。リスク評価では航海の性質だけでなく、船長の過去の
航海実績も考慮します。

```
function rating(voyage, history) {
  const vpf = voyageProfitFactor(voyage, history);
  const vr = voyageRisk(voyage);
  const chr = captainHistoryRisk(voyage, history);
  if (vpf * 3 > (vr + chr * 2)) return "A";
  else return "B";
}
function voyageRisk(voyage) {
```

第 10 章　条件記述の単純化

```
  let result = 1;
  if (voyage.length > 4) result += 2;
  if (voyage.length > 8) result += voyage.length - 8;
  if (["china", "east-indies"].includes(voyage.zone)) result += 4;
  return Math.max(result, 0);
}
function captainHistoryRisk(voyage, history) {
  let result = 1;
  if (history.length < 5) result += 4;
  result += history.filter(v => v.profit < 0).length;
  if (voyage.zone === "china" && hasChina(history)) result -= 2;
  return Math.max(result, 0);
}
function hasChina(history) {
  return history.some(v => "china" === v.zone);
}
function voyageProfitFactor(voyage, history) {
  let result = 2;
  if (voyage.zone === "china") result += 1;
  if (voyage.zone === "east-indies") result += 1;
  if (voyage.zone === "china" && hasChina(history)) {
    result += 3;
    if (history.length > 10) result += 1;
    if (voyage.length > 12) result += 1;
    if (voyage.length > 18) result -= 1;
  }
  else {
    if (history.length > 8) result += 1;
    if (voyage.length > 14) result -= 1;
  }
  return result;
}
```

　voyageRisk 関数と captainHistoryRisk 関数はリスクのポイントを計算し、voyageProfit
Factor 関数は潜在的利益のポイントを計算します。そして rating 関数がこれらを総合して航
海全体の格付けを与えます。
　呼び出し側のコードは次のようになります。

```
const voyage = {zone: "west-indies", length: 10};
const history = [
  {zone: "east-indies", profit:  5},
  {zone: "west-indies", profit: 15},
  {zone: "china",       profit: -2},
  {zone: "west-africa", profit:  7},
];

const myRating = rating(voyage, history);
```

　ここで注目したいのは、船長が過去に中国への航海経験がある場合、中国への航海のケース

286

を処理するために、プログラムの複数の箇所でどのように条件判定を行っているかです。

```javascript
function rating(voyage, history) {
  const vpf = voyageProfitFactor(voyage, history);
  const vr = voyageRisk(voyage);
  const chr = captainHistoryRisk(voyage, history);
  if (vpf * 3 > (vr + chr * 2)) return "A";
  else return "B";
}
function voyageRisk(voyage) {
  let result = 1;
  if (voyage.length > 4) result += 2;
  if (voyage.length > 8) result += voyage.length - 8;
  if (["china", "east-indies"].includes(voyage.zone)) result += 4;
  return Math.max(result, 0);
}
function captainHistoryRisk(voyage, history) {
  let result = 1;
  if (history.length < 5) result += 4;
  result += history.filter(v => v.profit < 0).length;
  if (voyage.zone === "china" && hasChina(history)) result -= 2;
  return Math.max(result, 0);
}
function hasChina(history) {
  return history.some(v => "china" === v.zone);
}
function voyageProfitFactor(voyage, history) {
  let result = 2;
  if (voyage.zone === "china") result += 1;
  if (voyage.zone === "east-indies") result += 1;
  if (voyage.zone === "china" && hasChina(history)) {
    result += 3;
    if (history.length > 10) result += 1;
    if (voyage.length > 12) result += 1;
    if (voyage.length > 18) result -= 1;
  }
  else {
    if (history.length > 8) result += 1;
    if (voyage.length > 14) result -= 1;
  }
  return result;
}
```

　継承とポリモーフィズムを使って、中国への航海を処理するロジックを基本ロジックから分離します。このリファクタリングは、さらに特殊なロジックを導入したい場合には特に有用です。たとえば中国への航海を繰り返す船長に関するロジックが追加されると、基本ケースの理解はさらに難しくなります。

　ひとまとまりの関数から始めます。ポリモーフィズムを導入するには、クラス構造を作成する必要があるため、まずは「**関数群のクラスへの集約（p.150）**」を行います。結果のコードは次の

第 10 章　条件記述の単純化

ようになります。

```javascript
function rating(voyage, history) {
  return new Rating(voyage, history).value;
}

class Rating {
  constructor(voyage, history) {
    this.voyage = voyage;
    this.history = history;
  }
  get value() {
    const vpf = this.voyageProfitFactor;
    const vr = this.voyageRisk;
    const chr = this.captainHistoryRisk;
    if (vpf * 3 > (vr + chr * 2)) return "A";
    else return "B";
  }
  get voyageRisk() {
    let result = 1;
    if (this.voyage.length > 4) result += 2;
    if (this.voyage.length > 8) result += this.voyage.length - 8;
    if (["china", "east-indies"].includes(this.voyage.zone)) result += 4;
    return Math.max(result, 0);
  }
  get captainHistoryRisk() {
    let result = 1;
    if (this.history.length < 5) result += 4;
    result += this.history.filter(v => v.profit < 0).length;
    if (this.voyage.zone === "china" && this.hasChinaHistory) result -= 2;
    return Math.max(result, 0);
  }
  get voyageProfitFactor() {
    let result = 2;
    if (this.voyage.zone === "china") result += 1;
    if (this.voyage.zone === "east-indies") result += 1;
    if (this.voyage.zone === "china" && this.hasChinaHistory) {
      result += 3;
      if (this.history.length > 10) result += 1;
      if (this.voyage.length > 12) result += 1;
      if (this.voyage.length > 18) result -= 1;
    }
    else {
      if (this.history.length > 8) result += 1;
      if (this.voyage.length > 14) result -= 1;
    }
    return result;
  }
  get hasChinaHistory() {
    return this.history.some(v => "china" === v.zone);
  }
}
```

288

これは基本ケースのクラスになります。バリエーションの振る舞いを格納するために、空のサブクラスを作成する必要があります。

```
class ExperiencedChinaRating extends Rating {
}
```

次に、必要なときにバリエーションを持ったインスタンスを返すファクトリ関数を作成します。

```
function createRating(voyage, history) {
  if (voyage.zone === "china" && history.some(v => "china" === v.zone))
    return new ExperiencedChinaRating(voyage, history);
  else return new Rating(voyage, history);
}
```

すべての呼び出し元について、コンストラクタを直接呼ばずに、このファクトリ関数を使用するように修正する必要があります。この例では、呼び出し元は rating 関数だけです。

```
function rating(voyage, history) {
  return createRating(voyage, history).value;
}
```

サブクラスに移動すべきロジックは二つあります。captainHistoryRisk のロジックから始めます。

class Rating...
```
  get captainHistoryRisk() {
    let result = 1;
    if (this.history.length < 5) result += 4;
    result += this.history.filter(v => v.profit < 0).length;
    if (this.voyage.zone === "china" && this.hasChinaHistory) result -= 2;
    return Math.max(result, 0);
  }
```

オーバーライドするメソッドをサブクラスに作成します。

class ExperiencedChinaRating
```
  get captainHistoryRisk() {
    const result = super.captainHistoryRisk - 2;
    return Math.max(result, 0);
  }
```

class Rating...
```
  get captainHistoryRisk() {
    let result = 1;
    if (this.history.length < 5) result += 4;
```

289

第10章　条件記述の単純化

```
  result += this.history.filter(v => v.profit < 0).length;
  if (this.voyage.zone === "china" && this.hasChinaHistory) result -= 2;
  return Math.max(result, 0);
}
```

　次の voyageProfitFactor で、振る舞いのバリエーションを分離するのはちょっと面倒です。
ここには else 節があるため、単純にバリエーションの振る舞いを削除してスーパークラスのメ
ソッドを呼び出すことはできません。スーパークラスのメソッド全体をサブクラスにコピーする
のも避けたいところです。

class Rating...
```
  get voyageProfitFactor() {
    let result = 2;

    if (this.voyage.zone === "china") result += 1;
    if (this.voyage.zone === "east-indies") result += 1;
    if (this.voyage.zone === "china" && this.hasChinaHistory) {
      result += 3;
      if (this.history.length > 10) result += 1;
      if (this.voyage.length > 12) result += 1;
      if (this.voyage.length > 18) result -= 1;
    }
    else {
      if (this.history.length > 8) result += 1;
      if (this.voyage.length > 14) result -= 1;
    }
    return result;
  }
```

　対処として、最初に条件ブロック全体に対して「関数の抽出（**p.112**）」を行います。

class Rating...
```
  get voyageProfitFactor() {
    let result = 2;

    if (this.voyage.zone === "china") result += 1;
    if (this.voyage.zone === "east-indies") result += 1;
    result += this.voyageAndHistoryLengthFactor;
    return result;
  }

  get voyageAndHistoryLengthFactor() {
    let result = 0;
    if (this.voyage.zone === "china" && this.hasChinaHistory) {
      result += 3;
      if (this.history.length > 10) result += 1;
      if (this.voyage.length > 12) result += 1;
      if (this.voyage.length > 18) result -= 1;
    }
```

290

ポリモーフィズムによる条件記述の置き換え

```
  else {
    if (this.history.length > 8) result += 1;
    if (this.voyage.length > 14) result -= 1;
  }
  return result;
}
```

　関数名の中に And があるのはかなり不吉な臭いですが、サブクラスを整備している間は、悪臭をそのまま放置します。

class Rating...
```
get voyageAndHistoryLengthFactor() {
  let result = 0;
  if (this.history.length > 8) result += 1;
  if (this.voyage.length > 14) result -= 1;
  return result;
}
```

class ExperiencedChinaRating...
```
get voyageAndHistoryLengthFactor() {
  let result = 0;
  result += 3;
  if (this.history.length > 10) result += 1;
  if (this.voyage.length > 12) result += 1;
  if (this.voyage.length > 18) result -= 1;
  return result;
}
```

　形式的には、これでこのリファクタリングは終わりです。ここでは、振る舞いのバリエーションをサブクラスに分離しました。スーパークラスのロジックは理解しやすく、扱いやすくなりました。サブクラスのコードに取り組むときだけ、バリエーションに対処すればよくなっています。サブクラスではスーパークラスとの差分を記述しています。

　しかし、できの悪い新しいメソッドについてどうすればよいのか、少なくとも概要だけでも説明すべきだと感じています。この例のように継承を使って基本ケースとバリエーションを表現する場合、サブクラスでオーバーライドするためだけのメソッドを導入するのはよくある対処法です。しかし、ここまで雑なメソッドだと、わかりやすくするどころか、何が起こっているのかをわからなくしてしまいます。

　名前にある And は、実際には二つの別々の変更を行っていることを公言しています。したがって、それらを分離するのが賢明でしょう。そのため、スーパークラスとサブクラスの両方について、history.length（航海履歴の長さ）に応じて値を変更する処理に「**関数の抽出（p.112）**」を行います。スーパークラスから始めます。

291

class Rating...

```
get voyageAndHistoryLengthFactor() {
  let result = 0;
  result += this.historyLengthFactor;
  if (this.voyage.length > 14) result -= 1;
  return result;
}
get historyLengthFactor() {
  return (this.history.length > 8) ? 1 : 0;
}
```

サブクラスに対しても同じことを行います。

class ExperiencedChinaRating...

```
get voyageAndHistoryLengthFactor() {
  let result = 0;
  result += 3;
  result += this.historyLengthFactor;
  if (this.voyage.length > 12) result += 1;
  if (this.voyage.length > 18) result -= 1;
  return result;
}
get historyLengthFactor() {
  return (this.history.length > 10) ? 1 : 0;
}
```

スーパークラスの処理には、「**ステートメントの呼び出し側への移動（p.225）**」を適用できます。

class Rating...

```
get voyageProfitFactor() {
  let result = 2;
  if (this.voyage.zone === "china") result += 1;
  if (this.voyage.zone === "east-indies") result += 1;
  result += this.historyLengthFactor;
  result += this.voyageAndHistoryLengthFactor;
  return result;
}

get voyageAndHistoryLengthFactor() {
  let result = 0;
  result += this.historyLengthFactor;
  if (this.voyage.length > 14) result -= 1;
  return result;
}
```

class ExperiencedChinaRating...

```
get voyageAndHistoryLengthFactor() {
  let result = 0;
```

292

```
  result += 3;
  result += this.historyLengthFactor;
  if (this.voyage.length > 12) result += 1;
  if (this.voyage.length > 18) result -= 1;
  return result;
}
```

次に「関数名の変更（p.130）」を行います。

class Rating...

```
get voyageProfitFactor() {
  let result = 2;
  if (this.voyage.zone === "china") result += 1;
  if (this.voyage.zone === "east-indies") result += 1;
  result += this.historyLengthFactor;
  result += this.voyageLengthFactor;
  return result;
}

get voyageLengthFactor() {
  return (this.voyage.length > 14) ? - 1: 0;
}
```

ここでは三項演算子に変更して voyageLengthFactor を単純化しました。

class ExperiencedChinaRating...

```
get voyageLengthFactor() {
  let result = 0;
  result += 3;
  if (this.voyage.length > 12) result += 1;
  if (this.voyage.length > 18) result -= 1;
  return result;
}
```

最後に一つだけ。voyageLengthFactor の中で 3 ポイント加算することが妥当とは思えません。これは最終的な結果に加算すべきでしょう。

class ExperiencedChinaRating...

```
get voyageProfitFactor() {
  return super.voyageProfitFactor + 3;
}

get voyageLengthFactor() {
  let result = 0;
  result += 3;
  if (this.voyage.length > 12) result += 1;
  if (this.voyage.length > 18) result -= 1;
  return result;
}
```

第 10 章　条件記述の単純化

　リファクタリング後のコードは次のようになります。まずは基本的な Rating クラスです。中国への航海経験の考慮は含みません。

```javascript
class Rating {
  constructor(voyage, history) {
    this.voyage = voyage;
    this.history = history;
  }
  get value() {
    const vpf = this.voyageProfitFactor;
    const vr = this.voyageRisk;
    const chr = this.captainHistoryRisk;
    if (vpf * 3 > (vr + chr * 2)) return "A";
    else return "B";
  }
  get voyageRisk() {
    let result = 1;
    if (this.voyage.length > 4) result += 2;
    if (this.voyage.length > 8) result += this.voyage.length - 8;
    if (["china", "east-indies"].includes(this.voyage.zone)) result += 4;
    return Math.max(result, 0);
  }
  get captainHistoryRisk() {
    let result = 1;
    if (this.history.length < 5) result += 4;
    result += this.history.filter(v => v.profit < 0).length;
    return Math.max(result, 0);
  }
  get voyageProfitFactor() {
    let result = 2;
    if (this.voyage.zone === "china") result += 1;
    if (this.voyage.zone === "east-indies") result += 1;
    result += this.historyLengthFactor;
    result += this.voyageLengthFactor;
    return result;
  }
  get voyageLengthFactor() {
    return (this.voyage.length > 14) ? - 1: 0;
  }
  get historyLengthFactor() {
    return (this.history.length > 8) ? 1 : 0;
  }
}
```

　中国への航海経験を考慮したコードは、基本ケースに対するバリエーションとして読めるようになりました。

```
class ExperiencedChinaRating extends Rating {
  get captainHistoryRisk() {
    const result = super.captainHistoryRisk - 2;
    return Math.max(result, 0);
  }
  get voyageLengthFactor() {
    let result = 0;
    if (this.voyage.length > 12) result += 1;
    if (this.voyage.length > 18) result -= 1;
    return result;
  }
  get historyLengthFactor() {
    return (this.history.length > 10) ? 1 : 0;
  }
  get voyageProfitFactor() {
    return super.voyageProfitFactor + 3;
  }
}
```

Introduce Special Case

特殊ケースの導入

旧：ヌルオブジェクトの導入

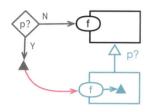

```
if (aCustomer === "unknown") customerName = "occupant";
```

```
class UnknownCustomer {
    get name() {return "occupant";}
```

動機

　コード重複のよくあるケースとして、多くのプログラムが、データ構造が特定の値かどうかを判定し、該当する場合には同じ処理をしていることがあります。特定の値に対して同じ処理をするコードがたくさんあると、その処理を1か所にまとめたくなります。

　「スペシャルケース」（Special Case）パターン[訳注4]は、これに対処するためのすぐれた仕組みです。このパターンでは、特殊ケースとして共通な振る舞いをすべて備えた要素を作成します。これにより、特殊ケースの判定のほとんどを簡単な呼び出しに置き換えることができます。

　特殊ケースを表現する方法は、いくつかあります。オブジェクトからデータを読むだけで良ければ、必要な値をすべて持たせたオブジェクトリテラルを提供すれば事足ります。単純な値を返すだけでは済まずに振る舞いが必要な場合は、共通処理用のメソッドをすべて備えた特殊なオブジェクトを作成できます。特殊ケース用オブジェクトは、カプセル化したクラスから返すか、変換時にデータ構造に挿入します。

　特殊ケースの処理を要する典型的な値が null なので、このパターンをヌルオブジェクトパターンと呼ぶことがよくあります。しかし、通常の特殊ケースとアプローチは同じです。いわばヌルオブジェクトは「特殊ケース」の特殊ケースです。

手順

　前提として、リファクタリングの対象となる、プロパティを保持するデータ構造（またはクラ

[訳注4] 著者が書いた "Patterns of Enterprise Application Architecture"（邦題：『エンタープライズ アプリケーションアーキテクチャパターン』）に掲載されているパターン。

特殊ケースの導入

ス）があるとします。クライアントコードでは、リファクタリング対象となるデータ構造のプロパティを、特殊ケースの値と比較しています。この特殊ケースの値を、特殊ケース用のクラスまたはデータ構造に置き換えようと思います。

- 特殊ケースを判定するプロパティをオブジェクトに追加して、false を返すようにする。
- 特殊ケースを判定するプロパティだけを持つ特殊ケース用クラスを作成して、true を返すようにする。
- 特殊ケースと比較するコードに対して「関数の抽出（p.112）」を行う。すべてのクライアントコードで直接比較するのをやめて、この新しい関数を使うようにする。
- 新しく作成した特殊ケース用クラスをコードに導入する。特殊ケース用オブジェクトは関数呼び出しから返すか、変換関数でオブジェクトに組み込む。
- 特殊ケースと比較する関数の本体を変更して、特殊ケースの判定用プロパティを使うようにする。
- テストする。
- 「関数群のクラスへの集約（p.150）」または「関数群の変換への集約（p.155）」を行って、共通な特殊ケースの処理を特殊ケース用クラスにすべて移動させる。
  - 特殊ケース用クラスは通常、単純な問い合わせに対して固定値を返すだけなので、オブジェクトリテラルで対応できる場合もある。
- 依然として特殊ケースの判定が必要な場所については、特殊ケース比較関数の呼び出しロジックに対して「関数のインライン化（p.121）」を行う。

例

ある公共事業会社が、多くの Site（場所）にサービスを提供しています。

class Site...
```
get customer() {return this._customer;}
```

Customer（顧客）クラスにはさまざまなプロパティがありますが、そのうちの三つを検討します。

class Customer...
```
get name()           {...}
get billingPlan()    {...}
set billingPlan(arg) {...}
get paymentHistory() {...}
```

ほとんどの場合、サービスの Site（提供場所）には顧客がいますが、いない場合もあります。

第 10 章　条件記述の単純化

誰かが転出することもありますし、転入したてのときは誰なのかわかりません。その場合、デー
タレコードの顧客フィールドには "unknown" の文字列が入ります。このようなケースに対応す
るため、Site クラスのクライアントコードは未知の顧客 "unknown" を処理できる必要がありま
す。次に示すのはコードの一部です。

client 1...
```
const aCustomer = site.customer;
// ... 大量のコードが入る ...
let customerName;
if (aCustomer === "unknown") customerName = "occupant";
else customerName = aCustomer.name;
```

client 2...
```
const plan = (aCustomer === "unknown") ?
      registry.billingPlans.basic
      : aCustomer.billingPlan;
```

client 3...
```
if (aCustomer !== "unknown") aCustomer.billingPlan = newPlan;
```

client 4...
```
const weeksDelinquent = (aCustomer === "unknown") ?
      0
      : aCustomer.paymentHistory.weeksDelinquentInLastYear;
```

　コードベース全体を調べると、Site オブジェクトを利用する多くのコードで未知の顧客を
扱わなければならないことがわかります。ほとんどのコードは未知の顧客に対して同じこと
をします。名前に "occupant"（居住者）を使用し、billingPlan（料金プラン）は基本とし、
weeksDelinquent（滞納記録）はゼロ週と分類します。このように特殊ケース判定後の共通処理
が広範囲に及んでいるときは、特殊ケース用オブジェクトの出番となります。
　まずは、未知の顧客であることを示す isUnknown メソッドを追加します。

class Customer...
```
get isUnknown() {return false;}
```

　次に、未知の顧客用に UnknownCustomer クラスを追加します。

```
class UnknownCustomer {
  get isUnknown() {return true;}
}
```

　　UnknownCustomer を Customer のサブクラスにしていないことに注意してください。他の
言語、特に静的に型付けされた言語ならサブクラスにします。しかし、JavaScript の場合、その

298

特殊ケースの導入

　サブクラス化の規則や、動的型付け言語であることを考えると、ここではサブクラスにしない
ほうが良いでしょう。

　続く作業はちょっと面倒なところです。"unknown" の文字列が返されるはずのすべての
場所で、新しい特殊ケース用オブジェクトを返し、未知の顧客かどうかの判定には新しい
isUnknown メソッドを使うように変更する必要があります。通常なら、小さな変更を行ってテ
ストをしながら作業を進めるところですが、Site クラスから "unknown" の代わりに未知の顧
客 UnknownCustomer を返すようにした場合、クライアントコードのすべての "unknown" の文
字列判定を isUnknown の呼び出しに一気に置き換える必要があります。それはハギスを食べる
くらい魅力的です（のはずはありませんね）。
　こんな状況に陥ったときに使える一般的なテクニックがあります。それは、多くの場所で変更
しなければならないコードに対して「**関数の抽出（p.112）**」を行うことです。この場合の対象は、
特殊ケースの比較コードです。

```
function isUnknown(arg) {
  if (!((arg instanceof Customer) || (arg === "unknown")))
    throw new Error(`不正な値について要調査: <${arg}>`);
  return (arg === "unknown");
}
```

　　　ここでは予期せぬ値のためにトラップを入れました。これにより、このリファクタリングを
　　　行っている間、間違いや奇妙な振る舞いを発見するのに役立ちます。

　これにより、未知の顧客かどうかを判定する箇所に対して、いつでもこの関数を使えるように
なりました。それらを 1 か所ずつ変更し、変更するたびにテストできます。

client 1...
```
let customerName;
if (isUnknown(aCustomer)) customerName = "occupant";
else customerName = aCustomer.name;
```

　しばらく作業をして、すべてを修正し終えた後のコードは次のようになります。

client 2...
```
const plan = (isUnknown(aCustomer)) ?
     registry.billingPlans.basic
     : aCustomer.billingPlan;
```

client 3...
```
if (!isUnknown(aCustomer)) aCustomer.billingPlan = newPlan;
```

10

299

第 10 章　条件記述の単純化

client 4...
```
const weeksDelinquent = isUnknown(aCustomer) ?
      0
      : aCustomer.paymentHistory.weeksDelinquentInLastYear;
```

　すべての呼び出し元を変更して isUnknown 関数を使うようにし終えたら、Site クラスで
UnknownCustomer を返すように変更できます。

class Site...
```
get customer() {
  return (this._customer === "unknown") ? new UnknownCustomer() : this._customer;
}
```

　isUnknown 関数で UnknownCustomer を使うように変更したら、"unknown" の文字列をどこ
でも使っていないことを確認できます。

```
function isUnknown(arg) {
  if (!(arg instanceof Customer || arg instanceof UnknownCustomer))
  throw new Error(`不正な値について要調査: <${arg}>`);
  return arg.isUnknown;
}
```

　テストして、すべてが正しく動作することを確認します。
　さて、ここからが楽しいところです。各クライアントコードの特殊ケースの判定処理を、特殊
ケースからの値の取得処理に置き換え可能かを確認し、可能ならばその処理に「**関数群のクラス
への集約（p.150）**」を行います。現時点では次に示すように、さまざまなクライアントコードが
未知の顧客の名前に "occupant" を使っています。

client 1...
```
let customerName;
if (isUnknown(aCustomer)) customerName = "occupant";
else customerName = aCustomer.name;
```

　UnknownCustomer クラスに適切なメソッドを追加します。

class UnknownCustomer...
```
get name() {return "occupant";}
```

　これで条件判定のコードとはお別れです。

client 1...
```
const customerName = aCustomer.name;
```

300

特殊ケースの導入

テストしてうまく動作したら、さらに変数 customerName に「**変数のインライン化（p.129）**」が行えるでしょう。

次は、料金プランを表す billingPlan プロパティです。

client 2...
```
  const plan = (isUnknown(aCustomer)) ?
        registry.billingPlans.basic
        : aCustomer.billingPlan;
```

client 3...
```
  if (!isUnknown(aCustomer)) aCustomer.billingPlan = newPlan;
```

　顧客オブジェクトからの読み込み処理については、名前のときと同様に、値の取得処理に置き換えます。顧客オブジェクトへの書き出し処理については、現在のコードは未知の顧客だった場合には setter を呼び出していません。そこで特殊ケース用の setter を用意し、呼び出されても setter では何もしない形にしておきます。

class UnknownCustomer...
```
  get billingPlan()    {return registry.billingPlans.basic;}
  set billingPlan(arg) { /* 何もしない */ }
```

client reader...（読み込み処理）
```
  const plan = aCustomer.billingPlan;
```

client writer...（更新処理）
```
  aCustomer.billingPlan = newPlan;
```

　特殊ケース用オブジェクトは値オブジェクトなので、たとえ置き換えるオブジェクトが変更可能だったとしても、常に変更不可にすべきです。

　最後のケースは少し複雑です。このケースでは、特殊ケース用オブジェクトは、独自のプロパティを持つ別のオブジェクトを返す必要があります。

client...
```
  const weeksDelinquent = isUnknown(aCustomer) ?
        0
        : aCustomer.paymentHistory.weeksDelinquentInLastYear;
```

　一般的なルールとして、特殊ケース用オブジェクトから関係するオブジェクトを返す必要がある場合、返されるオブジェクト自体も通常は特殊ケース用オブジェクトになります。そのため、ここでは NullPaymentHistory（null の支払履歴）を作成する必要があります。

301

第 10 章　条件記述の単純化

class UnknownCustomer...
```
get paymentHistory() {return new NullPaymentHistory();}
```

class NullPaymentHistory...
```
get weeksDelinquentInLastYear() {return 0;}
```

client...
```
const weeksDelinquent = aCustomer.paymentHistory.weeksDelinquentInLastYear;
```

　続いて、すべてのクライアントコードを調べて、ポリモーフィックな振る舞いで置き換え可能かどうかを確認します。例外もあるでしょう。特殊ケース用オブジェクトとは違うことをしているクライアントコードがあるかもしれません。23 のクライアントコードが未知の顧客の名前に "occupant" を使用するものの、一つのクライアントコードだけが別の名前を使うようなケースはよくあります。

client...
```
const name = ! isUnknown(aCustomer) ? aCustomer.name : "unknown occupant";
```

　この場合、特殊ケースの判定を残す必要があります。isUnknown の呼び出しに「**関数のインライン化（p.121）**」を行って、Customer クラスの isUnknown メソッドを使うように変更します。

client...
```
const name = aCustomer.isUnknown ? "unknown occupant" : aCustomer.name;
```

　すべてのクライアントコードの対応が終わったら、もはやグローバルな isUnknown 関数はどこからも呼び出していないはずなので、「**デッドコードの削除（p.246）**」を行えるはずです。

例：オブジェクトリテラルの利用

　このようなクラスを作成するのには相当な労力を要しますが、実際には値を返すだけです。先ほどの例では、顧客が変更可能だったため、クラスを作る必要がありました。しかし、クライアントコードがデータ構造から値を読み込むだけならば、オブジェクトリテラルで事足ります。
　次に示す例は先ほどと同じですが、この例には顧客を更新するクライアントコードがありません。

class Site...
```
get customer() {return this._customer;}
```

class Customer...
```
get name()           {...}
get billingPlan()    {...}
set billingPlan(arg) {...}
get paymentHistory() {...}
```

client 1...
```
const aCustomer = site.customer;
// ... 大量のコードが入る ...
let customerName;
if (aCustomer === "unknown") customerName = "occupant";
else customerName = aCustomer.name;
```

client 2...
```
const plan = (aCustomer === "unknown") ?
      registry.billingPlans.basic
        : aCustomer.billingPlan;
```

client 3...
```
const weeksDelinquent = (aCustomer === "unknown") ?
      0
        : aCustomer.paymentHistory.weeksDelinquentInLastYear;
```

　先ほどと同様に、まずは Customer クラスに isUnknown プロパティを追加します。同時に
isUnknown フィールドを持つ特殊ケース用オブジェクトも作ります。先ほどの例との違いは、
特殊ケース用オブジェクトがオブジェクトリテラルであることです。

class Customer...
```
get isUnknown() {return false;}
```

top level...
```
function createUnknownCustomer() {
  return {
    isUnknown: true,
  };
}
```

　特殊ケースの判定処理に「**関数の抽出（p.112）**」を行います。

```
function isUnknown(arg) {
  return (arg === "unknown");
}
```

client 1...
```
let customerName;
if (isUnknown(aCustomer)) customerName = "occupant";
else customerName = aCustomer.name;
```

client 2...
```
const plan = isUnknown(aCustomer) ?
      registry.billingPlans.basic
        : aCustomer.billingPlan;
```

client 3...
```
const weeksDelinquent = isUnknown(aCustomer) ?
      0
      : aCustomer.paymentHistory.weeksDelinquentInLastYear;
```

Site クラスと isUnknown 関数を変更して、特殊ケース用オブジェクトを使うようにします。

class Site...
```
get customer() {
  return (this._customer === "unknown") ? createUnknownCustomer() : this._customer;
}
```

top level...
```
function isUnknown(arg) {
  return arg.isUnknown;
}
```

次に、特殊ケース用オブジェクトのプロパティの値を、適切なリテラル値に置き換えていきます。name（名前）から始めます。

```
function createUnknownCustomer() {
  return {
    isUnknown: true,
    name: "occupant",
  };
}
```

client 1...
```
const customerName = aCustomer.name;
```

次は、billingPlan（料金プラン）です。

```
function createUnknownCustomer() {
  return {
    isUnknown: true,
    name: "occupant",
    billingPlan: registry.billingPlans.basic,
  };
}
```

client 2...
```
const plan = aCustomer.billingPlan;
```

同様に、オブジェクトリテラル内に、入れ子のオブジェクトリテラルとして NullPaymentHistory（null の支払履歴）を作ることもできます。

特殊ケースの導入

```
function createUnknownCustomer() {
  return {
    isUnknown: true,
    name: "occupant",
    billingPlan: registry.billingPlans.basic,
    paymentHistory: {
      weeksDelinquentInLastYear: 0,
    },
  };
}
```

client 3...
```
const weeksDelinquent = aCustomer.paymentHistory.weeksDelinquentInLastYear;
```

　オブジェクトリテラルで実現する場合は変更不可にすべきで、`freeze` メソッドを利用できます。そこまでするなら、クラスを使うほうが良いでしょう。

例：変換を利用する

　前の二つの例はどちらもクラスに対して特殊ケース用オブジェクトを用意しました。変換ステップを使うことで、レコードに対しても同じ考え方を適用できます。
　入力が次のような単純なレコード構造だったとします。

```
{
  name: "Acme Boston",
  location: "Malden MA",
  // 場所についての詳細が続く
  customer: {
    name: "Acme Industries",
    billingPlan: "plan-451",
    paymentHistory: {
      weeksDelinquentInLastYear: 7
      // さらに続く
    },
    // さらに続く
  }
}
```

　ときには、顧客を特定できない場合があり、その場合はこれまでと同じ方法でマークします。

```
{
  name: "Warehouse Unit 15",
  location: "Malden MA",
  // 場所についての詳細が続く
  customer: "unknown",
}
```

10

305

第 10 章　条件記述の単純化

未知の顧客かどうかを判定するクライアントコードもこれまでと同様です。

client 1...
```
const site = acquireSiteData();
const aCustomer = site.customer;
// ... 大量のコードが入る ...
let customerName;
if (aCustomer === "unknown") customerName = "occupant";
else customerName = aCustomer.name;
```

client 2...
```
const plan = (aCustomer === "unknown") ?
      registry.billingPlans.basic
      : aCustomer.billingPlan;
```

client 3...
```
const weeksDelinquent = (aCustomer === "unknown") ?
      0
      : aCustomer.paymentHistory.weeksDelinquentInLastYear;
```

最初のステップで Site のデータ構造を変換しますが、まずはディープコピーだけを行います。

client 1...
```
const rawSite = acquireSiteData();
const site = enrichSite(rawSite);
const aCustomer = site.customer;
// ... 大量のコードが入る ...
let customerName;
if (aCustomer === "unknown") customerName = "occupant";
else customerName = aCustomer.name;

function enrichSite(inputSite) {
  return _.cloneDeep(inputSite);
}
```

未知の顧客かどうかの判定処理に「**関数の抽出（p.112）**」を行います。

```
function isUnknown(aCustomer) {
  return aCustomer === "unknown";
}
```

client 1...
```
const rawSite = acquireSiteData();
const site = enrichSite(rawSite);
const aCustomer = site.customer;
// ... 大量のコードが入る ...
let customerName;
if (isUnknown(aCustomer)) customerName = "occupant";
else customerName = aCustomer.name;
```

306

client 2...
```
const plan = (isUnknown(aCustomer)) ?
      registry.billingPlans.basic
      : aCustomer.billingPlan;
```

client 3...
```
const weeksDelinquent = (isUnknown(aCustomer)) ?
      0
      : aCustomer.paymentHistory.weeksDelinquentInLastYear;
```

isUnknown プロパティを Customer に付加します。

```
function enrichSite(aSite) {
  const result = _.cloneDeep(aSite);
  const unknownCustomer = {
    isUnknown: true,
  };

  if (isUnknown(result.customer)) result.customer = unknownCustomer;
  else result.customer.isUnknown = false;
  return result;
}
```

　特殊ケースかどうかを判定する isUnknown 関数を変更して、この新しいプロパティも調べるようにします。元の判定も残しているので、この関数は元の Site と付加された Site のどちらに対しても機能します。

```
function isUnknown(aCustomer) {
  if (aCustomer === "unknown") return true;
  else return aCustomer.isUnknown;
}
```

　テストをして、すべてが OK であることを確認します。その後、特殊ケース用オブジェクトに「**関数群の変換への集約（p.155）**」を行います。まず、enrichSite 関数に名前の選択処理を移動します。

```
function enrichSite(aSite) {
  const result = _.cloneDeep(aSite);
  const unknownCustomer = {
    isUnknown: true,
    name: "occupant",
  };

  if (isUnknown(result.customer)) result.customer = unknownCustomer;
  else result.customer.isUnknown = false;
  return result;
}
```

第 10 章　条件記述の単純化

client 1...
```
    const rawSite = acquireSiteData();
    const site = enrichSite(rawSite);
    const aCustomer = site.customer;
    // ... 大量のコードが入る ...
    const customerName = aCustomer.name;
```

テストし、次に料金プランの処理を移動します。

```
function enrichSite(aSite) {
  const result = _.cloneDeep(aSite);
  const unknownCustomer = {
    isUnknown: true,
    name: "occupant",
    billingPlan: registry.billingPlans.basic,
  };

  if (isUnknown(result.customer)) result.customer = unknownCustomer;
  else result.customer.isUnknown = false;
  return result;
}
```

client 2...
```
    const plan = aCustomer.billingPlan;
```

再びテストし、最後のクライアントコードの対応を行います。

```
function enrichSite(aSite) {
  const result = _.cloneDeep(aSite);
  const unknownCustomer = {
    isUnknown: true,
    name: "occupant",
    billingPlan: registry.billingPlans.basic,
    paymentHistory: {
      weeksDelinquentInLastYear: 0,
    }
  };

  if (isUnknown(result.customer)) result.customer = unknownCustomer;
  else result.customer.isUnknown = false;
  return result;
}
```

client 3...
```
    const weeksDelinquent = aCustomer.paymentHistory.weeksDelinquentInLastYear;
```

Introduce Assertion

アサーションの導入

```
if (this.discountRate)
  base = base - (this.discountRate * base);
```

⇓

```
assert(this.discountRate >= 0);
if (this.discountRate)
  base = base - (this.discountRate * base);
```

動機

　多くの場合、コードの特定部分はある条件が成り立つ場合のみ機能します。その条件は、入力値が正の数であるときのみ平方根の計算が機能する、といった単純なことかもしれません。あるいは、あるオブジェクトの特定のフィールドに値が入っていることかもしれません。

　そのような前提が明示されず、アルゴリズムを調べない限りわからないことはよくあります。ときには、そうした前提がコメントに書かれている場合もあります。前提を明示するためのすぐれたテクニックとして、アサーションを記述する方法があります。

　アサーションは常に真であることを前提にした条件文です。アサーションの失敗は、プログラマのエラーを意味します。アサーションの失敗をシステムの他の部分で判定すべきではありません。アサーションをすべて削除しても、プログラムは変わらず正しく動作するように記述すべきです。実際に、一部の言語ではコンパイル時のスイッチによってアサーションを無効にできます。

　エラーを見つけるためにアサーションの利用は奨励されています。これは確かに良いことですが、それだけが唯一の動機ではありません。アサーションは有用なコミュニケーション形式にもなります。アサーションは、実行の特定時点で、プログラムがある状態になっているはずということを読み手に伝えます。デバッグにも有用です。コミュニケーションに役立つため、私はエラーが解決した後もアサーションを残すようにしています。単体テストの範囲を着実に絞り込むことで作業が改善するので、セルフテストコードがあれば、デバッグにおけるアサーションの価値は減ります。しかし、それでもアサーションはコミュニケーションのために有用です。

第 10 章　条件記述の単純化

手順

● **ある条件が真であることを前提にできる場合、そのことを明示するためにアサーションを追加する。**

アサーションはシステムの動作に影響を与えないため、アサーションを追加しても常に動作は維持されます。

例

簡単な割引の例を取り上げます。顧客に対して設定した割引率がすべての購入品目に適用されます。

class Customer...
```
applyDiscount(aNumber) {
  return (this.discountRate)
    ? aNumber - (this.discountRate * aNumber)
    : aNumber;
}
```

ここには割引率が正の数であるという前提があります。アサーションを使うことで、その前提を明示できます。しかし、三項演算子にはアサーションを簡単に配置できないので、まず if-then ステートメントに変更します。

class Customer...
```
applyDiscount(aNumber) {
  if (!this.discountRate) return aNumber;
  else return aNumber - (this.discountRate * aNumber);
}
```

これで簡単にアサーションを追加できます。

class Customer...
```
applyDiscount(aNumber) {
  if (!this.discountRate) return aNumber;
  else {
    assert(this.discountRate >= 0);
    return aNumber - (this.discountRate * aNumber);
  }
}
```

この例の場合はアサーションを setter に配置するほうが良いでしょう。アサーションが applyDiscount で失敗した場合、そもそもその値がどうやってフィールドに入ったのかが一番の謎になるからです。

310

class Customer...

```
set discountRate(aNumber) {
  assert(null === aNumber || aNumber >= 0);
  this._discountRate = aNumber;
}
```

　このようなアサーションは、エラーの出どころの特定が難しい場合に特に役立ちます。この例のエラーの原因としては、入力データへの間違ったマイナス記号の混入や、コードの他の場所での正負反転などが考えられます。

　アサーションの使いすぎは危険です。アサーションを使ってチェックするのは、真であると思うすべてのことではなく、真である「必要がある」ことだけです。この種の条件判定は細かく変わることが多いため、重複が特に問題になります。こうした条件判定に対しては、多くの場合は惜しみなく「**関数の抽出（p.112）**」を行って、重複を取り除くことが不可欠です。

　アサーションはプログラマのエラーに対してのみ使用します。外部ソースからデータを読み込んでいる場合、外部ソースの正しさに強い確信を持てない限り、値のチェックはプログラム本体に書くべきで、アサーションに書くべきではありません。アサーションはバグを追跡するための最後の手段ですが、決して失敗してはいけないと考える箇所でのみ使用するのは皮肉なことです。

第11章

APIのリファクタリング

モジュールとその中の関数は、ソフトウェアの基本的な構成要素です。APIは、それらをつなぐための接続部です。このAPIをわかりやすく、そして使いやすくすることは重要ですが、それは決して簡単ではありません。より良いAPIがわかるにつれて、リファクタリングしていくしかありません。

すぐれたAPIは、データを更新する関数とデータを参照するだけの関数を明確に分離します。それらが混在しているのを見つけたら、「**問い合わせと更新の分離（p.314）**」を適用して分離します。値の違いだけで変化する関数のバリエーションは、「**パラメータによる関数の統合（p.318）**」を適用して統合しましょう。振る舞いを切り替えるだけのパラメータもありますが、それらは「**フラグパラメータの削除（p.322）**」を適用して切除します。

関数間でデータ構造が受け渡されるとき、必要以上に細切れにされることがよくあります。その場合、「**オブジェクトそのものの受け渡し（p.327）**」を適用して、まとめて渡すようにします。何をパラメータとして渡すか、何を関数内で取得するかの判断の過程では、「**問い合わせによるパラメータの置き換え（p.332）**」と「**パラメータによる問い合わせの置き換え（p.335）**」の間を行ったり来たりすることになります。

クラスはモジュールの一般的な形式です。オブジェクトは可能な限り不変にすべきなので、「**setterの削除（p.339）**」を使えるところがあればすぐに適用します。新たに生成されたオブジェクトを呼び出し元が必要とするときは、コンストラクタよりも柔軟な仕組みがほしくなることがよくあります。その場合は「**ファクトリ関数によるコンストラクタの置き換え（p.342）**」を適用します。

最後の二つのリファクタリングは、大量のデータを受け渡すような、かなり複雑な関数を分解する際の難しさに対処するためのものです。「**コマンドによる関数の置き換え（p.345）**」を適用し、そのような関数をオブジェクトに変換することで、関数本体に「**関数の抽出（p.112）**」を適用しやすくなります。後に、その関数が簡単になって、もはやコマンドオブジェクトにしておく必要がなくなったときは、「**関数によるコマンドの置き換え（p.352）**」を適用して関数に戻します。

313

問い合わせと更新の分離

Separate Query from Modifier

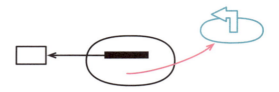

```
function getTotalOutstandingAndSendBill() {
  const result = customer.invoices.reduce((total, each) => each.amount + total, 0);
  sendBill();
  return result;
}
```

```
function totalOutstanding() {
  return customer.invoices.reduce((total, each) => each.amount + total, 0);
}
function sendBill() {
  emailGateway.send(formatBill(customer));
}
```

動機

　ある関数が値を返すだけで、観察可能な副作用はないとしましょう。そのような関数はとても有用です。好きなだけ、何度も呼び出して使えるからです。その呼び出しは、呼び出し側の関数のどこにでも移動できますし、テストも容易です。つまり、悩む必要を大幅に減らすことができるのです。

　副作用がある関数と、ない関数の違いを明示することは良いアイデアです。値を返す関数は、観察可能な副作用を持ってはならないというルールを取り入れるべきです。このルールは「コマンドとクエリの分離原則」[mf-cqs]と呼ばれるものです。これを絶対的なルールとしているプログラマもいます。私はこれについて（何についてもそうですが）100％賛成ではありませんが、多くの場合はこのルールに従うようにしています。そして、その恩恵にあずかってもいます。

　値を返すにもかかわらず副作用を持つメソッドがあったら、私は必ず、更新を行う箇所から問い合わせを分離します。

　ここで「観察可能な」副作用と表現していることに注意してください。最適化ではよく、繰り返し起こる呼び出しを速くするために、問い合わせの結果をフィールドにキャッシュします。これによりキャッシュを持つオブジェクトの状態は変わりますが、その更新は観測可能ではありません。問い合わせを何度しても、常に同じ結果が返ってきます。

問い合わせと更新の分離

手順

- 関数をコピーして、問い合わせ用の名前を付ける。
  - その関数が何を返すかを調べる。問い合わせの結果を変数に設定しているなら、その変数名は良いヒントになるはずである。
- 新しい問い合わせ関数から副作用をすべて除去する。
- 静的検査を実行する。
- 元の関数の呼び出しを調べる。戻り値を使っている場合は、その呼び出しを問い合わせ関数の呼び出しに置き換え、元の関数の呼び出しをその後ろ[訳注1]に挿入する。変更のたびにテストする。
- 元の関数から戻り値を削除する。
- テストする。

多くの場合、この手順を実行することで、問い合わせ関数と元の関数の重複が整理できます。

例

好ましからざる人物のリストをスキャンする関数を例に取ります。一人でも見つけたら、その人の名前を返して警報を発します。最初に好ましくないと判断された人物だけを返します（一人見つかれば十分ですよね）。

```
function alertForMiscreant (people) {
  for (const p of people) {
    if (p === "Don") {
      setOffAlarms();
      return "Don";
    }
    if (p === "John") {
      setOffAlarms();
      return "John";
    }
  }
  return "";
}
```

まずこの関数をコピーして、問い合わせの内容にちなんだ名前を付けます。

11

訳注1　この手順は、元の関数の戻り値が副作用の結果を使っていないことが前提となっている。元の関数の戻り値が副作用の結果を使っているのなら、元の関数の呼び出しを問い合わせ関数よりも前にすること。

315

第11章　APIのリファクタリング

```javascript
function findMiscreant (people) {
  for (const p of people) {
    if (p === "Don") {
      setOffAlarms();
      return "Don";
    }
    if (p === "John") {
      setOffAlarms();
      return "John";
    }
  }
  return "";
}
```

そして、この新しい問い合わせ関数から副作用を除去します。

```javascript
function findMiscreant (people) {
  for (const p of people) {
    if (p === "Don") {
      setOffAlarms();
      return "Don";
    }
    if (p === "John") {
      setOffAlarms();
      return "John";
    }
  }
  return "";
}
```

　次に呼び出し側を調べて、問い合わせ関数の呼び出しで置き換え、その後に更新関数の呼び出しを挿入します。すなわち、

```javascript
const found = alertForMiscreant(people);
```

となっているところを、次のように変更します。

```javascript
const found = findMiscreant(people);
alertForMiscreant(people);
```

　ここで、元の更新関数から戻り値を削除します。

```javascript
function alertForMiscreant (people) {
  for (const p of people) {
    if (p === "Don") {
      setOffAlarms();
      return;
    }
```

316

```
    if (p === "John") {
      setOffAlarms();
      return;
    }
  }
  return;
}
```

　元の更新関数と新しい問い合わせ関数との間にはコードの重複がたくさんあるので、「**アルゴ
リズムの置き換え（p.202）**」を適用して、更新関数が問い合わせ関数を使用するようにします。

```
function alertForMiscreant (people) {
  if (findMiscreant(people) !== "") setOffAlarms();
}
```

Parameterize Function

パラメータによる関数の統合

旧：メソッドのパラメタライズ

```
function tenPercentRaise(aPerson) {
  aPerson.salary = aPerson.salary.multiply(1.1);
}
function fivePercentRaise(aPerson) {
  aPerson.salary = aPerson.salary.multiply(1.05);
}
```

```
function raise(aPerson, factor) {
  aPerson.salary = aPerson.salary.multiply(1 + factor);
}
```

動機

　リテラル値が異なるだけの非常によく似たロジックを持つ二つの関数があるなら、異なる値を渡すためのパラメータを持った一つの関数を用いることで、重複を排除できます。これにより関数の有用性が高まります。異なる値を必要とする別の場所でも適用できるからです。

手順

- 類似の関数のうち、一つを選ぶ。
- 「関数宣言の変更（p.130）」を適用して、リテラル値をすべてパラメータに変換する。
- その関数を呼び出しているすべてのところで、対応するリテラル値を渡す。
- テストする。
- 新しいパラメータを使用するように関数の本体を変更し、そのたびにテストする。
- 類似の関数それぞれについて、元の関数呼び出しをパラメータ付きの関数呼び出しに置き換えて、そのたびにテストする。
  - このパラメータ付きの関数が、類似の関数に適合しないときは、うまく適合するように調整してから次の類似の関数に取りかかる。

例

次の例がわかりやすいでしょう。

```
function tenPercentRaise(aPerson) {
  aPerson.salary = aPerson.salary.multiply(1.1);
}
function fivePercentRaise(aPerson) {
  aPerson.salary = aPerson.salary.multiply(1.05);
}
```

うまくいけば、この二つの関数は次の一つの関数に置き換えられるはずです。

```
function raise(aPerson, factor) {
  aPerson.salary = aPerson.salary.multiply(1 + factor);
}
```

もう少し複雑なケースも考えてみましょう。次のコードは、usage（使用量）の band（帯域）別に設定される料率で amount（料金）を計算します。

```
function baseCharge(usage) {
  if (usage < 0) return usd(0);
  const amount =
        bottomBand(usage) * 0.03
      + middleBand(usage) * 0.05
      + topBand(usage) * 0.07;
  return usd(amount);
}

function bottomBand(usage) {
  return Math.min(usage, 100);
}

function middleBand(usage) {
  return usage > 100 ? Math.min(usage, 200) - 100 : 0;
}

function topBand(usage) {
  return usage > 200 ? usage - 200 : 0;
}
```

これらのロジックが類似していることは明らかです。しかし、帯域をパラメータにした関数を作りたいと思うほどでしょうか。思うとしても、先ほどの例と比べると簡単ではなさそうです。
　関連する複数の関数をパラメータ付きにしようとするときは、関数を一つ取り上げてそれにパラメータを追加します。このとき、他のケースも考慮します。この例のような範囲に基づくロジックでは、通常、中間の範囲から手をつけます。つまり、ここでは middleBand 関数を変更してパラメータを使うようにし、呼び出し元もそれに合わせて調整します。

第 11 章　API のリファクタリング

　middleBand 関数では 100 と 200 というリテラルを二つ使用しています。これらは中域帯の下限と上限を表しています。まず「**関数宣言の変更（p.130）**」を適用して、これらを呼び出し時のパラメータに追加します。同時に、パラメータ付きにした内容にふさわしい関数名に変更します。

```
function withinBand(usage, bottom, top) {
  return usage > 100 ? Math.min(usage, 200) - 100 : 0;
}

function baseCharge(usage) {
  if (usage < 0) return usd(0);
  const amount =
      bottomBand(usage) * 0.03
      + withinBand(usage, 100, 200) * 0.05
      + topBand(usage) * 0.07;
  return usd(amount);
}
```

　二つのリテラルを、それぞれ対応する参照に置き換えます。100 を bottom に、

```
function withinBand(usage, bottom, top) {
  return usage > bottom ? Math.min(usage, 200) - bottom : 0;
}
```

そして、200 を top に置き換えます。

```
function withinBand(usage, bottom, top) {
  return usage > bottom ? Math.min(usage, top) - bottom : 0;
}
```

　次に、bottomBand（低域帯）関数の呼び出しを、パラメータ化した関数 withinBand の呼び出しに置き換えます。

```
function baseCharge(usage) {
  if (usage < 0) return usd(0);
  const amount =
      withinBand(usage, 0, 100) * 0.03
      + withinBand(usage, 100, 200) * 0.05
      + topBand(usage) * 0.07;
  return usd(amount);
}

function bottomBand(usage) {
  return Math.min(usage, 100);
}
```

320

topBand（高域帯）関数の呼び出しを置き換えるには、Infinity（無限大）を使用するとよい
でしょう。

```
function baseCharge(usage) {
  if (usage < 0) return usd(0);
  const amount =
        withinBand(usage, 0, 100) * 0.03
      + withinBand(usage, 100, 200) * 0.05
      + withinBand(usage, 200, Infinity) * 0.07;
  return usd(amount);
}

function topBand(usage) {
  return usage > 200 ? usage - 200 : 0;
}
```

　これでこのロジックは正しく動作するようになり、最初のガード節（if文）は削除できます。
今となっては不要なロジックですが、このケース（負の使用量）をどう扱うかを明示するために
残しておくことにします。

フラグパラメータの削除

Remove Flag Argument

旧：明示的なメソッド群によるパラメータの置き換え

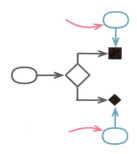

```
function setDimension(name, value) {
  if (name === "height") {
    this._height = value;
    return;
  }
  if (name === "width") {
    this._width = value;
    return;
  }
}
```

```
function setHeight(value) {this._height = value;}
function setWidth (value) {this._width  = value;}
```

動機

　フラグ引数は、呼び出し元が呼び出し先に対してどのロジックを実行してほしいかを指示するためのパラメータとして使われます。次のコンサート予約の関数を呼び出すとしましょう。

```
function bookConcert(aCustomer, isPremium) {
  if (isPremium) {
    // プレミアム顧客の予約ロジック
  } else {
    // 一般顧客の予約ロジック
  }
}
```

　プレミアム顧客向けのコンサート予約のときは、次のように呼び出します。

フラグパラメータの削除

```
bookConcert(aCustomer, true);
```

フラグ引数は列挙型だったり、

```
bookConcert(aCustomer, CustomerType.PREMIUM);
```

文字列（または使用する言語によって異なる記号）だったりします。

```
bookConcert(aCustomer, "premium");
```

　フラグ引数は好ましくありません。どの関数呼び出しが使えるか、それをどう呼び出せばよいかを理解するプロセスが煩雑になるからです。APIを探すときに最初に見るのは利用可能な関数リストですが、フラグ引数は利用可能な関数呼び出しの多様性を隠してしまいます。関数を見つけた後も、フラグ引数にどの値が使えるかを知る必要があります。中でもブール型のフラグは、引数の意味を読み手に伝えないので、さらに罪深いものです。引数に true とだけ書かれても、何のことかさっぱりです。次のように、プレミアム顧客向けのコンサート予約であることがはっきりわかる関数を提供すべきです。

```
premiumBookConcert(aCustomer);
```

　このような引数のすべてがフラグ引数とは限りません。フラグ引数であるということは、呼び出し元においては引数となるブール値にリテラル値を設定していることを意味し、プログラム中を流れていくデータではありません。一方、関数の実装側においては、フラグ引数は制御の流れを変えるために用いられるもので、他の関数に渡すデータではありません。
　フラグ引数を削除すると、コードは明快になります。その上、ツールを利用する上でも有用です。明示的な関数にすることで、コード解析ツールでも、プレミアム顧客のロジックと一般顧客のロジックとの呼び出し処理の違いを、より簡単に特定できるようになります。
　関数に複数のフラグ引数がある場合は、フラグ引数にも存在価値があります。そうでなければ、フラグ引数の値のすべての組み合わせに対応した明示的な関数が必要になるからです。しかし、それは一つの関数が多くのことをやりすぎている兆候でもあります。より単純な関数を作ってロジックを実現する方法を探すべきです。

手順

- **パラメータの値に対応して明示的な関数を作成する。**
  - メインとなる関数に明確な切り替え用の条件文がある場合は、「条件記述の分解（p.268）」を適用して明示的な関数に分解する。それ以外の場合は、ラッピング関数を作成する。

- **パラメータにリテラル値を指定している呼び出し元を、対応する明示的な関数呼び出しに置き換える。**

第 11 章　API のリファクタリング

例

　あるコードを眺めていたら、到着までの日数を計算する呼び出しが複数ありました。その呼び出しの一つは次のようになっています。

```
aShipment.deliveryDate = deliveryDate(anOrder, true);
```

　他に、次の呼び出しもあります。

```
aShipment.deliveryDate = deliveryDate(anOrder, false);
```

　このようなコードを見ると、すぐにブール値の意味を考えてしまいます。いったい何をしているのだろうかと。

　deliveryDate 関数の本体は次のとおりです。ここでは、isRush（お急ぎ便）か通常便か、そして送付先の州によって変わる到着日数を算出しています。

```
function deliveryDate(anOrder, isRush) {
  if (isRush) {
    let deliveryTime;
    if (["MA", "CT"]    .includes(anOrder.deliveryState)) deliveryTime = 1;
    else if (["NY", "NH"].includes(anOrder.deliveryState)) deliveryTime = 2;
    else deliveryTime = 3;
    return anOrder.placedOn.plusDays(1 + deliveryTime);
  }
  else {
    let deliveryTime;
    if (["MA", "CT", "NY"].includes(anOrder.deliveryState)) deliveryTime = 2;
    else if (["ME", "NH"] .includes(anOrder.deliveryState)) deliveryTime = 3;
    else deliveryTime = 4;
    return anOrder.placedOn.plusDays(2 + deliveryTime);
  }
}
```

　ここでは、呼び出し元はリテラルのブール値（true か false）を使って、呼び出し先でどちらのコードを実行するかを決めています。古典的なフラグ引数ですね。しかし、関数を使うことの価値は呼び出し元が指示できることにあります。そこで、明示的な関数によって呼び出し元の意図を明らかにするようにします。

　このケースでは、「**条件記述の分解（p.268）**」を適用することでこれを実現できます。次のようになります。

```
function deliveryDate(anOrder, isRush) {
  if (isRush) return rushDeliveryDate(anOrder);
  else        return regularDeliveryDate(anOrder);
}
```

324

フラグパラメータの削除

```
function rushDeliveryDate(anOrder) {
  let deliveryTime;
  if (["MA", "CT"]      .includes(anOrder.deliveryState)) deliveryTime = 1;
  else if (["NY", "NH"].includes(anOrder.deliveryState)) deliveryTime = 2;
  else deliveryTime = 3;
  return anOrder.placedOn.plusDays(1 + deliveryTime);
}
function regularDeliveryDate(anOrder) {
  let deliveryTime;
  if (["MA", "CT", "NY"].includes(anOrder.deliveryState)) deliveryTime = 2;
  else if (["ME", "NH"] .includes(anOrder.deliveryState)) deliveryTime = 3;
  else deliveryTime = 4;
  return anOrder.placedOn.plusDays(2 + deliveryTime);
}
```

　二つの新しい関数は、呼び出し元の意図をうまくとらえているので、引数 isRush が true である元の呼び出し

```
aShipment.deliveryDate = deliveryDate(anOrder, true);
```

を、明示的な関数呼び出しに置き換えられます。

```
aShipment.deliveryDate = rushDeliveryDate(anOrder);
```

　もう一方のケースも同様に行います。
　すべての呼び出し元を置き換えたところで、deliveryDate 関数を削除します。
　ブール値ならどれでもフラグ引数というわけではありません。フラグ引数では、ブール値がデータではなくリテラルで設定されます。deliveryDate 関数のすべての呼び出し元が次のようになっているならば、

```
const isRush = determineIfRush(anOrder);
aShipment.deliveryDate = deliveryDate(anOrder, isRush);
```

deliveryDate 関数のシグニチャに問題はありません（それでも「条件記述の分解（p.268）」を適用したいとは思いますが）。
　呼び出し元の中で、引数をリテラルで設定してフラグ引数として使っているものと、引数をデータで設定しているものが混在している場合もあります。その場合、「フラグパラメータの削除」を適用しても、引数をデータで設定している呼び出し元の変更はせず、最後にdeliveryDate 関数を削除することもしません。こうすることで、異なる使い方に対する二つのインタフェースをサポートします。
　このように条件文を分解できればうまくリファクタリングできるのですが、これはパラメータによる切り替えが関数内の上位のブロックで行われている（あるいは、そのように簡単にリファクタリングできる）場合にしか使えません。パラメータがより込み入った形で使用されているこ

325

第11章 APIのリファクタリング

ともあります。次に示す deliveryDate 関数の別バージョンがその例です。

```
function deliveryDate(anOrder, isRush) {
  let result;
  let deliveryTime;
  if (anOrder.deliveryState === "MA" || anOrder.deliveryState === "CT")
    deliveryTime = isRush? 1 : 2;
  else if (anOrder.deliveryState === "NY" || anOrder.deliveryState === "NH") {
    deliveryTime = 2;
    if (anOrder.deliveryState === "NH" && !isRush)
      deliveryTime = 3;
  }
  else if (isRush)
    deliveryTime = 3;
  else if (anOrder.deliveryState === "ME")
    deliveryTime = 3;
  else
    deliveryTime = 4;
  result = anOrder.placedOn.plusDays(2 + deliveryTime);
  if (isRush) result = result.minusDays(1);
  return result;
}
```

このコードで、isRush の処理を解きほぐしてトップレベルの切り替え条件文にすることは、思った以上に手間のかかる作業になるはずです。そこで、代わりに deliveryDate 関数のラッピング関数を二つ作ります。

```
function rushDeliveryDate   (anOrder) {return deliveryDate(anOrder, true);}
function regularDeliveryDate(anOrder) {return deliveryDate(anOrder, false);}
```

この二つのラッピング関数は、本質的には deliveryDate 関数の部分適用（partial application）[訳注2] と変わりありません。関数合成によってではなく、プログラムコードで定義されているだけです。

これで、先ほどの条件文の分解の例と同様に、呼び出し元の置き換えができるようになりました。パラメータをデータとして使用している呼び出し元がなければ、deliveryDate 関数の可視性を制限するか、直接使用してはいけない旨を示す関数名、たとえば delivery DateHelperOnly に変更します。

訳注2　「部分適用」：関数の引数の一部について値を固定化することで、引数の数を減らした関数を生成すること。上の例では、関数合成によって部分適用を行う代用として、フラグ引数を固定化した関数を二つ定義した。

326

Preserve Whole Object

オブジェクトそのものの受け渡し

```
const low = aRoom.daysTempRange.low;
const high = aRoom.daysTempRange.high;
if (aPlan.withinRange(low, high))
```

```
if (aPlan.withinRange(aRoom.daysTempRange))
```

動機

　一つのレコードから数個の値を取り出して関数に渡しているコードを見ると、それらの値を元のレコードに置き換えて、必要とする値を関数本体で取り出すように変更したくなります。

　呼び出される関数が、将来、渡したレコードからより多くのデータを取り出すことになるなら、レコード全体を渡せば変更に対応しやすくなります。パラメータリストを変更する必要がなくなるからです。また、パラメータ数が減ることで、通常は関数呼び出しがわかりやすくなります。レコードの一部を引数として呼び出す関数が多くなると、レコードの一部を処理するロジックが重複しがちです。そうしたロジックは、たいていレコード側の処理に移動できます。

　このリファクタリングを使いたくないとすれば、それは、呼び出される関数が、レコード全体に対して依存性を持たないようにしたいからです。そう思わせる状況は、呼び出される関数とレコードがそれぞれ別のモジュールにある場合です。

　あるオブジェクトからいくつか値を取り出して、それらに対する処理だけを行うロジックは、不吉な臭いの一つ「**特性の横恋慕（p.79）**」であり、通常はそのロジックをオブジェクト側に移すべき兆候です。同じデータの群れが何度も現れるときは、それらを一つにまとめて新しいオブジェクトで置き換える「**パラメータオブジェクトの導入（p.146）**」を適用しますが、その後でこの「**オブジェクトそのものの受け渡し**」を適用することは頻繁にあります。

　いくつかのコード断片が、あるオブジェクトの特性の同じ部分集合だけを使用しているなら、「**クラスの抽出（p.189）**」を適用する良い機会であることを示しています。

　見逃しやすいケースの一つは、あるオブジェクトが別のオブジェクトのメソッドを呼び出すときに、自身のデータ値をいくつか渡している場合です。その場合、それらの値は自己参照（JavaScriptの`this`）に置き換えることができます。

手順

- 望ましいパラメータを持った空の関数を作る。
  - 関数名を検索しやすい名前にしておくと、最後に関数名の置き換えが簡単になる。
- 新しく作った関数の本体を、新しいパラメータを古いパラメータに変換して、古い関数の呼び出しで埋める。
- 静的テストを実行する。
- 新しい関数を使うように呼び出し元を調整し、変更のたびにテストする。
  - これによってパラメータを取り出すコードが不要になれば、「デッドコードの削除 (p.246)」が適用できる。
- 古い呼び出し元がすべて変更されたら、古い関数に「関数のインライン化 (p.121)」を適用する。
- 新しい関数とそのすべての呼び出し元の名前を変更する。

例

部屋の温度監視システムを考えてみましょう。一日における室温の範囲とあらかじめ指定した HeatingPlan (温度設定プラン) の温度の範囲とを比較します。

caller...
```
const low = aRoom.daysTempRange.low;
const high = aRoom.daysTempRange.high;
if (!aPlan.withinRange(low, high))
  alerts.push(" 室温が設定値を超えました ");
```

class HeatingPlan...
```
withinRange(bottom, top) {
  return (bottom >= this._temperatureRange.low) && (top <= this._temperatureRange.high);
}
```

範囲情報をバラバラにして渡す代わりに、範囲オブジェクト (aNumberRange) を使えば、まるごと渡せます。

まず、必要なインタフェースを空の関数として宣言します。

class HeatingPlan...
```
xxNEWwithinRange(aNumberRange) {
}
```

既存の withinRange を置き換えるつもりなので、元の関数名に、簡単に置換できるような接頭辞を付けたものにしておきます。

オブジェクトそのものの受け渡し

次に関数の中身を記述します。これは、既存の `withinRange` の呼び出しに依存しているので、新しいパラメータから既存のパラメータへの変換が必要です。

class HeatingPlan...
```
xxNEWwithinRange(aNumberRange) {
  return this.withinRange(aNumberRange.low, aNumberRange.high);
}
```

ここからは大変な作業になります。既存の関数の呼び出しを新しい関数の呼び出しに置き換えていきます。

caller...
```
const low = aRoom.daysTempRange.low;
const high = aRoom.daysTempRange.high;
if (!aPlan.xxNEWwithinRange(aRoom.daysTempRange))
  alerts.push("室温が設定値を超えました");
```

この呼び出しの変更により、以前のコードの一部はもう必要でないことがわかるので、「**デッドコードの削除（p.246）**」を適用します。

caller...
```
const low = aRoom.daysTempRange.low;
const high = aRoom.daysTempRange.high;
if (!aPlan.xxNEWwithinRange(aRoom.daysTempRange))
  alerts.push("室温が設定値を超えました");
```

これらを一度に一つずつ置き換えていき、変更のたびにテストします。
すべてを置き換えたら、元の関数に「**関数のインライン化（p.121）**」を適用します。

class HeatingPlan...
```
xxNEWwithinRange(aNumberRange) {
  return (aNumberRange.low >= this._temperatureRange.low) &&
    (aNumberRange.high <= this._temperatureRange.high);
}
```

そして最後に、新しい関数とそのすべての呼び出し元から、醜い接頭辞を削除します。エディタが強力なリネーム機能をサポートしていなくても、接頭辞のおかげで単純な一括置換で済みます。

class HeatingPlan...
```
withinRange(aNumberRange) {
  return (aNumberRange.low >= this._temperatureRange.low) &&
    (aNumberRange.high <= this._temperatureRange.high);
}
```

329

第11章　API のリファクタリング

```
caller...
  if (!aPlan.withinRange(aRoom.daysTempRange))
    alerts.push(" 室温が設定値を超えました ");
```

例：新しい関数の別の作り方

　上の例では、新しい関数を直接コーディングしました。これはほとんどの場合、とても簡単でかつ最も容易な方法です。しかし、このリファクタリングにはときに有用な別の方法があります。その方法なら、複数のリファクタリングを適用するだけで新しい関数を完全に組み立てることができます。

　既存関数の呼び出し元から始めます。

```
caller...
  const low = aRoom.daysTempRange.low;
  const high = aRoom.daysTempRange.high;
  if (!aPlan.withinRange(low, high))
    alerts.push(" 室温が設定値を超えました ");
```

　既存のコードに「関数の抽出（p.112）」を適用して、新しい関数を作成できるように再構成していきたいと思います。呼び出し元のコードがまだ適用できる状態にないので、「変数の抽出（p.125）」を何回か適用して、関数を抽出できるようにします。まず、既存の関数の呼び出しを条件文の外に出します。

```
caller...
  const low = aRoom.daysTempRange.low;
  const high = aRoom.daysTempRange.high;
  const isWithinRange = aPlan.withinRange(low, high);
  if (!isWithinRange)
    alerts.push(" 室温が設定値を超えました ");
```

　次に、入力パラメータを抽出します。

```
caller...
  const tempRange = aRoom.daysTempRange;
  const low = tempRange.low;
  const high = tempRange.high;
  const isWithinRange = aPlan.withinRange(low, high);
  if (!isWithinRange)
    alerts.push(" 室温が設定値を超えました ");
```

　ここまで来れば、「関数の抽出（p.112）」を適用して新しい関数を作成できます。

330

caller...
```
const tempRange = aRoom.daysTempRange;
const isWithinRange = xxNEWwithinRange(aPlan, tempRange);
if (!isWithinRange)
  alerts.push("室温が設定値を超えました");
```

toplevel...
```
function xxNEWwithinRange(aPlan, tempRange) {
  const low = tempRange.low;
  const high = tempRange.high;
  const isWithinRange = aPlan.withinRange(low, high);
  return isWithinRange;
}
```

　元の関数が別のコンテキスト（HeatingPlan クラス）にあるので、「**関数の移動（p.206）**」を適用する必要があります。

caller...
```
const tempRange = aRoom.daysTempRange;
const isWithinRange = aPlan.xxNEWwithinRange(tempRange);
if (!isWithinRange)
  alerts.push("室温が設定値を超えました");
```

class HeatingPlan...
```
xxNEWwithinRange(tempRange) {
  const low = tempRange.low;
  const high = tempRange.high;
  const isWithinRange = this.withinRange(low, high);
  return isWithinRange;
}
```

　この後の手順は上の例と同様です。他の呼び出し元を置き換えた後、古い関数を新しい関数内にインライン化します。また、新しい関数を取り出す際、コードを分離するために抽出した変数もインライン化します。

　この別法の手順はリファクタリングだけで構成されているので、抽出とインライン化の強力な機能を備えたリファクタリングツールがあれば、とても手軽に実施できます。

Replace Parameter with Query

問い合わせによるパラメータの置き換え

旧：明示的なメソッド群によるパラメータの置き換え
逆：**パラメータによる問い合わせの置き換え**（p.335）

```
availableVacation(anEmployee, anEmployee.grade);

function availableVacation(anEmployee, grade) {
  // 休暇日数の計算 ...
```

```
availableVacation(anEmployee)

function availableVacation(anEmployee) {
  const grade = anEmployee.grade;
  // 休暇日数の計算 ...
```

動機

　関数のパラメータリストは、関数の可変部分を縮約して、関数の振る舞いの主なバリエーションを表すようにすべきです。コード内でのステートメントの重複と同様に、パラメータリスト内の重複は避けるべきですし、パラメータリストが短いほど理解しやすくなります。

　ある関数呼び出しにおいて、パラメータで渡すまでもなく容易に求められる値をあえて渡しているとすれば、それは重複であり、呼び出し側が必要以上に複雑になっていることを意味します。このとき、呼び出し側はパラメータ値を求めるための不要な作業を強いられます。

　「渡すまでもなく容易に」という句が、このリファクタリングの限界を示唆しています。パラメータを取り除くと、パラメータの値を決める責務は移動します。パラメータがあればその値を決めるのは呼び出し側の責務ですが、ない場合、責務は関数本体側に移ります。基本的には呼び出し側がシンプルになるほうを選びますが、それは同時に責務を関数内に移動することを意味します。そうして良いのは、その責務が関数側にあることがふさわしい場合だけです。

　「**問い合わせによるパラメータの置き換え**」を避ける主な理由は、パラメータを取り除くことで関数本体に望ましくない依存関係が増えてしまうから、というものです。知らないままにしておきたいプログラム要素へのアクセスが強制されるような場合です。これは新たな依存関係のこともあれば、取り除きたい既存の依存関係のこともあります。具体的には、問題のある関数呼び出しを関数内部に追加しなければならなくなったり、呼び出し先オブジェクト内のいずれ取り除きたいと思っている要素にアクセスしなければならなくなったりするということが起こります。

問い合わせによるパラメータの置き換え

　パラメータリスト内の他のパラメータに問い合わせることで、取り除こうとしているパラメータの値が求まるなら、「問い合わせによるパラメータの置き換え」を行っても安全です。一方のパラメータが他方のパラメータから求まるなら、両方を渡す意味はありません。

　対象とする関数の参照透過性には注意が必要です。参照透過とは、要するに、同じパラメータ値で呼び出したときに関数が常に同じ振る舞いをするかどうかです。参照透過な関数は、振る舞いの推測とテストがきわめて容易です。わざわざ参照透過性を失うような変更はしたくありません。そのため、パラメータを、あちこちから変更可能なグローバル変数の問い合わせに置き換えるようなことはしません。

手順

- 必要に応じて、パラメータを算出している箇所に「関数の抽出（p.112）」を適用する。
- 関数本体でのパラメータへの参照を、その値を取得する式への参照に置き換える。変更のたびにテストする。
- 「関数宣言の変更（p.130）」を適用してそのパラメータを取り除く。

例

　この「問い合わせによるパラメータの置き換え」を適用するのは、典型的には別のリファクタリングをいくつか行ったことでパラメータが不要になった場合です。次のコードについて考えてみましょう。

class Order...

```
get finalPrice() {
  const basePrice = this.quantity * this.itemPrice;
  let discountLevel;
  if (this.quantity > 100) discountLevel = 2;
  else discountLevel = 1;
  return this.discountedPrice(basePrice, discountLevel);
}

discountedPrice(basePrice, discountLevel) {
  switch (discountLevel) {
    case 1: return basePrice * 0.95;
    case 2: return basePrice * 0.9;
  }
}
```

　関数を単純化したいときは、「問い合わせによる一時変数の置き換え（p.185）」をするに限ります。結果は次のようになります。

第 11 章　API のリファクタリング

class Order...
```
get finalPrice() {
  const basePrice = this.quantity * this.itemPrice;
  return this.discountedPrice(basePrice, this.discountLevel);
}

get discountLevel() {
  return (this.quantity > 100) ? 2 : 1;
}
```

もはや、`discountLevel` の結果の値を `discountedPrice` に渡す必要はありません。引数を
渡すまでもなく `discountLevel` それ自体のメソッドを呼び出せばよいのです。
　そのために、まずはパラメータへの参照をメソッド呼び出しで置き換えます。

class Order...
```
discountedPrice(basePrice, discountLevel) {
  switch (this.discountLevel) {
    case 1: return basePrice * 0.95;
    case 2: return basePrice * 0.9;
  }
}
```

そして、「**関数宣言の変更（p.130）**」をすることでパラメータを削除します。

class Order...
```
get finalPrice() {
  const basePrice = this.quantity * this.itemPrice;
  return this.discountedPrice(basePrice, this.discountLevel);
}

discountedPrice(basePrice, discountLevel) {
  switch (this.discountLevel) {
    case 1: return basePrice * 0.95;
    case 2: return basePrice * 0.9;
  }
}
```

334

Replace Query with Parameter

パラメータによる問い合わせの置き換え

逆：問い合わせによるパラメータの置き換え（p.332）

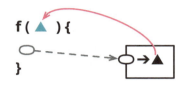

```
targetTemperature(aPlan)

function targetTemperature(aPlan) {
  currentTemperature = thermostat.currentTemperature;
  // 後続ロジック ...
```

⇩

```
targetTemperature(aPlan, thermostat.currentTemperature)

function targetTemperature(aPlan, currentTemperature) {
  // 後続ロジック ...
```

動機

　関数の中身を見ていると、ときに関数のスコープ内で好ましくない参照をしていることに気づきます。それは、グローバル変数への参照や、同じモジュール内の要素であっても取り除きたいと考えているものへの参照です。これを解決するには、内部の参照をパラメータに置き換えて、その参照を特定する責務を関数の呼び出し側に移す必要があります。

　このリファクタリングは、たいていは、コード内の依存関係を変更したいという思いに端を発しています。対象の関数をある要素から非依存にしてパラメータ化したいのです。しかし、そこには葛藤もあります。すべてをパラメータに変換すれば、パラメータリストがくどくどと長くなります。一方で関数本体で多くのスコープを共有すると、関数間の結合度が高まります。多くの微妙な判断と同様に、確実に正しい答えにたどり着けることではありません。そのため、この種の変更は、理解の深まりに応じてプログラムが改善されていくように、着実に行われることが重要です。

　関数が同じパラメータ値で呼び出されたときに常に同じ結果を返すなら、振る舞いを推測しやすくなります。これを参照透過性と呼びます。関数が参照透過ではないスコープ内の要素にアクセスしていると、その関数も参照透過性を失います。この状況は、その要素をパラメータに移動することで解決できます。これによって責務は呼び出し側に移りますが、関数は参照透過性を備えた明快なモジュールとなります。それには多くの利点があります。よくあるパターンは、純

第 11 章　API のリファクタリング

粋関数（参照透過な関数）からなるモジュールを用意し、I/O やプログラム内の他の変動要素を
扱うロジックでそれをラップするというものです。「パラメータによる問い合わせの置き換え」に
よりプログラムの一部を純粋化することで、その部分のテストや振る舞いの推測が容易になりま
す。

　ただし、「パラメータによる問い合わせの置き換え」はいいことずくめというわけではありませ
ん。問い合わせをパラメータに移動すると、その値を提供する方法は呼び出し側で考える必要が
あります。呼び出し側が楽になるようにインタフェースを設計しようとしているのに、これでは
関数の呼び出し側に面倒を押しつけることになります。結局はプログラムの責務の配置問題に行
き着きますが、その判断はとても難しくかつ移ろいやすいものです。だからこそ、このリファク
タリング（および逆リファクタリング）に慣れ親しんでおく必要があります。

手順

- 問い合わせを行っている箇所に「変数の抽出（p.125）」を適用して、関数本体の残りの部
  分から分離する。
- 問い合わせ以外の関数本体のコードに「関数の抽出（p.112）」を適用する。
  - 後で名前を変更するので、新しい関数には検索しやすい名前を付ける。
- 「変数のインライン化（p.129）」を適用して、先ほど作成した変数を取り除く。
- 元の関数に「関数のインライン化（p.121）」を適用する。
- 新しい関数の名前を元の関数の名前に変更する。

例

　シンプルな、でも少し腹の立つ室温制御システムがあるとします。このシステムでは、ユーザ
は温度調節器で室温を設定できますが、目標温度は HeatingPlan（温度設定プラン）によって決
められた範囲内でしか設定できません。

class HeatingPlan...
```
  get targetTemperature() {
    if      (thermostat.selectedTemperature > this._max) return this._max;
    else if (thermostat.selectedTemperature < this._min) return this._min;
    else return thermostat.selectedTemperature;
  }
```

caller...
```
  if      (thePlan.targetTemperature > thermostat.currentTemperature) setToHeat();
  else if (thePlan.targetTemperature < thermostat.currentTemperature) setToCool();
  else setOff();
```

　このシステムのユーザは、温度設定のルールのせいで自分の要望を無視されて、さぞ腹が立

336

つことでしょう。ともあれ、プログラマとしては目標温度を取得する `targetTemperature` 関数がグローバルな `thermostat`（温度調節器）オブジェクトにどのような依存性を持っているかに関心があるはずです。この依存性はパラメータに移動することで解消できます。

まずは、関数のパラメータにしたい変数に対して「**変数の抽出（p.125）**」を適用します。

class HeatingPlan...
```
get targetTemperature() {
  const selectedTemperature = thermostat.selectedTemperature;
  if      (selectedTemperature > this._max) return this._max;
  else if (selectedTemperature < this._min) return this._min;
  else return selectedTemperature;
}
```

こうすることで、このパラメータを計算する部分を除いた、関数本体の全体に対して「**関数の抽出（p.112）**」を適用するのが簡単になります。

class HeatingPlan...
```
get targetTemperature() {
  const selectedTemperature = thermostat.selectedTemperature;
  return this.xxNEWtargetTemperature(selectedTemperature);
}

xxNEWtargetTemperature(selectedTemperature) {
  if (selectedTemperature > this._max) return this._max;
  else if (selectedTemperature < this._min return this._min;
  else return selectedTemperature;
}
```

そして、先ほど抽出した変数をインライン化すると、元の関数は単純な呼び出しだけになります。

class HeatingPlan...
```
get targetTemperature() {
  return this.xxNEWtargetTemperature(thermostat.selectedTemperature);
}
```

このメソッドの呼び出し部に「**関数のインライン化（p.121）**」を適用できます。

caller...
```
if      (thePlan.xxNEWtargetTemperature(thermostat.selectedTemperature) > thermostat.currentTemperature)
  setToHeat();
else if (thePlan.xxNEWtargetTemperature(thermostat.selectedTemperature) < thermostat.currentTemperature)
  setToCool();
else
  setOff();
```

第 11 章　API のリファクタリング

最後に、検索しやすい関数名の利点を活かして、新しい関数名から接頭辞を取り除きます。

caller...
```
if      (thePlan.targetTemperature(thermostat.selectedTemperature) > thermostat.currentTemperature)
  setToHeat();
else if (thePlan.targetTemperature(thermostat.selectedTemperature) < thermostat.currentTemperature)
  setToCool();
else
  setOff();
```

class HeatingPlan...
```
targetTemperature(selectedTemperature) {
  if      (selectedTemperature > this._max) return this._max;
  else if (selectedTemperature < this._min) return this._min;
  else return selectedTemperature;
}
```

　このリファクタリングではよくあることですが、呼び出し側のコードは以前よりも扱いにくくなったように見えます。依存性をモジュールから移動すると、その依存性を処理する責務が呼び出し側に押し戻されます。これは結合度を下げることとのトレードオフです。

　このリファクタリングの成果は、thermostat オブジェクトとの結合度を下げたことにとどまりません。HeatingPlan クラスは不変になりました。すなわち、そのフィールドはコンストラクタ内で設定され、それらを変更するメソッドはありません（これによりクラス全体を調べる手間が省けるでしょう。請け合います）。HeatingPlan が不変になり、thermostat 変数への参照を関数本体から移動したことによって、targetTemperature 関数は参照透過になりました。同じオブジェクトに対して、同じ引数で targetTemperature 関数を呼び出した場合、毎回同じ結果が得られます。HeatingPlan クラスのすべてのメソッドが参照透過性を持つなら、このクラスのテストと振る舞いの推測はずっと容易になります。

　JavaScript のクラスモデルの問題の一つは、不変クラスを強制できないことです。オブジェクトのデータにアクセスすることは常に可能です。とはいえ通常は、クラスの変更不可性を明示し、それを奨励するように書くだけで十分です。こうした性質を持つクラスを作成することは健全な戦略であり、「**パラメータによる問い合わせの置き換え**」はそのための有用なツールです。

338

setter の削除

```
class Person {
  get name() {...}
  set name(aString) {...}
```

⇓

```
class Person {
  get name() {...}
```

動機

　setter が用意されているということは、フィールドが変更される可能性があることを意味します。オブジェクトを生成した後でフィールドを変更したくないなら、setter は用意しません（加えて、フィールドを変更不可にします）。そうすることで、フィールドはコンストラクタでのみで設定され、変更させないという意図が明確になって、フィールドが変更される可能性を、たいていは排除できます。

　不要な setter を用意してしまう典型的なケースは二つあります。一つは、フィールドを操作するときに、コンストラクタの内部も含めて常にアクセサを使用しているケースです。このやり方ではコンストラクタからしか呼び出されない setter ができることがあります。この場合は setter を取り除いて、オブジェクト生成後の変更には意味がないことを明示するのがよいでしょう。

　もう一つのケースは、単純なコンストラクタ呼び出しではなく、クライアントが生成スクリプトを使ってオブジェクトを生成している場合です。このような生成スクリプトでは、新しいオブジェクトを生成するために、まずコンストラクタを呼び出し、その後で一連の setter を呼び出します。スクリプトが終了した後は、新しいオブジェクトのフィールドの一部は変更されません（すべてが変更されないときすらあります）。ここでの setter は、初期の生成期間中に呼び出されるだけです。この場合も、意図をより明確に表現するために setter を取り除いたほうが良いでしょう。

手順

- 設定したい値がコンストラクタに渡されない場合は「関数宣言の変更（p.130）」を適用してパラメータを追加する。コンストラクタ内に setter の呼び出しを追加する。
  - 複数の setter を取り除きたい場合には、それらすべての値をまとめてコンストラクタに追加する。これにより、後のステップが簡単になる。
- コンストラクタ以外での setter の呼び出しを一つひとつ取り除いて、新しいコンストラクタを呼び出すようにする。取り除くたびにテストする。
  - setter の呼び出しを、新しいオブジェクトをコンストラクタで生成する方法に置き換えられないことがある（共有したオブジェクトを更新しているため）。その場合は、このリファクタリングをあきらめる。
- setter に対して「関数のインライン化（p.121）」をする。可能であれば、フィールドを変更不可にする。
- テストする。

例

シンプルな Person クラスを例に取ります。

class Person...
```
get name()     {return this._name;}
set name(arg) {this._name = arg;}
get id()     {return this._id;}
set id(arg) {this._id = arg;}
```

この段階では、次のようなコードで新しいオブジェクトを生成します。

```
const martin = new Person();
martin.name = "martin";
martin.id = "1234";
```

Person の名前は生成後に変更されることがありますが、id は変更されません。このことを明示するために id の setter を取り除くことにします。

それでも初期化時には id を設定する必要があるので、「関数宣言の変更（p.130）」を適用してコンストラクタに追加します。

class Person...
```
constructor(id) {
  this.id = id;
}
```

340

次に、生成側のスクリプトを変更して、コンストラクタを介して id を設定するようにします。

```
const martin = new Person("1234");
martin.name = "martin";
martin.id = "1234";
```

Person のインスタンスを生成しているそれぞれの箇所でこれを行い、変更のたびにテストします。

すべて完了したら、setter に対して「**関数のインライン化（p.121）**」を適用できます。

class Person...
```
constructor(id) {
  this._id = id;
}
get name()    {return this._name;}
set name(arg) {this._name = arg;}
get id()      {return this._id;}
set id(arg) {this._id = arg;}
```

ファクトリ関数によるコンストラクタの置き換え

Replace Constructor with Factory Function

旧：Factory Method によるコンストラクタの置き換え

```
leadEngineer = new Employee(document.leadEngineer, 'E');
```

```
leadEngineer = createEngineer(document.leadEngineer);
```

動機

　多くのオブジェクト指向言語には、オブジェクトの初期化で呼ばれるコンストラクタという特別な関数があります。クライアントは通常、新しいオブジェクトを生成するときに、このコンストラクタを呼び出します。しかし、これらのコンストラクタには、通常の関数にはない厄介な制限があります。Java のコンストラクタは、呼び出したクラスのインスタンスを返さなければならず、それを環境やパラメータに応じてサブクラスやプロキシで置き換えることはできません。コンストラクタの名前はデフォルトで決まっているので、よりわかりやすい名前を使うことはできません。コンストラクタを呼び出すためには通常、特別な演算子（多くの言語ではnew）が必要であり、通常の関数が期待される文脈でコンストラクタを使うのは困難です。

　ファクトリ関数にはそうした制約がありません。ファクトリ関数の実装の一部でコンストラクタを呼び出すでしょうが、それを別の何かに置き換えることも自由です。

手順

- ファクトリ関数を作成する。その関数の本体でコンストラクタを呼び出す。
- 既存のコンストラクタの呼び出しを、一つひとつファクトリ関数の呼び出しに置き換える。
- 変更のたびにテストする。
- コンストラクタの可視性をできるだけ制限する。

例

　ありきたりな例で申し訳ないのですが、従業員区分を使用するコードを例に取ります。次の `Employee`（従業員）クラスを考えてみましょう。

class Employee...
```
constructor (name, typeCode) {
  this._name = name;
  this._typeCode = typeCode;
}
get name() {return this._name;}
get type() {
  return Employee.legalTypeCodes[this._typeCode];
}
static get legalTypeCodes() {
  return {"E": "Engineer", "M": "Manager", "S": "Salesman"};
}
```

普通は次のような呼び出しでインスタンスを生成します。

caller...
```
candidate = new Employee(document.name, document.empType);
```

次のような呼び方もありますが、後述するようにタイプコードをリテラルで使うのは好ましくありません。

calller...
```
const leadEngineer = new Employee(document.leadEngineer, 'E');
```

こういうときはファクトリ関数を用意します。その本体はコンストラクタへの単純な委譲です。

top level...
```
function createEmployee(name, typeCode) {
  return new Employee(name, typeCode);
}
```

そして、既存のコンストラクタの呼び出し元を探して、ファクトリ関数を使用するように一つずつ変更します。

最初のケースは単純に置き換えられます。

caller...
```
candidate = createEmployee(document.name, document.empType);
```

リテラルを指定するケースでも、このファクトリ関数をそのまま使うことができてしまうのですが……

caller...
```
const leadEngineer = createEmployee(document.leadEngineer, 'E');
```

第 11 章　API のリファクタリング

　それでは元の木阿弥です。タイプコードは使いたくありません。コード値をリテラル文字列で渡すのは不吉な臭いの一つです。それより、関数名に従業員の区分名（ここでは Engineer）を埋め込んだファクトリ関数 createEngineer を新たに作成するほうが望ましいです。

caller...

```
const leadEngineer = createEngineer(document.leadEngineer);
```

top level...

```
function createEngineer(name) {
  return new Employee(name, 'E');
}
```

344

コマンドによる関数の置き換え

Replace Function with Command

旧：メソッドオブジェクトによるメソッドの置き換え
逆：関数によるコマンドの置き換え（p.352）

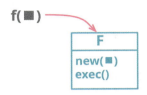

```
function score(candidate, medicalExam, scoringGuide) {
  let result = 0;
  let healthLevel = 0;
  // 以下、長いコード
}
```

```
class Scorer {
  constructor(candidate, medicalExam, scoringGuide) {
    this._candidate = candidate;
    this._medicalExam = medicalExam;
    this._scoringGuide = scoringGuide;
  }

  execute() {
    this._result = 0;
    this._healthLevel = 0;
    // 以下、長いコード
  }
}
```

動機

　関数は、自立しているかメソッドとしてオブジェクトに属しているかを問わず、プログラムを構成する基本要素の一つです。しかし、関数自身をオブジェクトとしてカプセル化することが有用な場合もあり、そのようなオブジェクトを「コマンドオブジェクト」または単に**コマンド**と呼びます。たいていの場合、このオブジェクトは核となる単一のメソッドを持ちます。このオブジェクトの目的は、要求を表すそのメソッドを実行することです。

　コマンドは、単なる関数の仕組みと比べて、関数の制御と表現において高い柔軟性をもたらします。undoのような補完的な操作を提供できますし、より複雑なライフサイクルに対応した、パラメータを組み立てるためのメソッドも提供できます。継承やフックを使ってメソッドをカスタマイズすることも可能です。第一級関数を持たないオブジェクト指向言語でコーディングする

第 11 章　API のリファクタリング

場合、コマンドで代用することで多くの機能を実現できます。同様に、入れ子関数が備わっていない言語であっても、複数のメソッドとフィールドを使用して、一つの複雑な関数を分解することが可能です。テスト時やデバッグ時には、それらのメソッドを直接呼び出すこともできます。

　これらはすべてコマンドを使用するに足る理由であり、必要ならいつでも関数をコマンドにリファクタリングできるよう備えるべきです。しかし、例によって、こうした柔軟性は複雑さという犠牲を払うことによって得られることを忘れてはなりません。このため、第一級関数かコマンドかの選択を迫られたときは、95％の確率で関数を選びます。簡単なアプローチでは実現できない機能が特別に必要な場合にのみ、コマンドを選びます。

> ソフトウェア開発の多くの用語と同様に、「コマンド」もいろいろな意味で使われています。ここで述べるコマンドは、「デザインパターン」[gof] の Command パターンに倣って、要求をカプセル化するオブジェクトを指します。この意味の「コマンド」を使うときは、まず「コマンドオブジェクト」と書いてコンテキストを絞ってから「コマンド」という用語を使います。これとは別に、「コマンド」という用語は、「コマンドとクエリの分離原則」[mf-cqs] でも使用されます。そこでのコマンドは、あるオブジェクトに実装された、観察可能な状態を変更するためのメソッドとされています。このような意味の場合、私はコマンドという用語の使用は避けて、「モディファイア」（modifier）または「ミューテータ」（mutator）と呼ぶようにします。

手順

- 関数のための空のクラスを作り、関数にちなんだ名前を付ける。
- 「関数の移動（p.206）」を適用して、関数を空のクラスに移動する。
  - 少なくともリファクタリングが終わるまで、元の関数は転送用の関数として残しておく。
  - コマンドの命名規則はその言語の慣習に従う。慣習がない場合、コマンドを実行する関数には execute や call といった汎用的な名前を付ける。
- 引数ごとに対応するフィールドを作って、パラメータをコンストラクタに移動することを検討する。

例

　JavaScript には多くの欠陥がありますが、関数を第一級オブジェクトとしたのは大英断でした。第一級関数のない言語ではその代用として、些細なことをさせるために延々と関数をコマンドにしなければならない場合があります。JavaScript では、第一級関数のおかげで、この苦行から逃れられます。しかし、それでもコマンドが適したツールとなるケースは残っています。

　たとえば、複雑な関数を分割することにより、より理解しやすく、変更しやすいものにしたい場合です。このリファクタリングの意義を本当にわかってもらうには長くて複雑な関数が必要なのですが、それでは書くのに時間がかかりますし、もちろん皆さんが読むのも大変です。その代わりに、手っ取り早く扱える短い関数を使うことにします。保険申請のポイントを付与するコー

ドを、例として取り上げます。

```
function score(candidate, medicalExam, scoringGuide) {
  let result = 0;
  let healthLevel = 0;
  let highMedicalRiskFlag = false;

  if (medicalExam.isSmoker) {
    healthLevel += 10;
    highMedicalRiskFlag = true;
  }
  let certificationGrade = "regular";
  if (scoringGuide.stateWithLowCertification(candidate.originState)) {
    certificationGrade = "low";
    result -= 5;
  }
  // このようなコードがずっと続く
  result -= Math.max(healthLevel - 5, 0);
  return result;
}
```

まず空のクラスを作成し、そのクラスの中へ「**関数の移動（p.206）**」をします。

```
function score(candidate, medicalExam, scoringGuide) {
  return new Scorer().execute(candidate, medicalExam, scoringGuide);
}

class Scorer {
  execute (candidate, medicalExam, scoringGuide) {
    let result = 0;
    let healthLevel = 0;
    let highMedicalRiskFlag = false;

    if (medicalExam.isSmoker) {
      healthLevel += 10;
      highMedicalRiskFlag = true;
    }
    let certificationGrade = "regular";
    if (scoringGuide.stateWithLowCertification(candidate.originState)) {
      certificationGrade = "low";
      result -= 5;
    }
    // このようなコードがずっと続く
    result -= Math.max(healthLevel - 5, 0);
    return result;
  }
}
```

　たいていの場合は、コマンドのコンストラクタで値を渡し、execute メソッドではパラメータ
を取らないようにします。この原則は、この例のようにシンプルな分解シナリオでは大した意味

はありませんが、ライフサイクルやカスタマイズを設定する、より複雑なパラメータを持つコマンドを処理するときには非常に有用です。また、コマンドクラスごとにさまざまなパラメータを持つとしても、実行のためのキューには、それらを混在して入れられます。

パラメータはいくつかありますが、まずは一つずつ進めていきましょう。

```javascript
function score(candidate, medicalExam, scoringGuide) {
  return new Scorer(candidate).execute(candidate, medicalExam, scoringGuide);
}
```

class Scorer...
```javascript
constructor(candidate){
  this._candidate = candidate;
}

execute (candidate, medicalExam, scoringGuide) {
  let result = 0;
  let healthLevel = 0;
  let highMedicalRiskFlag = false;

  if (medicalExam.isSmoker) {
    healthLevel += 10;
    highMedicalRiskFlag = true;
  }
  let certificationGrade = "regular";
  if (scoringGuide.stateWithLowCertification(this._candidate.originState)) {
    certificationGrade = "low";
    result -= 5;
  }
  // このようなコードがずっと続く
  result -= Math.max(healthLevel - 5, 0);
  return result;
}
```

続いて、他のパラメータも処理していきます。

```javascript
function score(candidate, medicalExam, scoringGuide) {
  return new Scorer(candidate, medicalExam, scoringGuide).execute();
}
```

class Scorer...
```javascript
constructor(candidate, medicalExam, scoringGuide){
  this._candidate = candidate;
  this._medicalExam = medicalExam;
  this._scoringGuide = scoringGuide;
}

execute () {
  let result = 0;
  let healthLevel = 0;
```

```
      let highMedicalRiskFlag = false;

      if (this._medicalExam.isSmoker) {
        healthLevel += 10;
        highMedicalRiskFlag = true;
      }
      let certificationGrade = "regular";
      if (this._scoringGuide.stateWithLowCertification(this._candidate.originState)) {
        certificationGrade = "low";
        result -= 5;
      }
      // このようなコードがずっと続く
      result -= Math.max(healthLevel - 5, 0);
      return result;
    }
```

　これで「**コマンドによる関数の置き換え**」は終わりですが、このリファクタリングの要点は、煩雑な関数を分解可能にすることです。そこで、関数を分解するための大筋のステップを説明しましょう。次に行うのは、すべてのローカル変数をフィールドに変更することです。繰り返しますが、これも一つずつ行っていきます。

class Scorer...
```
  constructor(candidate, medicalExam, scoringGuide){
    this._candidate = candidate;
    this._medicalExam = medicalExam;
    this._scoringGuide = scoringGuide;
  }

  execute () {
    this._result = 0;
    let healthLevel = 0;
    let highMedicalRiskFlag = false;
    if (this._medicalExam.isSmoker) {
      healthLevel += 10;
      highMedicalRiskFlag = true;
    }
    let certificationGrade = "regular";
    if (this._scoringGuide.stateWithLowCertification(this._candidate.originState)) {
      certificationGrade = "low";
      this._result -= 5;
    }
    // このようなコードがずっと続く
    this._result -= Math.max(healthLevel - 5, 0);
    return this._result;
  }
```

　これをすべてのローカル変数に対して繰り返します（これもリファクタリングの一つですが、シンプルすぎると感じたのでカタログには載せませんでした。少しだけ後悔しています）。

class Scorer...

```
constructor(candidate, medicalExam, scoringGuide){
  this._candidate = candidate;
  this._medicalExam = medicalExam;
  this._scoringGuide = scoringGuide;
}

execute () {
  this._result = 0;
  this._healthLevel = 0;
  this._highMedicalRiskFlag = false;

  if (this._medicalExam.isSmoker) {
    this._healthLevel += 10;
    this._highMedicalRiskFlag = true;
  }
  this._certificationGrade = "regular";
  if (this._scoringGuide.stateWithLowCertification(this._candidate.originState)) {
    this._certificationGrade = "low";
    this._result -= 5;
  }
  // このようなコードがずっと続く
  this._result -= Math.max(this._healthLevel - 5, 0);
  return this._result;
}
```

さて、すべての関数の状態をコマンドオブジェクトに移し終わりました。これで、すべての変
数やそのスコープに邪魔されずに「**関数の抽出（p.112）**」のようなリファクタリングを行えます。

class Scorer...

```
execute () {
  this._result = 0;
  this._healthLevel = 0;
  this._highMedicalRiskFlag = false;

  this.scoreSmoking();
  this._certificationGrade = "regular";
  if (this._scoringGuide.stateWithLowCertification(this._candidate.originState)) {
    this._certificationGrade = "low";
    this._result -= 5;
  }
  // このようなコードがずっと続く
  this._result -= Math.max(this._healthLevel - 5, 0);
  return this._result;
}

scoreSmoking() {
  if (this._medicalExam.isSmoker) {
    this._healthLevel += 10;
    this._highMedicalRiskFlag = true;
  }
}
```

これにより、入れ子関数と同じようにコマンドが扱えます。実際、JavaScript でリファクタリングするなら、入れ子関数はコマンドの悪くない代替方法です。それでも私はここではコマンドを使います。その理由は、コマンドに慣れていることに加えて、サブ関数に対するテストやデバッグ用の呼び出しを直接書けるからです。

Replace Command with Function

関数によるコマンドの置き換え

逆：コマンドによる関数の置き換え（p.345）

```
class ChargeCalculator {
  constructor (customer, usage){
    this._customer = customer;
    this._usage = usage;
  }
  execute() {
    return this._customer.rate * this._usage;
  }
}
```

```
function charge(customer, usage) {
  return customer.rate * usage;
}
```

動機

　コマンドオブジェクトは、複雑な計算を扱うための強力なメカニズムを提供してくれます。コマンドオブジェクトは、フィールドで状態を共有することで、メソッドを容易に分割できます。さまざまな起動メソッドを用意して、多様な結果を得ることもできます。データを段階的に組み上げていくことも可能です。しかし、その強力さにはコストが伴います。ほとんどの場合においては関数を呼び出して仕事をさせたいだけで、その関数がそれほど複雑でもないなら、コマンドオブジェクトにしても骨折り損なだけでしょう。通常の関数に変更すべきです。

手順

- コマンドの生成とその実行メソッドの呼び出しに対して「関数の抽出（p.112）」を適用する。
    - これにより、いずれこのコマンドを置き換えるための新しい関数が作成される。
- コマンドの実行メソッドから呼び出されるメソッドに対して、それぞれ「関数のインライン化（p.121）」をする。
    - 呼び出されるメソッド（サポート関数）が値を返す場合、まずその呼び出しに「変数の抽出（p.125）」をして、次に「関数のインライン化（p.121）」をする。

関数によるコマンドの置き換え

- 「関数宣言の変更（p.130）」をして、コンストラクタのすべてのパラメータをコマンドの実行メソッドのパラメータに加える。
- フィールドごとに、コマンドの実行メソッド内での参照の代わりにパラメータを使うように変更する。変更するたびにテストする。
- コンストラクタの呼び出しとコマンドの実行メソッドの呼び出しを、呼び出し元（つまり先ほど作った置き換えるための関数）にインライン化する。
- テストする。
- 「デッドコードの削除（p.246）」をコマンドクラスに適用する。

例

小さなコマンドオブジェクトを例に取ります。

```
class ChargeCalculator {
  constructor (customer, usage, provider){
    this._customer = customer;
    this._usage = usage;
    this._provider = provider;
  }
  get baseCharge() {
    return this._customer.baseRate * this._usage;
  }
  get charge() {
    return this.baseCharge + this._provider.connectionCharge;
  }
}
```

これはコードから次のように呼ばれます。

caller...
```
monthCharge = new ChargeCalculator(customer, usage, provider).charge;
```

このコマンドクラスは小さくてシンプルなので、関数にするのがよいでしょう。
まず「関数の抽出（p.112）」を適用して、オブジェクトの生成と呼び出しをラップします。

caller...
```
monthCharge = charge(customer, usage, provider);
```

top level...
```
function charge(customer, usage, provider) {
  return new ChargeCalculator(customer, usage, provider).charge;
}
```

353

第 11 章　API のリファクタリング

　サポート関数をどのように処理するか決める必要があります。ここでは baseCharge がサポート関数です。値を返す関数に対する通常のアプローチは、まずその値に対して「**変数の抽出（p.125）**」を適用することです。

class ChargeCalculator...
```
  get baseCharge() {
    return this._customer.baseRate * this._usage;
  }
  get charge() {
    const baseCharge = this.baseCharge;
    return baseCharge + this._provider.connectionCharge;
  }
```

　次に、サポート関数に「**関数のインライン化（p.121）**」を適用します。

class ChargeCalculator...
```
  get charge() {
    const baseCharge = this._customer.baseRate * this._usage;
    return baseCharge + this._provider.connectionCharge;
  }
```

　こうして、すべての処理が一つの関数（charge）に収まりました。次のステップは、コンストラクタに渡されるデータをこの関数に移動することです。まず「**関数宣言の変更（p.130）**」を適用して、コンストラクタのすべてのパラメータを charge メソッドに追加します。

class ChargeCalculator...
```
  constructor (customer, usage, provider){
    this._customer = customer;
    this._usage = usage;
    this._provider = provider;
  }

  charge(customer, usage, provider) {
    const baseCharge = this._customer.baseRate * this._usage;
    return baseCharge + this._provider.connectionCharge;
  }
```

top level...
```
  function charge(customer, usage, provider) {
  return new ChargeCalculator(customer, usage, provider)
                    .charge(customer, usage, provider);
  }
```

　これで、渡されたパラメータを使用するよう charge メソッドの本体を変更できます。一つずつ変更します。

354

class ChargeCalculator...
```
constructor (customer, usage, provider){
  this._customer = customer;
  this._usage = usage;
  this._provider = provider;
}

charge(customer, usage, provider) {
  const baseCharge = customer.baseRate * this._usage;
  return baseCharge + this._provider.connectionCharge;
}
```

　コンストラクタ内の `this._customer` への代入を取り除くのは一見して冗長です。その値は使われずに無視されるだけだからです。しかし、フィールドの使用をパラメータに変更するのを忘れた場合にテストが失敗してわかるので、取り除くほうが良いでしょう（もしテストが失敗しないならば、新しいテストの追加を検討すべきです）。

　これを他のパラメータに対しても繰り返すと、次のようになります。

class ChargeCalculator...
```
charge(customer, usage, provider) {
  const baseCharge = customer.baseRate * usage;
  return baseCharge + provider.connectionCharge;
}
```

　これらをすべてやり終えたら、トップレベルの **charge** 関数にインライン化します。これは「**関数のインライン化（p.121）**」の特殊形で、コンストラクタとメソッド呼び出しの両方をインライン化します。

top level...
```
function charge(customer, usage, provider) {
  const baseCharge = customer.baseRate * usage;
  return baseCharge + provider.connectionCharge;
}
```

　こうして、このコマンドクラスはデッドコードになったので、「**デッドコードの削除（p.246）**」を適用して、敬意を持って埋葬します。

第12章

継承の取り扱い

　最後の章では、オブジェクト指向プログラミングの最もよく知られた機能の一つである継承に目を向けます。これは他の強力なメカニズムと同様に、非常に有用であるとともに、誤用しやすいものです。そして、誤用と気づくのはなかなか困難で、それがバックミラーに映ってからということもたびたびです。

　特性を継承階層に沿って上下に移動させたいことはよくあります。この章で紹介するリファクタリングのうち「メソッドの引き上げ（p.358）」、「フィールドの引き上げ（p.361）」、「コンストラクタ本体の引き上げ（p.363）」、「メソッドの押し下げ（p.367）」、「フィールドの押し下げ（p.368）」ではこれを扱っています。継承階層にクラスを加えたり取り除いたりしたいこともあります。それは「スーパークラスの抽出（p.382）」、「サブクラスの削除（p.376）」、「クラス階層の平坦化（p.387）」で可能です。サブクラスを追加することで、値によって振る舞いを変えさせるためのフィールドを置き換えることもあります。これは「サブクラスによるタイプコードの置き換え（p.369）」で行います。

　継承は強力なツールですが、ときには、ふさわしくない場所で使っていたり、利用場所がふさわしくなくなったりすることがあります。そのような場合は、「委譲によるサブクラスの置き換え（p.388）」、あるいは「委譲によるスーパークラスの置き換え（p.407）」を適用して、継承を委譲に変えます。

357

Pull Up Method

メソッドの引き上げ

逆：メソッドの押し下げ（p.367）

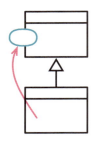

```
class Employee {...}

class Salesman extends Employee {
  get name() {...}
}

class Engineer extends Employee {
  get name() {...}
}
```

⇓

```
class Employee {
  get name() {...}
}

class Salesman extends Employee {...}
class Engineer extends Employee {...}
```

動機

　重複するコードを取り除くことは重要です。重複した二つのメソッドはそのままでうまく動くかもしれませんが、将来のバグの温床以外の何ものでもありません。重複は常に、一方の変更がもう一方に反映されないかもしれないというリスクを意味します。そして、重複を見つけるのは一般に困難です。

　「メソッドの引き上げ」を適用する最も単純なケースは、二つ以上のメソッドが同じ内容を持ち、コピー&ペーストが行われたことが暗示される場合です。もちろん、そこまであからさまなケースはさほど多くありません。リファクタリングをしてみてテストが通るかを確認することは可能ですが、それではテストに頼りすぎることになります。メソッド間の相違点を調べることは有用です。相違点を知ることで、テスト漏れの振る舞いが明らかになることもよくあります。

　「メソッドの引き上げ」は、他のステップの後で行うことがよくあります。異なるクラスの二つ

のメソッドをパラメータ化すれば同じメソッドになる場合、最短のステップは、それぞれに「パラメータによる関数の統合 (p.318)」を適用してから「メソッドの引き上げ」をすることです。

「メソッドの引き上げ」で最も厄介な状況は、サブクラスにあってスーパークラスにない特性をメソッド本体が参照している場合です。その場合は、先にそれらの要素に対して「フィールドの引き上げ (p.361)」や「メソッドの引き上げ」を適用する必要があります。

詳細は異なるものの、全体として同様のフローを持つ二つのメソッドがある場合は、「Template Method の形成」[mf-ft] を検討します。

手順

- 引き上げたいメソッドが同一であるか精査する。
  - 同じことをしているのに本体が同一でないなら、同一になるまでリファクタリングする。
- メソッド本体内のすべてのメソッド呼び出しとフィールドの参照が、スーパークラスから呼び出し可能な特性を参照していることを確認する。
- メソッドのシグネチャが異なる場合は、「関数宣言の変更 (p.130)」を適用して、スーパークラスで使用したいシグネチャに変更する。
- スーパークラスに新しいメソッドを作成する。いずれかのメソッド本体をそこにコピーする。
- 静的コード解析を行う。
- 一つのサブクラスのメソッドを削除する。
- テストする。
- サブクラスのメソッドがすべてなくなるまで、削除を繰り返す。

例

同じ振る舞いを持つサブクラスのメソッドが二つあるとします。

class Employee extends Party...
```
get annualCost() {
  return this.monthlyCost * 12;
}
```

class Department extends Party...
```
get totalAnnualCost() {
  return this.monthlyCost * 12;
}
```

両方のクラスを調べて、それらが monthlyCost 属性を参照していること、その属性がスーパークラスで定義されておらず、サブクラスにそれぞれ存在することを確認します。ここでは動的言語を使っているので気にしませんが、静的言語を使っている場合は、Party に抽象メソッ

第 12 章　継承の取り扱い

ドを定義する必要があります。

　これらはメソッド名が異なるため、「**関数宣言の変更（p.130）**」を適用して同じ名前にします。

class Department...
```
get annualCost() {
  return this.monthlyCost * 12;
}
```

　一方のサブクラスのメソッドをコピーして、スーパークラスに貼り付けます。

class Party...
```
get annualCost() {
  return this.monthlyCost * 12;
}
```

　静的言語なら、コンパイルすれば、すべての参照が可能であることを確認できます。Java
Script ではそれはできないので、まず Employee から annualCost を削除してテストし、その
後で Department から削除します。

　これでこのリファクタリングは終わりですが、疑問が残ります。annualCost は monthly
Cost を呼び出しますが、monthlyCost は Party クラスには現れません。それでもすべてうま
くいきます。JavaScript は動的言語だからです。とはいえ Party のサブクラスで monthlyCost
に対応する実装を提供しなければならないことを明示する価値はあります。後になってから追
加するサブクラスが多い場合は、特にそうです。このことを明示する良い方法は、次のようなト
ラップメソッドを用いることです。

class Party...
```
get monthlyCost() {
  throw new SubclassResponsibilityError();
}
```

　このようなエラーは、サブクラス責務エラーと呼びます。Smalltalk でもそう呼ばれていまし
た。

360

Pull Up Field

フィールドの引き上げ

逆：メソッドの押し下げ（p.367）

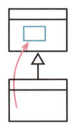

```
class Employee {...} // Java

class Salesman extends Employee {
  private String name;
}

class Engineer extends Employee {
  private String name;
}
```

```
class Employee {
  protected String name;
}

class Salesman extends Employee {...}
class Engineer extends Employee {...}
```

動機

　サブクラスが別々に開発されたり、リファクタリングによって統合されたりした結果、特性が重複することはよくあります。特に、フィールドは重複しやすいものです。このようなフィールドには似たような名前が付いていることもありますが、似ていないこともよくあります。どうなっているかを知る唯一の方法は、それらのフィールドを調べて、どう使われているかを理解することです。同じように使われていれば、それらはスーパークラスに引き上げることができます。

　これを行うと、二つの面で重複を減らせます。まず重複したデータ定義を取り除くこと、加えてそのフィールドを使用する振る舞いもサブクラスからスーパークラスに移動可能になることです。

　多くの動的言語では、フィールドをクラス定義の一部として定義しません。代わりに、最初に割り当てられたときにフィールドが現れます。この場合、フィールドを引き上げるには「**コンス**

第 12 章　継承の取り扱い

トラクタ本体の引き上げ（p.363）」が不可欠になります。

手順

- 引き上げたいフィールドを使っている呼び出し元が、すべて同じやり方でフィールドを利用しているかどうか詳しく調べる。
- フィールド名が異なる場合は、「フィールド名の変更（p.252）」を適用して同じ名前にする。
- スーパークラスに新しいフィールドを一つ作成する。
  - そのフィールドは、各サブクラスからアクセス可能にする必要がある（一般的な言語なら protected と指定する）。
- サブクラスのフィールドを削除する。
- テストする。

Pull Up Constructor Body

コンストラクタ本体の引き上げ

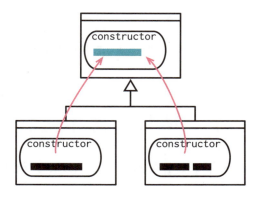

```
class Party {...}

class Employee extends Party {
  constructor(name, id, monthlyCost) {
    super();
    this._id = id;
    this._name = name;
    this._monthlyCost = monthlyCost;
  }
}
```

```
class Party {
  constructor(name){
    this._name = name;
  }
}

class Employee extends Party {
  constructor(name, id, monthlyCost) {
    super(name);
    this._id = id;
    this._monthlyCost = monthlyCost;
  }
}
```

動機

　コンストラクタは「くせ者」です。これらは通常のメソッドとはまったく異なり、できることはかなり限られます。

第 12 章　継承の取り扱い

　複数のサブクラスのメソッドが共通の振る舞いを持つことに気づいたときにまず考えること
は、「関数の抽出（p.112）」に続き「メソッドの引き上げ（p.358）」をして、共通の振る舞いをスー
パークラスにうまく持っていくことです。しかしコンストラクタの場合、それは簡単ではありま
せん。コンストラクタには、何をどの順序で行うかについての特別なルールがあるため、少し
違ったアプローチが必要になります。

　このリファクタリングが混乱し始めたときは、「ファクトリ関数によるコンストラクタの置き
換え（p.342）」を試みます。

手順

- スーパークラスのコンストラクタが存在しなければ、コンストラクタを定義する。サブクラス
  のコンストラクタがそれを呼び出すようにする。
- 「ステートメントのスライド（p.231）」を適用して、super の呼び出しの直後に共通のステー
  トメントを移動する。
- 共通なコードを各サブクラスから削除して、スーパークラスに入れる。共通なコードが参照
  するパラメータをスーパークラスのコンストラクタに追加する。
- テストする。
- コンストラクタの先頭に移動できない共通コードがある場合は、「関数の抽出（p.112）」を
  行ってから「メソッドの引き上げ（p.358）」を適用する。

例

次のコードを例として取り上げます。

```
class Party {}

class Employee extends Party {
  constructor(name, id, monthlyCost) {
    super();
    this._id = id;
    this._name = name;
    this._monthlyCost = monthlyCost;
  }
  // 残りのクラス宣言が続く...

class Department extends Party {
  constructor(name, staff){
    super();
    this._name = name;
    this._staff = staff;
  }
  // 残りのクラス宣言が続く...
```

364

ここでの共通コードは name への代入です。「**ステートメントのスライド（p.231）**」を適用して Employee クラスでの代入を super() の呼び出しの直後に移動します。

```
class Employee extends Party {
  constructor(name, id, monthlyCost) {
    super();
    this._name = name;
    this._id = id;
    this._monthlyCost = monthlyCost;
  }
  // 残りのクラス宣言が続く ...
```

テストが終わったら、共通コードをスーパークラスに移動します。この共通コードはコンストラクタの引数への参照を含むため、パラメータに入れて渡します。

class Party...
```
constructor(name){
  this._name = name;
}
```

class Employee...
```
constructor(name, id, monthlyCost) {
  super(name);
  this._id = id;
  this._monthlyCost = monthlyCost;
}
```

class Department...
```
constructor(name, staff){
  super(name);
  this._staff = staff;
}
```

テストを走らせたら、終わりです。

ほとんどの場合、コンストラクタの振る舞いは次のようになります。まず、共通な振る舞いを super の呼び出しで実行し、次にサブクラスが必要とする追加の処理を行うというものです。しかし、後半に共通の振る舞いがある場合もあります。

次の例を考えてみましょう。

class Employee...
```
constructor (name) {...}

get isPrivileged() {...}

assignCar() {...}
```

第 12 章　継承の取り扱い

class Manager extends Employee...
```
constructor(name, grade) {
  super(name);
  this._grade = grade;
  if (this.isPrivileged) this.assignCar(); //  すべてのサブクラスでこの処理を行っている
}

get isPrivileged() {
  return this._grade > 4;
}
```

　ここで悩ましいのは、isPrivileged への呼び出しは grade フィールドに値が代入されない限り行えないということです。そして、そのフィールドに値を代入するのはサブクラスでしかできません。
　この場合は、共通コードに対して「**関数の抽出（p.112）**」を適用します。

class Manager...
```
constructor(name, grade) {
  super(name);
  this._grade = grade;
  this.finishConstruction();
}

finishConstruction() {
  if (this.isPrivileged) this.assignCar();
}
```

　次に「**メソッドの引き上げ（p.358）**」を適用して、スーパークラスに移動します。

class Employee...
```
finishConstruction() {
  if (this.isPrivileged) this.assignCar();
}
```

Push Down Method

メソッドの押し下げ

逆：メソッドの引き上げ（p.358）

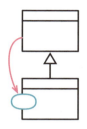

```
class Employee {
  get quota {...}   // 営業ノルマ
}

class Engineer extends Employee {...}
class Salesman extends Employee {...}
```

```
class Employee {...}
class Engineer extends Employee {...}
class Salesman extends Employee {
  get quota {...}   // 営業ノルマ
}
```

動機

　あるメソッドが一つのサブクラス（または少数のサブクラス）だけに関わる処理を行っている場合、そのメソッドをスーパークラスから取り除き、（一つ以上の）サブクラスに持っていくことで、クラス構造が明快になります。このリファクタリングは、呼び出し先が特定のサブクラスであることを呼び出し側がわかっている場合にのみ適用できます。そうでない場合は、スーパークラスに擬似的な振る舞いを配置して「ポリモーフィズムによる条件記述の置き換え（p.279）」を適用するのがよいでしょう。

手順

- 対象となるメソッドを、それを必要とするすべてのサブクラスにコピーする。
- スーパークラスからそのメソッドを削除する。
- テストする。
- そのメソッドを必要としないすべてのサブクラスからそのメソッドを削除する。
- テストする。

Push Down Field

フィールドの押し下げ

逆：フィールドの引き上げ（p.361）

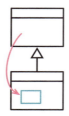

```
class Employee { // Java
  protected String quota; // 営業ノルマ
}

class Engineer extends Employee {...}
class Salesman extends Employee {...}
```

```
class Employee {...}
class Engineer extends Employee {...}

class Salesman extends Employee {
  private String quota; // 営業ノルマ
}
```

動機

あるフィールドが一つのサブクラス（または少数のサブクラス）だけで使用されている場合、そのフィールドをスーパークラスからサブクラスに移動します。

手順

- 対象となるフィールドを、それを必要とするすべてのサブクラスに定義する。
- スーパークラスからそのフィールドを削除する。
- テストする。
- そのフィールドを必要としないすべてのサブクラスからそのフィールドを削除する。
- テストする。

Replace Type Code with Subclasses

サブクラスによるタイプコードの置き換え

包含：State/Strategy によるタイプコードの置き換え
包含：サブクラスの抽出
逆：サブクラスの削除（p.376）

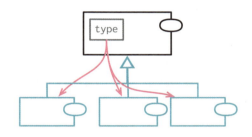

```
function createEmployee(name, type) {
  return new Employee(name, type);
}
```

```
function createEmployee(name, type) {
  switch (type) {
    case "engineer": return new Engineer(name);
    case "salesman": return new Salesman(name);
    case "manager":  return new Manager (name);
  }
}
```

動機

　ソフトウェアシステムでは、類似しているが少し違うものを表現したいといったことがよくあります。従業員を職種（エンジニア、マネージャ、営業）で分類したり、注文を優先順位（至急、通常）で分類したりします。これに対処する第一の手段は、なんらかのタイプコード用フィールドです。言語に応じて、列挙型、シンボル型、文字列型、または数値型などを使って定義します。タイプコードの値は、連携する外部サービスから渡されることがよくあります。

　多くの場合、こうしたタイプコードの利用だけで事足ります。しかし、何かを加えるともう少しうまく扱える場合もあります。加えるもの、それはサブクラスです。サブクラスに関して特に魅力的なことは二つあります。一つは、条件付きロジックを処理するためにポリモーフィズムが使えることです。タイプコードの値に応じて異なる振る舞いを取る関数がいくつかあるときは、これがとても役に立ちます。サブクラスにすることで、これらの関数に対して「**ポリモーフィズムによる条件記述の置き換え（p.279）**」を適用できます。

　二つ目は、タイプコードが特定の値のときだけ有効なフィールドやメソッドがある場合です。

369

第 12 章　継承の取り扱い

たとえば、タイプコードが「営業」のときだけ「ノルマ」フィールドが有効になるという状況が考えられます。この場合はサブクラスを作って「**フィールドの押し下げ（p.368）**」を適用します。タイプコードの値がある値のときだけ、あるフィールドを使うというようなバリデーションロジックを作る方法もありますが、サブクラスを使用すると、その関係がはっきりします。

　「**サブクラスによるタイプコードの置き換え**」を適用する場合は、着目しているクラスを直接サブクラス化するか、タイプコードそのものをサブクラス化するかを検討する必要があります。これは、エンジニアを従業員のサブタイプにすべきか、従業員クラスに従業員タイプのプロパティを持たせて、そこにエンジニアやマネージャなどのサブタイプを設定すべきかを検討することを指します。直接サブクラス化する方法は単純ですが、サブクラス化が他のこと（たとえばパートタイムとフルタイムのような勤務形態区分）の表現に必要な場合、職種の表現に使うことはできません。職種が変わる可能性がある場合にも、この方法は使えません。従業員タイプを表すプロパティにサブクラス構造を移すなら、タイプコードに「**オブジェクトによるプリミティブの置き換え（p.181）**」を適用して、従業員タイプクラスを作成し、その新しいクラスに「**サブクラスによるタイプコードの置き換え**」を適用します。

手順

- タイプコード用フィールドを自己カプセル化する。
- タイプコード値を一つ選択し、そのタイプコード用のサブクラスを作成する。そのタイプコードの getter を上書きして、リテラルのタイプコード値を返すようにする。
- タイプコードのパラメータから新しいサブクラスに変換するための選択ロジックを作成する。
    - 直接継承する方法では、「ファクトリ関数によるコンストラクタの置き換え（p.342）」を適用して、そのファクトリに選択ロジックを置く。間接的に継承を使う方法では、選択ロジックはコンストラクタに残してもよい。
- テストする。
- タイプコードの値ごとにサブクラスの作成と選択ロジックの追加を繰り返す。変更のたびにテストする。
- タイプコード用フィールドを削除する。
- テストする。
- タイプコードのアクセサを使用するすべてのメソッドに対して「メソッドの押し下げ（p.367）」および「ポリモーフィズムによる条件記述の置き換え（p.279）」を適用する。すべてを置き換えたら、タイプコードのアクセサを削除できる。

例

　使い古された Employee（従業員）の例を使います。

class Employee...
```
constructor(name, type){
  this.validateType(type);
  this._name = name;
  this._type = type;
}
validateType(arg) {
  if (!["engineer", "manager", "salesman"].includes(arg))
    throw new Error(`従業員のタイプコードが不正：${arg}`);
}
toString() {return `${this._name} (${this._type})`;}
```

最初に「**変数のカプセル化（p.138）**」を適用してタイプコードを自己カプセル化します。

class Employee...
```
get type() {return this._type;}
toString() {return `${this._name} (${this.type})`;}
```

わかりにくいので確認しておくと、`toString` メソッドはアンダースコアを取り除いた新しい getter を使っています。

まずは、タイプコードの一つである `"engineer"` を取り上げます。直接継承することにして、Employee クラスのサブクラスを作ります。Engineer サブクラスは単純で、タイプコードの getter をオーバーライドして、該当するリテラル値を返すだけです。

```
class Engineer extends Employee {
  get type() {return "engineer";}
}
```

JavaScript のコンストラクタは他のオブジェクトを返せますが、オブジェクトを選択するロジックをそこに置こうとすると厄介なことになります。選択ロジックがフィールドの初期化と絡み合ってしまうからです。そこで、「**ファクトリ関数によるコンストラクタの置き換え（p.342）**」を適用して、選択ロジック用の新しい場所を用意します。

```
function createEmployee(name, type) {
  return new Employee(name, type);
}
```

この新しいサブクラスを使用するために、選択ロジックをファクトリに追加します。

```
function createEmployee(name, type) {
  switch (type) {
    case "engineer": return new Engineer(name, type);
  }
  return new Employee(name, type);
}
```

第 12 章　継承の取り扱い

　ここでテストして、正しく動いていることを確認します。ただし私は疑り深いので、Engineer でオーバーライドした部分の戻り値（ここでは "engineer"）を変更して、もう一度テストを行って失敗することを確認します。こうすれば、サブクラスが使われていることを確認できます。確認できたら戻り値を元に戻して、残りのタイプコードについて作業を続けます。これを一つずつ行い、その変更が終わるたびにテストします。

```
class Salesman extends Employee {
  get type() {return "salesman";}
}

class Manager extends Employee {
  get type() {return "manager";}
}

function createEmployee(name, type) {
  switch (type) {
    case "engineer": return new Engineer(name, type);
    case "salesman": return new Salesman(name, type);
    case "manager":  return new Manager (name, type);
  }
  return new Employee(name, type);
}
```

　すべてが終われば、タイプコード用のフィールドとスーパークラスの getter を削除できます（サブクラスの getter はそのまま残します）。

class Employee...
```
constructor(name, type){
  this.validateType(type);
  this._name = name;
  this._type = type;
}

get type() {return this._type;}
toString() {return `${this._name} (${this.type})`;}
```

　テストがすべて正常であることを確認したら、バリデーションのロジックを削除します。実質的に switch 文が同じことをしているからです。

class Employee...
```
constructor(name, type){
  this.validateType(type);
  this._name = name;
}

function createEmployee(name, type) {
  switch (type) {
```

372

```
      case "engineer": return new Engineer(name, type);
      case "salesman": return new Salesman(name, type);
      case "manager":  return new Manager (name, type);
      default: throw new Error(`Employee cannot be of type ${type}`);
    }
    return new Employee(name, type);
  }
```

コンストラクタの引数の **type** にはもはや意味がないので、「**関数宣言の変更（p.130）**」の餌食になります。

class Employee...
```
  constructor(name, type){
    this._name = name;
  }

  function createEmployee(name, type) {
    switch (type) {
      case "engineer": return new Engineer(name, type);
      case "salesman": return new Salesman(name, type);
      case "manager":  return new Manager (name, type);
      default: throw new Error(`Employee cannot be of type ${type}`);
    }
  }
```

　サブクラスにはまだタイプコードのアクセサ、すなわち getter の **type** が残っています。これらもいずれ削除したいと思うのですが、それらに依存する他のメソッドがあるので少し時間がかかります。依存するメソッドに「**ポリモーフィズムによる条件記述の置き換え（p.279）**」および「**メソッドの押し下げ（p.367）**」をします。getter の **type** を使用するコードがなくなったところで、それらを「**デッドコードの削除（p.246）**」という神の憐れみに委ねます。

例：間接的な継承の使用

　さて、最初に戻りましょう。ただし今回は、パートタイムとフルタイムの従業員用のサブクラスがすでにあります。したがって、**Employee** クラスをタイプコードごとにサブクラス化することはできません。直接継承を使用しないのは、従業員の職種を変更できるようにしておくためでもあります。

class Employee...
```
  constructor(name, type){
    this.validateType(type);
    this._name = name;
    this._type = type;
  }
  validateType(arg) {
    if (!["engineer", "manager", "salesman"].includes(arg))
```

第 12 章　継承の取り扱い

```
      throw new Error(`従業員のタイプコードが不正：${arg}`);
  }
  get type()    {return this._type;}
  set type(arg) {this._type = arg;}

  get capitalizedType() {
    return this._type.charAt(0).toUpperCase() + this._type.substr(1).toLowerCase();
  }
  toString() {
    return `${this._name} (${this.capitalizedType})`;
  }
```

今度の `toString` は、オブジェクトの状態を簡潔に説明するために、少しだけ複雑になっています。

まずは、タイプコードに対して「**オブジェクトによるプリミティブの置き換え（p.181）**」を適用します。

```
class EmployeeType {
  constructor(aString) {
    this._value = aString;
  }
  toString() {return this._value;}
}
```

class Employee...
```
  constructor(name, type){
    this.validateType(type);
    this._name = name;
    this.type = type;
  }
  validateType(arg) {
    if (!["engineer", "manager", "salesman"].includes(arg))
      throw new Error(`従業員のタイプコードが不正：${arg}`);
  }
  get typeString() {return this._type.toString();}
  get type()    {return this._type;}
  set type(arg) {this._type = new EmployeeType(arg);}

  get capitalizedType() {
    return this.typeString.charAt(0).toUpperCase()
      + this.typeString.substr(1).toLowerCase();
  }

  toString() {
    return `${this._name} (${this.capitalizedType})`;
  }
```

従業員のタイプフィールドに「**サブクラスによるタイプコードの置き換え**」の通常の手順を適用します。

374

class Employee...

```
set type(arg) {this._type = Employee.createEmployeeType(arg);}

static createEmployeeType(aString) {
  switch(aString) {
    case "engineer": return new Engineer();
    case "manager":  return new Manager ();
    case "salesman": return new Salesman();
    default: throw new Error(`従業員のタイプコードが不正：${aString}`);
  }
}

class EmployeeType {
}
class Engineer extends EmployeeType {
  toString() {return "engineer";}
}
class Manager extends EmployeeType {
  toString() {return "manager";}
}
class Salesman extends EmployeeType {
  toString() {return "salesman";}
}
```

　これで終わりにするなら、空になった `EmployeeType` クラスを削除してもよかったでしょう。しかし、さまざまなサブクラス間の関係を明示するために、残しておくのがよいと思います。また、`EmployeeType` は、その他の振る舞いの移動先としてもちょうどよい場所です。たとえば、大文字化のロジックを追加してみるとわかりやすいでしょう。

class Employee...

```
toString() {
  return `${this._name} (${this.type.capitalizedName})`;
}
```

class EmployeeType...

```
get capitalizedName() {
  return this.toString().charAt(0).toUpperCase()
    + this.toString().substr(1).toLowerCase();
}
```

　　この本の初版をよく知っている人にとっては、この例は基本的に「State/Strategy によるタイプコードの置き換え」に取って代わるものになっています。そのリファクタリングは、今では間接継承を使った「**サブクラスによるタイプコードの置き換え**」の一種と考えています。そのため、異なるリファクタリングとしてカタログに収めるまでもないと考えました（名前も気に入っていなかったのです）。

サブクラスの削除

Remove Subclass

旧：フィールドによるサブクラスの置き換え
逆：サブクラスによるタイプコードの置き換え（p.369）

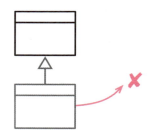

```
class Person {
  get genderCode() {return "X";}
}
class Male extends Person {
  get genderCode() {return "M";}
}
class Female extends Person {
  get genderCode() {return "F";}
}
```

⇩

```
class Person {
  get genderCode() {return this._genderCode;}
}
```

動機

　サブクラスは便利です。データ構造のバリエーションとポリモーフィックな振る舞いをサポートしてくれます。これらは差分プログラミングのためのすぐれた手段です。しかし、プログラムが進化するにつれて、サブクラスがサポートするバリエーションが別の場所に移動されたり、まるごと削除されたりして、サブクラスの存在価値がなくなってしまうことがあります。また、将来必要になると予想して追加したサブクラスが結局使われなかったり、別のやり方で実現されたりすることもあります。

　サブクラスが小さすぎて、もはや存在価値がないと判断するのにもコストがかかります。そうなっていた場合には、サブクラスを取り除いてスーパークラスのフィールドに置き換えるのが最善です。

サブクラスの削除

手順

● 当該サブクラスのコンストラクタに「ファクトリ関数によるコンストラクタの置き換え(p.342)」を適用する。
  ● コンストラクタのクライアントがデータフィールドを使用してどのサブクラスを生成するかを判定している場合、その判定ロジックをスーパークラスのファクトリメソッドに入れる。
● サブクラスのタイプを判定しているコードがあるなら、そのタイプ判定に「関数の抽出(p.112)」を適用し、さらに「関数の移動(p.206)」を適用してその処理をスーパークラスに移動する。変更が終わるたびにテストする。
● サブクラスのタイプを表すフィールドを作成する。
● サブクラスを参照しているメソッドを、この新しいタイプフィールドを使用するように変更する。
● サブクラスを削除する。
● テストする。

　このリファクタリングは、よくひとまとまりのサブクラスに対して行われます。その場合は、サブクラスをカプセル化する手順(ファクトリ関数を追加し、タイプ判定を移動する)を実行してから、それらを一つひとつスーパークラスに格納します。

例

　次のコードの断片から始めましょう。

class Person...
```
  constructor(name) {
    this._name = name;
  }
  get name()       {return this._name;}
  get genderCode() {return "X";}
  // 後は省略

  class Male extends Person {
    get genderCode() {return "M";}
  }

  class Female extends Person {
    get genderCode() {return "F";}
  }
```

　もしサブクラスがこれ以外にやることがないとしたら、存在価値はまったくありません。とはいえ、これらのサブクラスを削除する前に、クライアントコードの中にサブクラスに依存した移動すべき振る舞いがないかを確認するとよいでしょう。この例では、サブクラスを残す意義は見

第 12 章　継承の取り扱い

当たりません。

client...
```
const numberOfMales = people.filter(p => p instanceof Male).length;
```

　私は、何かの表現方法を変更する前に、まずは必ず現在の表現内容をカプセル化して、クライアントコードへの影響を最小化するようにします。サブクラスの削除は「**ファクトリ関数によるコンストラクタの置き換え（p.342）**」でカプセル化できます。この場合、ファクトリを作る方法はいくつかあります。

　最も直接的な方法は、コンストラクタごとにファクトリメソッドを作ることです。

```
function createPerson(name) {
  return new Person(name);
}
function createMale(name) {
  return new Male(name);
}
function createFemale(name) {
  return new Female(name);
}
```

　これは直接的な選択ですが、このようなオブジェクトは、たいていは性別区分のコード値を直接使用するような入力ソースから生成されます。

```
function loadFromInput(data) {
  const result = [];
  data.forEach(aRecord => {
    let p;
    switch (aRecord.gender) {
      case 'M': p = new Male(aRecord.name); break;
      case 'F': p = new Female(aRecord.name); break;
      default: p = new Person(aRecord.name);
    }
    result.push(p);
  });
  return result;
}
```

　この場合は、インスタンス生成をするクラスを選択するロジックに「**関数の抽出（p.112）**」を適用し、ファクトリ関数にするのがよいでしょう。

```
function createPerson(aRecord) {
  let p;
  switch (aRecord.gender) {
    case 'M': p = new Male(aRecord.name); break;
    case 'F': p = new Female(aRecord.name); break;
```

378

```
    default: p = new Person(aRecord.name);
  }
  return p;
}

function loadFromInput(data) {
  const result = [];
  data.forEach(aRecord => {
    result.push(createPerson(aRecord));
  });
  return result;
}
```

ついでに、上の二つの関数をきれいにしておきます。まず、createPerson に「**変数のインライン化（p.129）**」をします。

```
function createPerson(aRecord) {
  switch (aRecord.gender) {
    case 'M': return new Male  (aRecord.name);
    case 'F': return new Female(aRecord.name);
    default:  return new Person(aRecord.name);
  }
}
```

次に、loadFromInput に「**パイプラインによるループの置き換え（p.240）**」をします。

```
function loadFromInput(data) {
  return data.map(aRecord => createPerson(aRecord));
}
```

サブクラスの生成はファクトリでカプセル化しましたが、まだ instanceof が残っており、不吉な臭いがします。型判定の部分について「**関数の抽出（p.112）**」をします。

client...
```
const numberOfMales = people.filter(p => isMale(p)).length;

function isMale(aPerson) {return aPerson instanceof Male;}
```

そして「**関数の移動（p.206）**」をして、型判定を Person クラスに移動します。

class Person...
```
get isMale() {return this instanceof Male;}
```

client...
```
const numberOfMales = people.filter(p => p.isMale).length;
```

第12章　継承の取り扱い

　このリファクタリングが完了すると、サブクラスに関する知識はすべてスーパークラスとファクトリ関数の中に安全に格納されます（いつもならサブクラスを参照するスーパークラスには警戒しますが、このコードは紅茶のおかわりを飲み終えるまでになくなるので、目くじらは立てません）。

　ここで、サブクラス間の違いを表すフィールドを追加します。ここでは外部からロードするコード値を使っているので、ついでにそのまま使ってしまいましょう。

class Person...
```
  constructor(name, genderCode) {
    this._name = name;
    this._genderCode = genderCode || "X";
  }

  get genderCode() {return this._genderCode;}
```

　性別区分用のフィールド（_genderCode）を初期化するときは、デフォルト値を設定します（ちなみに、ほとんどの人は男性か女性に分類できますが、そうでない人もいます。それを忘れるのは、ありがちなモデリングのミスです）。

　次に、男性のケースを取り上げて、そのロジックをスーパークラスに格納します。そのためには、ファクトリを修正して Person オブジェクトを返すようにし、instanceof での判定を修正して性別区分フィールドを使うようにします。

```
  function createPerson(aRecord) {
    switch (aRecord.gender) {
      case 'M': return new Person(aRecord.name, "M");
      case 'F': return new Female(aRecord.name);
      default:  return new Person(aRecord.name);
    }
  }
```

class Person...
```
  get isMale() {return "M" === this._genderCode;}
```

　テストをした上で、Male サブクラスを取り除いて、再度テストします。そして Female サブクラスに対しても同様のことを行います。

```
  function createPerson(aRecord) {
    switch (aRecord.gender) {
      case 'M': return new Person(aRecord.name, "M");
      case 'F': return new Person(aRecord.name, "F");
      default:  return new Person(aRecord.name);
    }
  }
```

380

性別区分が対称的でないのが気になります。将来、このコードを読んだ人は、なぜ対称でないのか不思議に思うでしょう。そのため、対称になるように区分を変更しておきます。この例のように複雑さを持ち込まずにできるなら、なおのことです。

```javascript
function createPerson(aRecord) {
  switch (aRecord.gender) {
    case 'M': return new Person(aRecord.name, "M");
    case 'F': return new Person(aRecord.name, "F");
    default:  return new Person(aRecord.name, "X");
  }
}
```

class Person...
```javascript
  constructor(name, genderCode) {
    this._name = name;
    this._genderCode = genderCode || "X";
  }
```

Extract Superclass

スーパークラスの抽出

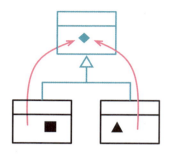

```
class Department {
  get totalAnnualCost() {...}
  get name() {...}
  get headCount() {...}
}

class Employee {
  get annualCost() {...}
  get name() {...}
  get id() {...}
}
```

```
class Party {
  get name() {...}
  get annualCost() {...}
}

class Department extends Party {
  get annualCost() {...}
  get headCount() {...}
}

class Employee extends Party {
  get annualCost() {...}
  get id() {...}
}
```

動機

　二つのクラスが同じようなことをしていたら、継承の基本的なメカニズムを使って、その類似点をスーパークラスにまとめてしまいましょう。「フィールドの引き上げ（p.361）」を適用して共通のデータを、「メソッドの引き上げ（p.358）」を適用して共通の振る舞いを、スーパークラスに

移動します。

　オブジェクト指向の書き手の多くは、継承は「現実世界」におけるある種の分類構造に基づいて前もって慎重に設計されるべきであると言います。そのような分類構造は、継承を使用する際のヒントにはなりますが、プログラムの進化の過程で、共通の要素をまとめておきたくなることから発見されていく継承もよくあります。

　この「スーパークラスの抽出」の代わりになるものとしては「クラスの抽出（p.189）」があります。つまり、継承と委譲のどちらかで、重複した振る舞いを統合できます。通常は「スーパークラスの抽出」がより簡単なアプローチです。そのため、まずはこのリファクタリングを施します。必要なら後で「委譲によるスーパークラスの置き換え（p.407）」をすることもできます。

手順

- 空のスーパークラスを作成して、元のクラス群をそのサブクラスにする。
  - 必要なら、コンストラクタに「関数宣言の変更（p.130）」を適用する。
- テストする。
- 一度に一つずつ「コンストラクタ本体の引き上げ（p.363）」、「メソッドの引き上げ（p.358）」、「フィールドの引き上げ（p.361）」を適用して、共通の要素をスーパークラスに移動する。
- サブクラスの残りのメソッドを調べて、共通部分があるか確認する。もしあれば、「関数の抽出（p.112）」を適用した後で「メソッドの引き上げ（p.358）」を適用する。
- 元のクラスの呼び出し側を調べる。スーパークラスのインタフェースを使用するように調整するかを検討する。

例

　次の二つのクラスについて考えましょう。これらは名前、年次および月次のコストという一部の機能を共有しています。

```
class Employee {
  constructor(name, id, monthlyCost) {
    this._id = id;
    this._name = name;
    this._monthlyCost = monthlyCost;
  }
  get monthlyCost() {return this._monthlyCost;}
  get name() {return this._name;}
  get id() {return this._id;}

  get annualCost() {
    return this.monthlyCost * 12;
  }
}
```

第 12 章　継承の取り扱い

```javascript
class Department {
  constructor(name, staff){
    this._name = name;
    this._staff = staff;
  }
  get staff() {return this._staff.slice();}
  get name() {return this._name;}

  get totalMonthlyCost() {
    return this.staff
      .map(e => e.monthlyCost)
      .reduce((sum, cost) => sum + cost);
  }
  get headCount() {
    return this.staff.length;
  }
  get totalAnnualCost() {
    return this.totalMonthlyCost * 12;
  }
}
```

共通のスーパークラスを抽出することで、共通の振る舞いを明示することができます。
まず空のスーパークラスを作成し、元のクラスを両方ともサブクラスにします。

```javascript
class Party {}

class Employee extends Party {
  constructor(name, id, monthlyCost) {
    super();
    this._id = id;
    this._name = name;
    this._monthlyCost = monthlyCost;
  }
  // 以下省略...

class Department extends Party {
  constructor(name, staff){
    super();
    this._name = name;
    this._staff = staff;
  }
  // 以下省略...
```

「**スーパークラスの抽出**」は、データから着手するとよいでしょう。これは JavaScript の場合、
コンストラクタの修正が必要になります。まずは、「**フィールドの引き上げ（p.361）**」をして、
name（名前）を引き上げます。

384

右上: スーパークラスの抽出

```
class Party...
  constructor(name){
    this._name = name;
  }
```

```
class Employee...
  constructor(name, id, monthlyCost) {
    super(name);
    this._id = id;
    this._monthlyCost = monthlyCost;
  }
```

```
class Department...
  constructor(name, staff){
    super(name);
    this._staff = staff;
  }
```

スーパークラスにデータを引き上げたので、関連するメソッドに対して「**メソッドの引き上げ**（**p.358**）」を適用できます。まずは、name（名前）の getter です。

```
class Party...
  get name() {return this._name;}
```

```
class Employee...
  get name() {return this._name;}
```

```
class Department...
  get name() {return this._name;}
```

他にも本体部分が類似したメソッドが二つあります。

```
class Employee...
  get annualCost() {
    return this.monthlyCost * 12;
  }
```

```
class Department...
  get totalAnnualCost() {
    return this.totalMonthlyCost * 12;
  }
```

これらが使用するメソッド、monthlyCost と totalMonthlyCost は、名前も本体部分も異なりますが、意図は異なるでしょうか。もし同じなら、「**関数宣言の変更**（**p.130**）」を適用して名前を統一するべきです。

12

385

class Department...
```
  get totalAnnualCost() {
    return this.monthlyCost * 12;
  }

  get monthlyCost() { ... }
```

同様に annualCost に改名します。

class Department...
```
  get annualCost() {
    return this.monthlyCost * 12;
  }
```

ここまで来れば、annualCost メソッドに「メソッドの引き上げ（p.358）」を適用できます。

class Party...
```
  get annualCost() {
    return this.monthlyCost * 12;
  }
```

class Employee...
```
  get annualCost() {
    return this.monthlyCost * 12;
  }
```

class Department...
```
  get annualCost() {
    return this.monthlyCost * 12;
  }
```

386

Collapse Hierarchy

クラス階層の平坦化

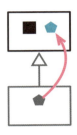

```
class Employee {...}
class Salesman extends Employee {...}
```

```
class Employee {...}
```

動機

　クラス階層をリファクタリングするときは、頻繁に特性（フィールドやメソッド）を上げ下げします。クラス階層が進化するにつれて、あるクラスとその親クラスの間に、いつの間にか、別クラスに分けるほどの差がなくなっていることがあります。そうしたときは、それらを一つにマージします。

手順

- どちらのクラスを削除するか決める。
    - 将来にわたって意味が通じるほうの名前を選ぶ。どちらも完璧でないときは、適当にどちらかを選ぶ。
- 「フィールドの引き上げ（p.361）」、「フィールドの押し下げ（p.368）」、「メソッドの引き上げ（p.358）」、「メソッドの押し下げ（p.367）」を適用して、すべての要素を一つのクラスに移動する。
- 犠牲となるクラスへの参照を調整して、存続するクラスへの参照に変更する。
- 空になったクラスを削除する。
- テストする。

Replace Subclass with Delegate

委譲によるサブクラスの置き換え

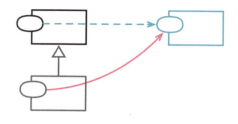

```
class Order {
  get daysToShip() {
    return this._warehouse.daysToShip;
  }
}

class PriorityOrder extends Order {
  get daysToShip() {
    return this._priorityPlan.daysToShip;
  }
}
```

```
class Order {
  get daysToShip() {
    return (this._priorityDelegate)
      ? this._priorityDelegate.daysToShip
      : this._warehouse.daysToShip;
  }
}

class PriorityOrderDelegate {
  get daysToShip() {
    return this._priorityPlan.daysToShip
  }
}
```

動機

　カテゴリによって振る舞いの異なるオブジェクトがあるとき、これを表現する自然な仕組みは継承です。共通なデータと振る舞いのすべてをスーパークラスに置き、サブクラスでは必要に応じてデータや振る舞いを追加したり、オーバーライドしたりします。オブジェクト指向言語は、継承を簡単に実装できるようにしたもので、よく知られたメカニズムになっています。

　しかし、継承には欠点があります。最もわかりやすいのは、一度しか使えない切り札であることです。バリエーションを持たせたい理由が複数ある場合でも、継承を使えるのは一軸に対して

のみです。そのため、もし年齢カテゴリと所得水準の二軸で「人」の振る舞いを変えたいのであれば、若者と高齢者をサブクラスにするか、高所得者と低所得者をサブクラスにするか、どちらか一方を選択するしかありません。

加えて、継承がクラス間にきわめて密接な関係を導入することも問題です。親クラスに施そうとする変更が簡単に子クラスを壊してしまうのです。このため変更は注意深く対処する必要があり、子クラスがどのようにスーパークラスから派生しているかを把握しなければなりません。二つのクラスのロジックが別のモジュールに存在し、それらが別のチームによって保守される場合、問題はさらに大きくなります。

委譲なら、この両方の問題に対処できます。さまざまな理由に合わせてさまざまなクラスに委譲できます。委譲はオブジェクト間の通常の関係なので、連携のためのインタフェースを明確にできます。結合度はサブクラス化よりもはるかに弱くなります。そのため、サブクラス化で問題が起きたら、「**委譲によるサブクラスの置き換え**」で解決するのは日常茶飯事です。

「クラス継承よりもオブジェクトのコンポジションを優先せよ」（ここでいうコンポジションは実質的に委譲と同じです）というよく知られた原則があります。多くの人がこれを「継承は有害だ（inheritance considered harmful）」[訳注1]と解釈して、継承は決して使うべきではないと主張します。私は継承をよく利用します。その理由の一つは、後で変更したくなったときにはいつでも「**委譲によるサブクラスの置き換え**」が使えるとわかっているからです。継承は有意義です。たいていは使っても問題ありません。ですから私はまず継承から試して、それがひどくこじれてきたら委譲に乗り換えます。この使い方は、上の原則と実は矛盾していません。この原則の出典である Gang of Four の本［gof］でも継承とコンポジションをどのように使い分けるかを説明しています。上の原則は、継承の過度の使用に対する揺り戻しとして述べられたものです。

Gang of Four の本をよく知っている人なら、このリファクタリングは、サブクラスを State パターンまたは Strategy パターンで置き換えるものと考えるとわかりやすいでしょう。この二つのパターンはどちらも構造的には同じで、別の階層に処理を委譲します。「**委譲によるサブクラスの置き換え**」は必ず委譲先クラスに継承階層を持たせるわけではありませんが（この後で説明する最初の例にも階層はありません）、State や Strategy のための階層を与えたほうがたいていは便利です。

手順

- コンストラクタの呼び出し元が多い場合は、まず「ファクトリ関数によるコンストラクタの置き換え（p.342）」を適用する。
- 委譲用の空のクラスを作成する。そのコンストラクタはサブクラス固有のデータを受け取る。また、スーパークラスへの逆参照を受け取ることも多い。
- 委譲先オブジェクトを保持するフィールドをスーパークラスに追加する。
- サブクラスの生成処理を変更して、委譲用フィールドを委譲先クラスのインスタンスで初期

訳注1　構造化プログラミングを提唱したエドガー・ダイクストラ（Edsger Dijkstra）の「GO TO 文は有害だ（Go To Statement considered harmful）」をもじっています。

第 12 章　継承の取り扱い

化するようにする。

- これはファクトリ関数の中で実行できる。コンストラクタで正しい委譲先を確実に特定できる場合は、コンストラクタ内で実行してもよい。

- 委譲先クラスに移動するサブクラスのメソッドを選択する。

- 選択したメソッドに「関数の移動 (p.206)」を適用して、委譲先クラスに移動する。元の委譲を行うためのコードは削除しないこと。

- 選択したメソッドが委譲先に移動すべき要素を必要とする場合は、それらを移動する。スーパークラスに残すべき要素を必要とする場合は、スーパークラスを参照するフィールドを委譲先クラスに追加する。

- 元のメソッドにクラス外部からの呼び出しがある場合は、元の委譲を行うコードをサブクラスからスーパークラスに移動し、委譲先の存在を確認するガードを置く。外部呼び出しがない場合は、「デッドコードの削除 (p.246)」を適用する。

- 複数のサブクラスがあり、その中のコードが重複し始めたら、「スーパークラスの抽出 (p.382)」を適用する。このとき、デフォルトの振る舞いが委譲先のスーパークラスに移されるなら、元のスーパークラスにあるすべての委譲を行うメソッドのガードは不要になる。

- テストする。

- サブクラスのすべてのメソッドが移動されるまで繰り返す。

- サブクラスのコンストラクタの呼び出し元をすべて見つけて、スーパークラスのコンストラクタを使用するように変更する。

- テストする。

- サブクラスに対して「デッドコードの削除 (p.246)」を適用する。

例

ショーの予約のための Booking クラスがあるとします。

class Booking...
```
constructor(show, date) {
  this._show = show;
  this._date = date;
}
```

サブクラスとして PremiumBooking (プレミアム予約)があり、extras (付加サービス)をサポートします。

class PremiumBooking extends Booking...
```
constructor(show, date, extras) {
  super(show, date);
  this._extras = extras;
}
```

　PremiumBooking は、スーパークラスから継承したものに多くの変更を加えています。この種の差分プログラミングではよくあることですが、サブクラスがスーパークラスのメソッドをオーバーライドするケースもあれば、サブクラスのみに関わる新しいメソッドを追加するケースもあります。これらについて詳細には立ち入りませんが、いくつかの興味深いケースを紹介します。

　まず、単純にオーバーライドするケースを見てみましょう。通常の Booking ではショーの後でトークバック^{訳注2}を提供しますが、これはピーク日以外に限ります。

class Booking...
```
get hasTalkback() {
  return this._show.hasOwnProperty('talkback') && !this.isPeakDay;
}
```

　PremiumBooking では、これをオーバーライドして、すべての日にトークバックを提供します。

class PremiumBooking...
```
get hasTalkback() {
  return this._show.hasOwnProperty('talkback');
}
```

　価格の決定も同様にオーバーライドしますが、PremiumBooking のメソッドがスーパークラスのメソッドを呼び出すというひとひねりが加わっています。

class Booking...
```
get basePrice() {
  let result = this._show.price;
  if (this.isPeakDay) result += Math.round(result * 0.15);
  return result;
}
```

class PremiumBooking...
```
get basePrice() {
  return Math.round(super.basePrice + this._extras.premiumFee);
}
```

訳注2　トークバック（talkback）とは、終演後に出演者や観客がステージ上で、演技や演出についてディスカッションすること。

第 12 章　継承の取り扱い

最後は、スーパークラスにない振る舞いを PremiumBooking が提供している例です。

class PremiumBooking...
```
get hasDinner() {
  return this._extras.hasOwnProperty('dinner') && !this.isPeakDay;
}
```

このサンプルコードでは、継承がうまく機能しています。すなわち、サブクラスを理解することなくスーパークラスを理解できますし、サブクラスにはスーパークラスとの差分だけを記述しています。それによって、重複を減らし、サブクラスが導入する差分を明確にしています。

実際には、上で述べたように完璧にはいきません。スーパークラスの構造には、サブクラスのためだけに意味のあるものも存在します。たとえば、適切な振る舞いで手軽にオーバーライドさせるためだけに切り出したメソッドなどです。多くの場合はサブクラスを理解することなくスーパークラスを変更できますが、サブクラスのことを考えないようにしたせいで、スーパークラスの変更がサブクラスを壊してしまうことがあります。しかし、こうした状況がときどき起こるとしても、サブクラスの破損を検出する良いテストがあれば、継承は割に合います。

ではなぜ「**委譲によるサブクラスの置き換え**」を適用してまで、このような幸せな状況を変えたいのでしょう。それは、継承は一度しか使えない道具だからです。そのため、継承を使いたい理由が別にあり、その理由がプレミアム予約のサブクラスよりも有益だと思われるなら、プレミアム予約を別の方法で取り扱う必要があります。また、通常予約をプレミアム予約に動的に変更すること、すなわち aBooking.bePremium() のようなメソッドをサポートしたい場合もあるでしょう。これは、状況によっては、まるごと新しいオブジェクトを生成するやり方で対処できます（この一般的な例は、サーバから新しいデータをロードするための HTTP リクエストの動作です）。しかし、データ構造をゼロから作り直すのではなく、一部を変更するだけで対処したい場合もありますし、多くの異なる場所から参照される一つの予約を置き換えるのは容易ではありません。そうした状況の場合、通常予約をプレミアム予約に切り替えるか、その逆を行えるようにすることは有用です。

こうした必要が生じたときは「**委譲によるサブクラスの置き換え**」を適用すべきです。次に示すのは、二つのクラスのコンストラクタを呼び出して予約を行う、クライアント側のコードです。

booking client...
```
aBooking = new Booking(show, date);
```

premium client...
```
aBooking = new PremiumBooking(show, date, extras);
```

サブクラスを削除すると、これらをすべて変更する必要があるため、「**ファクトリ関数によるコンストラクタの置き換え（p.342）**」を適用して、コンストラクタの呼び出しをカプセル化します。

top level...
```
function createBooking(show, date) {
  return new Booking(show, date);
}
function createPremiumBooking(show, date, extras) {
  return new PremiumBooking (show, date, extras);
}
```

booking client
```
aBooking = createBooking(show, date);
```

premium client
```
aBooking = createPremiumBooking(show, date, extras);
```

　ここで、委譲先となるクラスを新しく作成します。そのコンストラクタのパラメータには、サブクラスでのみ利用するパラメータと Booking オブジェクトへの逆参照を含めます。これはサブクラスのいくつかのメソッドが、スーパークラスに格納されたデータにアクセスする必要があるからです。継承の場合はスーパークラスに簡単にアクセスできますが、委譲の場合は逆参照が必要になります。

class PremiumBookingDelegate...
```
constructor(hostBooking, extras) {
  this._host = hostBooking;
  this._extras = extras;
}
```

　次に、この新しい委譲先を Booking オブジェクトに接続します。これは PremiumBooking 用のファクトリ関数を変更することで行います。

top level...
```
function createPremiumBooking(show, date, extras) {
  const result = new PremiumBooking (show, date, extras);
  result._bePremium(extras);
  return result;
}
```

class Booking...
```
_bePremium(extras) {
  this._premiumDelegate = new PremiumBookingDelegate(this, extras);
}
```

　ここでは _bePremium の先頭にアンダースコアを付けることで、Booking の公開インタフェースの一部でないことを明示しました。もちろん、このリファクタリングの目的が通常予約をプレミアム予約に変更可能にすることであれば、公開メソッドにするでしょう。

第 12 章　継承の取り扱い

　　別の方法として、委譲先との接続処理のすべてを Booking クラスのコンストラクタで行うこ
とも可能です。そのためには、プレミアム予約であることをなんらかの方法でコンストラクタに
知らせる必要があります。一つの方法は、パラメータを追加することです。プレミアム予約の
場合に必ず存在するとわかっているなら、単に extras を渡してもよいでしょう。しかし私は、
ファクトリ関数を通じてプレミアム予約であることを明示するやり方を選びます。

　構造を準備できたので、振る舞いの移動を開始します。検討する最初のケースは、hasTalk
back の単純なオーバーライドです。既存のコードは次のとおりです。

class Booking...
```
  get hasTalkback() {
    return this._show.hasOwnProperty('talkback') && !this.isPeakDay;
  }
```

class PremiumBooking...
```
  get hasTalkback() {
    return this._show.hasOwnProperty('talkback');
  }
```

　「関数の移動（p.206）」を適用して、サブクラスのこのメソッドを委譲先のクラスに移動しま
す。新たなクラスに適合させるために _host を呼び出してスーパークラスのデータへのアクセ
スルートを確保します。

class PremiumBookingDelegate...
```
  get hasTalkback() {
    return this._host._show.hasOwnProperty('talkback');
  }
```

class PremiumBooking...
```
  get hasTalkback() {
    return this._premiumDelegate.hasTalkback;
  }
```

　テストを行ってすべてが動作することを確認したら、サブクラスのメソッドを削除します。

class PremiumBooking...
```
  get hasTalkback() {
    return this._premiumDelegate.hasTalkback;
  }
```

　この時点でテストすると、失敗するはずです。
　そこで、振り分けロジックをスーパークラスのメソッドに追加し、委譲先が存在するときはそ
れを使用するようにして、この移動を完了させます。

class Booking...
```
get hasTalkback() {
  return (this._premiumDelegate)
    ? this._premiumDelegate.hasTalkback
    : this._show.hasOwnProperty('talkback') && !this.isPeakDay;
}
```

次は basePrice（基本価格）を見てみましょう。

class Booking...
```
get basePrice() {
  let result = this._show.price;
  if (this.isPeakDay) result += Math.round(result * 0.15);
  return result;
}
```

class PremiumBooking...
```
get basePrice() {
  return Math.round(super.basePrice + this._extras.premiumFee);
}
```

この例は前の例とほとんど同じですが、super に対する呼び出しがあるので少し厄介です（こうした呼び出しは、この手のサブクラスの拡張ではとても一般的です）。サブクラスのコードを委譲先クラスに移動した場合は親クラスのメソッドを呼び出す必要がありますが、this._host. basePrice を単純に呼び出すと無限再帰に陥ります。

対処方法はいくつかありますが、一つの方法は、委譲元クラスの計算処理に「**関数の抽出（p.112）**」を適用し、価格計算から振り分けロジックを分離することです（残りの移動は hasTalkBack のときと同様です）。

class Booking...
```
get basePrice() {
  return (this._premiumDelegate)
    ? this._premiumDelegate.basePrice
    : this._privateBasePrice;
}

get _privateBasePrice() {
  let result = this._show.price;
  if (this.isPeakDay) result += Math.round(result * 0.15);
  return result;
}
```

class PremiumBookingDelegate...
```
get basePrice() {
  return Math.round(this._host._privateBasePrice + this._extras.premiumFee);
}
```

第 12 章　継承の取り扱い

　もう一つの方法は、委譲先クラスのメソッドを委譲元クラスのメソッドの拡張として作り直す
やり方です。

class Booking...
```
  get basePrice() {
    let result = this._show.price;
    if (this.isPeakDay) result += Math.round(result * 0.15);
    return (this._premiumDelegate)
      ? this._premiumDelegate.extendBasePrice(result)
      : result;
  }
```

class PremiumBookingDelegate...
```
  extendBasePrice(base) {
    return Math.round(base + this._extras.premiumFee);
  }
```

　どちらも正しく動作します。後者のロジックのほうが若干小さいため、どちらかというと後者
のほうが好ましいです。
　最後は、サブクラスだけにメソッドが存在するケースです。

```
  get hasDinner() {
    return this._extras.hasOwnProperty('dinner') && !this.isPeakDay;
  }
```

　これをサブクラスから委譲先クラスに移動します。

class PremiumBookingDelegate...
```
  get hasDinner() {
    return this._extras.hasOwnProperty('dinner') && !this._host.isPeakDay;
  }
```

　そして、振り分けロジックを Booking クラスに追加します。

class Booking...
```
  get hasDinner() {
    return (this._premiumDelegate)
      ? this._premiumDelegate.hasDinner
      : undefined;
  }
```

　JavaScript では、定義されていないオブジェクトのプロパティにアクセスすると undefined
が返されるので、ここでもそうしました（もっとも私の感覚ではエラーを起こすのが自然で、こ
れまで私が親しんできた他のオブジェクト指向の動的言語もそうなっていました）。サブクラス

396

委譲によるサブクラスの置き換え

からすべての振る舞いを外したら、ファクトリメソッドでスーパークラスを返すように変更できます。そして、すべてが正常に動作することをテストしたら、サブクラスを削除します。

top level...
```
function createPremiumBooking(show, date, extras) {
  const result = new PremiumBooking (show, date, extras);
  result._bePremium(extras);
  return result;
}

class PremiumBooking extends Booking ...
```

　このリファクタリングに限ったことではありませんが、リファクタリングしただけでは、とてもコードが改善したとは思えません。継承ならこの状況を非常にうまく扱えますが、委譲を用いる場合は振り分けロジックと双方向参照による余分な複雑性を追加する必要があるからです。それでもこのリファクタリングが有意義なのは、プレミアム予約を変更可能なステータスとして扱えるようになること、および継承を別の目的で使用できるようになることであり、継承を使わないことによる欠点を補って余りある可能性があるからです。

例：階層の置き換え

　先ほどの例では、一つのサブクラスに対して「**委譲によるサブクラスの置き換え**」を適用しましたが、階層全体に対しても同じことができます。

```
function createBird(data) {
  switch (data.type) {
    case 'EuropeanSwallow':
      return new EuropeanSwallow(data);
    case 'AfricanSwallow':
      return new AfricanSwallow(data);
    case 'NorweigianBlueParrot':
      return new NorweigianBlueParrot(data);
    default:
      return new Bird(data);
  }
}

class Bird {
  constructor(data) {
    this._name = data.name;
    this._plumage = data.plumage;
  }
  get name()    {return this._name;}

  get plumage() {
    return this._plumage || "average";
  }
```

12

397

```
    get airSpeedVelocity() {return null;}
  }

  class EuropeanSwallow extends Bird {
    get airSpeedVelocity() {return 35;}
  }

  class AfricanSwallow extends Bird {
    constructor(data) {
      super (data);
      this._numberOfCoconuts = data.numberOfCoconuts;
    }
    get airSpeedVelocity() {
      return 40 - 2 * this._numberOfCoconuts;
    }
  }

  class NorwegianBlueParrot extends Bird {
    constructor(data) {
      super (data);
      this._voltage = data.voltage;
      this._isNailed = data.isNailed;
    }

    get plumage() {
      if (this._voltage > 100) return "scorched";
      else return this._plumage || "beautiful";
    }
    get airSpeedVelocity() {
      return (this._isNailed) ? 0 : 10 + this._voltage / 10;
    }
  }
```

このシステムでは、wild（野生）とタグ付けされた鳥と、captivity（かごの鳥）とタグ付けされた鳥との間に大きな違いが近々生じることになっています。この違いは Bird を二つのサブクラス、すなわち WildBird と CaptiveBird とすることでモデル化できます。しかし、継承は一度しか使えないので、WildBird と CaptiveBird をサブクラスにしたい場合は、鳥種ごとのサブクラスを削除しなければなりません。

複数のサブクラスが関わっているときは、一度に一つずつ取り上げ、単純なものから始めます。この例では EuropeanSwallow（ヨーロッパツバメ）から始めます。まず、委譲するために空の委譲先クラスを作成します。

```
class EuropeanSwallowDelegate {
}
```

まだ、データや逆参照のパラメータは何も入れていません。この例では、必要に応じて導入します。

委譲によるサブクラスの置き換え

　委譲用フィールドの初期化をどこで行うかを決める必要があります。ここでは、コンストラクタの data 引数にすべての情報が含まれるので、コンストラクタで行うことにします。追加すべき委譲先がいくつかあるため、data のタイプコードに基づいて正しい委譲先を選択する関数を作ります。

class Bird...
```
  constructor(data) {
    this._name = data.name;
    this._plumage = data.plumage;
    this._speciesDelegate = this.selectSpeciesDelegate(data);
  }

  selectSpeciesDelegate(data) {
    switch(data.type) {
      case 'EuropeanSwallow':
        return new EuropeanSwallowDelegate();
      default: return null;
    }
  }
```

　構造の準備ができたので、EuropeanSwallow クラスの airSpeedVelocity（飛行速度）メソッドに「**関数の移動（p.206）**」を適用できます。

class EuropeanSwallowDelegate...
```
  get airSpeedVelocity() {return 35;}
```

class EuropeanSwallow...
```
  get airSpeedVelocity() {return this._speciesDelegate.airSpeedVelocity;}
```

　スーパークラスの airSpeedVelocity メソッドを変更して、委譲先が存在する場合にはそれを呼び出すようにします。

class Bird...
```
  get airSpeedVelocity() {
    return this._speciesDelegate ? this._speciesDelegate.airSpeedVelocity : null;
  }
```

　元のサブクラスを削除します。

```
  class EuropeanSwallow extends Bird {
    get airSpeedVelocity() {return this._speciesDelegate.airSpeedVelocity;}
  }
```

12

399

top level...

```
function createBird(data) {
  switch (data.type) {
    case 'EuropeanSwallow':
      return new EuropeanSwallow(data);
    case 'AfricanSwallow':
      return new AfricanSwallow(data);
    case 'NorweigianBlueParrot':
      return new NorwegianBlueParrot(data);
    default:
      return new Bird(data);
  }
}
```

　次に、AfricanSwallow（アフリカツバメ）に取りかかります。クラスを作成しますが、今度はコンストラクタで data の内容が必要になります。

class AfricanSwallowDelegate...

```
constructor(data) {
  this._numberOfCoconuts = data.numberOfCoconuts;
}
```

class Bird...

```
selectSpeciesDelegate(data) {
  switch(data.type) {
    case 'EuropeanSwallow':
      return new EuropeanSwallowDelegate();
    case 'AfricanSwallow':
      return new AfricanSwallowDelegate(data);
    default: return null;
  }
}
```

　airSpeedVelocity メソッドに「**関数の移動（p.206）**」を適用します．

class AfricanSwallowDelegate...

```
get airSpeedVelocity() {
  return 40 - 2 * this._numberOfCoconuts;
}
```

class AfricanSwallow...

```
get airSpeedVelocity() {
  return this._speciesDelegate.airSpeedVelocity;
}
```

　ここで AfricanSwallow サブクラスを削除できます。

委譲によるサブクラスの置き換え

```
class AfricanSwallow extends Bird {
  // クラス全体 ...
}

function createBird(data) {
  switch (data.type) {
    case 'AfricanSwallow':
      return new AfricanSwallow(data);
    case 'NorweigianBlueParrot':
      return new NorwegianBlueParrot(data);
    default:
      return new Bird(data);
  }
}
```

次は、NorwegianBlueParrot（セキセイインコ）に取りかかります。そのためのクラスを作り、前と同じ手順で airSpeedVelocity メソッドを移動した結果は次のようになります。

class Bird...
```
  selectSpeciesDelegate(data) {
    switch(data.type) {
      case 'EuropeanSwallow':
        return new EuropeanSwallowDelegate();
      case 'AfricanSwallow':
        return new AfricanSwallowDelegate(data);
      case 'NorweigianBlueParrot':
        return new NorwegianBlueParrotDelegate(data);
      default: return null;
    }
  }
```

class NorwegianBlueParrotDelegate...
```
  constructor(data) {
    this._voltage = data.voltage;
    this._isNailed = data.isNailed;
  }
  get airSpeedVelocity() {
    return (this._isNailed) ? 0 : 10 + this._voltage / 10;
  }
```

すべてうまくいきましたが、NorwegianBlueParrot は、他のケースでは対処する必要がなかった plumage（羽毛）プロパティをオーバーライドしています。まず行うべき「**関数の移動（p.206）**」は簡単ですが、Bird クラスへの逆参照を入れるためにコンストラクタを変更する必要があります。

class NorwegianBlueParrot...
```
  get plumage() {
    return this._speciesDelegate.plumage;
  }
```

12

401

第 12 章　継承の取り扱い

class NorwegianBlueParrotDelegate...
```
get plumage() {
  if (this._voltage > 100) return "scorched";
  else return this._bird._plumage || "beautiful";
}

constructor(data, bird) {
  this._bird = bird;
  this._voltage = data.voltage;
  this._isNailed = data.isNailed;
}
```

class Bird...
```
selectSpeciesDelegate(data) {
  switch(data.type) {
    case 'EuropeanSwallow':
      return new EuropeanSwallowDelegate();
    case 'AfricanSwallow':
      return new AfricanSwallowDelegate(data);
    case 'NorweigianBlueParrot':
      return new NorwegianBlueParrotDelegate(data, this);
    default: return null;
  }
}
```

　サブクラスの plumage メソッドを削除する手順は簡単ではありません。もし、次のように変更してしまうと、

class Bird...
```
get plumage() {
  if (this._speciesDelegate)
    return this._speciesDelegate.plumage;
  else
    return this._plumage || "average";
}
```

他の鳥種の委譲先クラスには plumage プロパティがないため、エラーがたくさん発生します。次のような条件文を使うこともできますが……

class Bird...
```
get plumage() {
  if (this._speciesDelegate instanceof NorwegianBlueParrotDelegate)
    this._speciesDelegate.plumage;
  else
    return this._plumage || "average";
}
```

402

何とも NorwegianBlueParrot の腐敗臭がしませんか^{訳注3}。私だけじゃないですよね。こういった明示的なクラス判定が良かった試しがありません。

別の選択肢として、他の委譲先クラスにデフォルトのケースを実装する方法があります。

class Bird...
```
get plumage() {
  if (this._speciesDelegate)
    return this._speciesDelegate.plumage;
  else
    return this._plumage || "average";
}
```

class EuropeanSwallowDelegate...
```
get plumage() {
  return this._bird._plumage || "average";
}
```

class AfricanSwallowDelegate...
```
get plumage() {
  return this._bird._plumage || "average";
}
```

そうすると plumage のデフォルト用メソッドを複製することになります。それはさほど悪くないとしても、逆参照を割り当てるためにコンストラクタを複製するボーナスまでついてきてしまいます。

この重複への対処策は、当然ながら継承です。鳥種の委譲先クラス群に「**スーパークラスの抽出（p.382）**」をします。

```
class SpeciesDelegate {
  constructor(data, bird) {
    this._bird = bird;
  }
  get plumage() {
    return this._bird._plumage || "average";
  }
}

class EuropeanSwallowDelegate extends SpeciesDelegate {

class AfricanSwallowDelegate extends SpeciesDelegate {
  constructor(data, bird) {
    super(data,bird);
    this._numberOfCoconuts = data.numberOfCoconuts;
  }
```

訳注3　ここに使われている鳥の名前はすべてモンティパイソンのシリーズに出てくる。中でも NorwegianBlueParrot は、死んだ鳥を死んでいないと言って売りつける店員の話。

第 12 章　継承の取り扱い

```
class NorwegianBlueParrotDelegate extends SpeciesDelegate {
  constructor(data, bird) {
    super(data, bird);
    this._voltage = data.voltage;
    this._isNailed = data.isNailed;
  }
}
```

ついにスーパークラスができました。これでデフォルトの振る舞いはすべて Bird クラスから
SpeciesDelegate クラスに移動できます。ただし、_speciesDelegate フィールドに必ず値
が設定されていることを保証する必要があります。

class Bird...
```
selectSpeciesDelegate(data) {
  switch(data.type) {
    case 'EuropeanSwallow':
      return new EuropeanSwallowDelegate(data, this);
    case 'AfricanSwallow':
      return new AfricanSwallowDelegate(data, this);
    case 'NorweigianBlueParrot':
      return new NorwegianBlueParrotDelegate(data, this);
    default: return new SpeciesDelegate(data, this);
  }
}
// Bird クラスの残りのコード

get plumage() {return this._speciesDelegate.plumage;}

get airSpeedVelocity() {return this._speciesDelegate.airSpeedVelocity;}
```

class SpeciesDelegate...
```
get airSpeedVelocity() {return null;}
```

いいですね。Bird クラスの委譲を行うメソッドがすっきりしました。これで、どの振る舞い
が SpeciesDelegate クラスに委譲され、何が残るかが容易にわかります。
　これらのクラスの最終的な状態は次のとおりです。

```
function createBird(data) {
  return new Bird(data);
}

class Bird {
  constructor(data) {
    this._name = data.name;
    this._plumage = data.plumage;
    this._speciesDelegate = this.selectSpeciesDelegate(data);
  }
  get name()    {return this._name;}
  get plumage() {return this._speciesDelegate.plumage;}
```

404

委譲によるサブクラスの置き換え

```
    get airSpeedVelocity() {return this._speciesDelegate.airSpeedVelocity;}

    selectSpeciesDelegate(data) {
      switch(data.type) {
        case 'EuropeanSwallow':
          return new EuropeanSwallowDelegate(data, this);
        case 'AfricanSwallow':
          return new AfricanSwallowDelegate(data, this);
        case 'NorweigianBlueParrot':
          return new NorwegianBlueParrotDelegate(data, this);
        default: return new SpeciesDelegate(data, this);
      }
    }
    // Bird クラスの残りのコード
}

class SpeciesDelegate {
  constructor(data, bird) {
    this._bird = bird;
  }
  get plumage() {
    return this._bird._plumage || "average";
  }
  get airSpeedVelocity() {return null;}
}

class EuropeanSwallowDelegate extends SpeciesDelegate {
  get airSpeedVelocity() {return 35;}
}

class AfricanSwallowDelegate extends SpeciesDelegate {
  constructor(data, bird) {
    super(data,bird);
    this._numberOfCoconuts = data.numberOfCoconuts;
  }
  get airSpeedVelocity() {
    return 40 - 2 * this._numberOfCoconuts;
  }
}

class NorwegianBlueParrotDelegate extends SpeciesDelegate {
  constructor(data, bird) {
    super(data, bird);
    this._voltage = data.voltage;
    this._isNailed = data.isNailed;
  }
  get airSpeedVelocity() {
    return (this._isNailed) ? 0 : 10 + this._voltage / 10;
  }
  get plumage() {
    if (this._voltage > 100) return "scorched";
    else return this._bird._plumage || "beautiful";
  }
}
```

405

第 12 章　継承の取り扱い

　この例では、元のサブクラスを委譲で置き換えましたが、SpeciesDelegate のクラス構造は
似たような継承階層になっています。Bird クラスの継承を解放したこと以外にも、このリファ
クタリングから得られたものがあります。SpeciesDelegate の継承構造がサポートする範囲は
より厳密になり、鳥の種類に応じて異なるデータと関数だけをカバーするようになりました。鳥
の種類にかかわらず共通なコードは、Bird クラスとその将来のサブクラスに残ります。

　委譲先クラスにスーパークラスを導入するというアイデアは、前半の予約の例に対しても適用
できます。そうすることで、振り分けロジックを含む Booking クラスのメソッドは委譲クラス
への単純な呼び出しに置き換わり、委譲側の振り分け処理は継承構造に任せることができます。
しかし、もうすぐ夕食の時間なので、これは読者の皆さんの練習用に残しておきましょう。

　これら二つの例が示しているのは、「クラス継承よりもオブジェクトのコンポジションを優先
せよ」というフレーズは、「コンポジションと継承のどちらか一方よりも、両方のいいとこ取りを
目指せ」と言い直したほうが良いということです。しかし、後者のフレーズはあまり受けそうに
ありませんね。

406

Replace Superclass with Delegate

委譲によるスーパークラスの置き換え

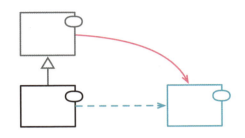

```
class List {...}
class Stack extends List {...}
```

```
class Stack {
  constructor() {
    this._storage = new List();
  }
}
class List {...}
```

動機

　オブジェクト指向のプログラムにおいて、継承は既存の機能を再利用するための強力で利用しやすい手法です。既存のクラスを継承して、オーバーライドしたり、特性（メソッドやフィールド）を追加したりするだけです。しかし、サブクラス化は、下手をすると混乱と複雑化を招きかねません。

　オブジェクト指向が普及した初期の頃の古典的な継承の誤りの例として、`Stack` を `List` のサブクラスにしたことがあります[訳注4]。この発想のもととなったのは、`List` のデータ構造とそれを処理する操作を再利用することでした。再利用はできたものの、この継承には問題がありました。`List` のすべての操作は `Stack` のインタフェースに現れるものの、そのほとんどは `Stack` に適合しませんでした。より良いアプローチは、`List` を `Stack` のフィールドに置いて、必要な操作を委譲することです。

　これは「**委譲によるスーパークラスの置き換え**」を適用すべき理由の一例です。スーパークラスの関数がサブクラスで意味をなさないのなら、それはスーパークラスの機能を継承によって利用すべきではないことを示唆しています。

　スーパークラスのすべての関数が意味をなすと同時に、サブクラスのすべてのインスタンスは、スーパークラスのインスタンスとして、スーパークラスを使用するすべてのケースで有効なオブ

訳注4　JDK では、`Stack` クラスは `List` インタフェースを実装する `Vector` クラスのサブクラスとして定義されている。

ジェクトであるべきです。車種名やエンジン排気量などを持つ CarModel クラスがある場合、これらの特性を再利用して、車両識別番号や製造日を扱う関数を追加すれば、現物の自動車を表現できると思うかもしれません。これは私が「タイプ／インスタンス同音異義語」(type-instance homonym)［mf-tih］と呼ぶモデリング上の誤りです。よく見られますが、しばしば気づきにくいものです。

この二つはどちらも、混乱と誤りを導く問題の例です。これらは、継承を別のオブジェクトへの委譲に置き換えれば簡単に回避できます。委譲を使うことで、いくつかの関数を使い回したいだけの別の存在であったことが明確になります。

サブクラスを使ったモデリングが妥当な場合であっても、「**委譲によるスーパークラスの置き換え**」を適用することがあります。サブクラスとスーパークラスの関係は結合度が強く、スーパークラスを変更することでサブクラスが簡単に壊れてしまうからです。委譲の負の側面は、委譲元から委譲先に処理を転送する、同じ関数を書く必要があることです。しかし幸いなことに、このような転送用関数は、書くのは退屈でも、とても簡単なので間違うことはまずありません。

以上の結論として、継承は絶対に避けるように勧める人たちもいますが、私はそれには同意しません。適切な意味論的条件（スーパータイプのすべてのメソッドがサブタイプに適用され、サブタイプのすべてのインスタンスはスーパータイプのインスタンスであること）が当てはまるならば、継承はシンプルで効果的なメカニズムです。状況が変化して、継承がもはや最善の選択肢でなくなったら、ただちに「**委譲によるスーパークラスの置き換え**」を適用できます。そのため、（たいていは）まず継承を使用して、問題になったときに「**委譲によるスーパークラスの置き換え**」を適用することをお勧めします。

手順

- サブクラスに、スーパークラスのオブジェクトを参照する委譲用フィールドを作る。このフィールドには、初期化時にスーパークラスの新しいインスタンスの参照を格納する。
- スーパークラスの要素（フィールドとメソッド）ごとに、委譲先に転送する転送用の関数をサブクラス内に作る。ひとまとまりの転送用関数を作るたびにテストする。
    - ほとんどの場合、転送用関数を作るたびにテストできるが、たとえば、get/set の対の場合は、両方を移動しないとテストできない。
- すべてのスーパークラスの要素を転送用関数でオーバーライドしたら、継承関係を削除する。

例

私はこのところ、古代の Scroll（巻物）を収蔵している古い町の図書館のコンサルティングをしていました。彼らは巻物についての詳細情報を CatalogItem（カタログ品目）に記録しています。すなわち、巻物には一つひとつ id（ID 番号）が振られ、title（タイトル）と tags（タグのリスト）が記録されます。

委譲によるスーパークラスの置き換え

class CatalogItem...
```
constructor(id, title, tags) {
  this._id = id;
  this._title = title;
  this._tags = tags;
}

get id() {return this._id;}
get title() {return this._title;}
hasTag(arg) {return this._tags.includes(arg);}
```

巻物は定期的なクリーニングが必要です。次のコードでは、`CatalogItem`（カタログ品目）クラスを拡張して、`Scroll`（巻物）クラスにクリーニングで必要なデータを持たせています。

class Scroll extends CatalogItem...
```
constructor(id, title, tags, dateLastCleaned) {
  super(id, title, tags);
  this._lastCleaned = dateLastCleaned;
}

needsCleaning(targetDate) {
  const threshold = this.hasTag("revered") ? 700 : 1500;
  return this.daysSinceLastCleaning(targetDate) > threshold ;
}
daysSinceLastCleaning(targetDate) {
  return this._lastCleaned.until(targetDate, ChronoUnit.DAYS);
}
```

　これはよくある間違ったモデリングの例です。現物である巻物とカタログ中の品目は別物だからです。たとえば、グレースケール病[訳注5]の治療について記述した巻物には、写本がいくつかあるかもしれませんが、カタログ中の品目としては一つだけです。

　多くの場合、こうしたエラーはそのまま放置してやり過ごすことも可能です。タイトルとタグは、カタログ品目のデータのコピーとみなすことができます。このデータが決して変更されないのなら、このモデルのままで問題は起きません。しかし、少しでもデータを更新することがあれば、（複数の `Scroll` オブジェクトに保持されている）カタログ品目の全写本について正しく更新されるよう細心の注意を払う必要があります。

　この問題には目をつぶるとしても、この継承関係を変えたいことには変わりありません。`CatalogItem` クラスを `Scroll` サブクラスのスーパークラスとして使用することは、将来、プログラマを混乱させるに違いありません。扱いにくい下手くそなモデルです。

　最初に `Scroll` サブクラスに `CatalogItem` を参照する属性を作り、それを新しい `Catalog Item` のインスタンスで初期化します。

訳注5　ファンタジー小説をもとにしたテレビドラマ「ゲーム・オブ・スローンズ」に出てくる架空の病気。

第 12 章　継承の取り扱い

class Scroll extends CatalogItem...
```
constructor(id, title, tags, dateLastCleaned) {
  super(id, title, tags);
  this._catalogItem = new CatalogItem(id, title, tags);
  this._lastCleaned = dateLastCleaned;
}
```

`Scroll` サブクラスで使用しているスーパークラスの各要素について、転送用メソッドを作成
します。

class Scroll...
```
get id() {return this._catalogItem.id;}
get title() {return this._catalogItem.title;}
hasTag(aString) {return this._catalogItem.hasTag(aString);}
```

`CatalogItem` との継承関係を削除します。

```
class Scroll extends CatalogItem{
  constructor(id, title, tags, dateLastCleaned) {
    super(id, title, tags);
    this._catalogItem = new CatalogItem(id, title, tags);
    this._lastCleaned = dateLastCleaned;
  }
```

　継承関係を断ち切ることで、「**委譲によるスーパークラスの置き換え**」の基本部分は終わりで
すが、この例ではさらに必要なことがあります。

　このリファクタリングでは、`CatalogItem` クラスの役割を `Scroll` クラスの役割に移動して
います。各 `Scroll` オブジェクトは、`CatalogItem` のユニークなインスタンスの参照を一つず
つ持ちます。このようなリファクタリングを行う多くの場合は、これだけでも十分です。しかし、
この状況に対応するより良いモデルがあります。`CatalogItem` の「グレースケール病」という一
つのインスタンスから、図書館に収蔵されている `Scroll` の 6 つの写本にリンクを張るようにす
るというものです。これは、本質的には「**値から参照への変更（p.264）**」を適用することになり
ます。

　しかし、「**値から参照への変更（p.264）**」を適用する前に対処しておくべき問題が一つありま
す。元の継承構造では、`Scroll` オブジェクトは `CatalogItem` クラスの ID フィールドに自身
の ID を格納していました。しかし、`CatalogItem` を参照として扱うのならば、`CatalogItem`
の ID は、`Scroll` のためではなく、`CatalogItem` そのものの ID のために使用すべきです。つ
まり `CatalogItem` クラスにある ID フィールドではなく、`Scroll` クラスに新たに ID フィール
ドを追加して、それを使うようにしなければなりません。これは移動であり、分割でもあります。

410

class Scroll...
```
constructor(id, title, tags, dateLastCleaned) {
  this._id = id;
  this._catalogItem = new CatalogItem(null, title, tags);
  this._lastCleaned = dateLastCleaned;
}

get id() {return this._id;}
```

　CatalogItem オブジェクトの ID を null にして生成しています。これは通常ならば赤信号で、アラームが鳴ります。しかし、それも物事を片付けるまでのほんの一瞬に過ぎません。最終的に Scroll オブジェクトは適切な ID を持った共有の CatalogItem を参照するようになります。

　このシステムでは、Scroll オブジェクト群はロード用のルーチンの中で読み込まれます。

load routine...
```
const scrolls = aDocument
  .map(record => new Scroll(record.id,
                            record.catalogData.title,
                            record.catalogData.tags,
                            LocalDate.parse(record.lastCleaned)));
```

　「**値から参照への変更（p.264）**」の最初のステップは、リポジトリを探して、なければ作成することです。この例ではロード処理に簡単に組み込めるリポジトリがありました。そのリポジトリは、ID で索引づけられた CatalogItem を提供してくれます。次の作業は、CatalogItem の ID を取得して、Scroll クラスのコンストラクタで渡すようにすることです。幸いにも、その ID は入力データ中にありました。継承を使うときには役に立たなかったので無視されていたのです。これが解決したので、「**関数宣言の変更（p.130）**」を適用して、catalogItem の ID と、（リポジトリを表す）catalog の二つをパラメータとしてコンストラクタに追加できます。

load routine...
```
const scrolls = aDocument
      .map(record => new Scroll(record.id,
                                record.catalogData.title,
                                record.catalogData.tags,
                                LocalDate.parse(record.lastCleaned),
                                record.catalogData.id,
                                catalog));
```

class Scroll...
```
constructor(id, title, tags, dateLastCleaned, catalogID, catalog) {
  this._id = id;
  this._catalogItem = new CatalogItem(null, title, tags);
  this._lastCleaned = dateLastCleaned;
}
```

第 12 章　継承の取り扱い

　次にコンストラクタ内を変更します。catalog の ID をキーにして catalogItem を探し、該当するエントリがある場合には、新たなオブジェクトを作らずにそれを使い回すようにします。

class Scroll...
```
constructor(id, title, tags, dateLastCleaned, catalogID, catalog) {
  this._id = id;
  this._catalogItem = catalog.get(catalogID);
  this._lastCleaned = dateLastCleaned;
}
```

　もはやタイトルとタグをコンストラクタに渡す必要がなくなったので、「**関数宣言の変更（p.130）**」を適用して削除します。

load routine...
```
const scrolls = aDocument
      .map(record => new Scroll(record.id,
                                record.catalogData.title,
                                record.catalogData.tags,
                                LocalDate.parse(record.lastCleaned),
                                record.catalogData.id,
                                catalog));
```

class Scroll...
```
constructor(id, title, tags, dateLastCleaned, catalogID, catalog) {
  this._id = id;
  this._catalogItem = catalog.get(catalogID);
  this._lastCleaned = dateLastCleaned;
}
```

412

文献リスト

　この文献リストのオンライン版は、`https://martinfowler.com/books/refactoring-bibliography.html` にあります。このリストのエントリの多くは、martinfowler.com のセクションである bliki を指しており、そこではソフトウェア開発で使用されるさまざまな用語を簡潔に解説しています。私は、この本を書く中で、bliki に書いた解説は本書に組み込まずに、読者に直接参照してもらうことにしました[訳注1]。

［Ambler & Sadalage］
Scott W. Ambler and Pramod J. Sadalage. *Refactoring Databases.* Addison-Wesley, 2006. ISBN 0321293533.（邦訳 梅澤真史 ほか訳、『データベース・リファクタリング』、ピアソンエデュケーション、2008）

［babel］
`https://babeljs.io`.

［Bazuzi］
Jay Bazuzi. "Safely Extract a Method in Any C++ Code." `http://jay.bazuzi.com/Safely-extract-a-method-in-any-C++-code/`.

［Beck SBPP］
Kent Beck. *Smalltalk Best Practice Patterns.* Addison-Wesley, 1997. ISBN 013476904X.（邦訳 梅澤真史 ほか訳、『ケント・ベックの Smalltalk ベストプラクティス・パターン』、ピアソンエデュケーション、2003）

［chai］
`http://chaijs.com`.

訳注1　Martin Fowler 氏の bliki の日本語版は、`http://bliki-ja.github.io/` から参照できます。

［eclipse］
http://www.eclipse.org.

［Feathers］
Michael Feathers. *Working Effectively with Legacy Code.* Prentice Hall, 2004. ISBN 0131177052.（邦訳 ウルシステムズ株式会社 監訳、『レガシーコード改善ガイド』、翔泳社、2009）

［Fields et al.］
Jay Fields, Shane Harvie, and Martin Fowler. *Refactoring Ruby Edition.* Addison-Wesley, 2009. ISBN 0321603508.（邦訳 長尾高弘 訳、『リファクタリング：Ruby エディション』、アスキー・メディアワークス、2010）

［Ford et al.］
Neal Ford, Rebecca Parsons, and Patrick Kua. *Building Evolutionary Architectures.* O'Reilly, 2017. ISBN 1491986360.

［Forsgren et al.］
Nicole Forsgren, Jez Humble, and Gene Kim. *Accelerate: The Science of Lean Software and DevOps: Building and Scaling High Performing Technology Organizations.* IT Revolution Press, 2018. ISBN 1942788339.

［gof］
Erich Gamma, Richard Helm, Ralph Johnson, and John Vlissides. *Design Patterns: Elements of Reusable Object-Oriented Software.* Addison-Wesley, 1994. ISBN 0201633612.（邦訳 本位田真一 ほか訳、『オブジェクト指向における再利用のためのデザインパターン』、ソフトバンククリエイティブ、1999）

［Harold］
Elliotte Rusty Harold. *Refactoring HTML.* Addison-Wesley, 2008. ISBN 0321503635.

［intellij］
https://www.jetbrains.com/idea/.

［Kerievsky］
Joshua Kerievsky. *Refactoring to Patterns.* Addison-Wesley, 2004. ISBN 0321213351.（邦訳 小黒直樹 ほか訳、『パターン指向リファクタリング入門』、日経 BP、2005）

［langserver］
https://langserver.org.

［maudite］
https://en.wikipedia.org/wiki/Unibroue.

［mf-2h］
Martin Fowler. "Bliki: TwoHardThings." https://martinfowler.com/bliki/TwoHardThings.html.

[mf-bba]
Martin Fowler. "Bliki: BranchByAbstraction." https://martinfowler.com/bliki/BranchByAbstraction.html.

[mf-cp]
Martin Fowler. "Collection Pipeline." https://martinfowler.com/articles/collection-pipeline/.

[mf-cqs]
Martin Fowler. "Bliki: CommandQuerySeparation." https://martinfowler.com/bliki/CommandQuerySeparation.html.

[mf-cw]
Martin Fowler. "Bliki: ClockWrapper." https://martinfowler.com/bliki/ClockWrapper.html.

[mf-dsh]
Martin Fowler. "Bliki: DesignStaminaHypothesis." https://martinfowler.com/bliki/DesignStaminaHypothesis.html.

[mf-evodb]
Pramod Sadalage and Martin Fowler. "Evolutionary Database Design." https://martinfowler.com/articles/evodb.html.

[mf-fao]
Martin Fowler. "Bliki: FunctionAsObject." https://martinfowler.com/bliki/FunctionAsObject.html.

[mf-ft]
Martin Fowler. "Form Template Method." https://refactoring.com/catalog/formTemplateMethod.html.

[mf-lh]
Martin Fowler. "Bliki: ListAndHash." https://martinfowler.com/bliki/ListAndHash.html.

[mf-nm]
Martin Fowler. "The New Methodology." https://martinfowler.com/articles/newMethodology.html.

[mf-ogs]
Martin Fowler. "Bliki: OverloadedGetterSetter." https://martinfowler.com/bliki/OverloadedGetterSetter.html.

[mf-pc]
Danilo Sato. "Bliki: ParallelChange." https://martinfowler.com/bliki/ParallelChange.html.

文献リスト

[mf-range]
Martin Fowler. "Range." https://martinfowler.com/eaaDev/Range.html.

[mf-ref-doc]
Martin Fowler. "Refactoring Code to Load a Document." https://martinfowler.com/articles/
refactoring-document-load.html.

[mf-ref-pipe]
Martin Fowler. "Refactoring with Loops and Collection Pipelines." https://martinfowler.com/
articles/refactoring-pipelines.html.

[mf-repos]
Martin Fowler. "Repository." https://martinfowler.com/eaaCatalog/repository.html.

[mf-stc]
Martin Fowler. "Bliki: SelfTestingCode." https://martinfowler.com/bliki/SelfTestingCode.
html.

[mf-tc]
Martin Fowler. "Bliki: TestCoverage." https://martinfowler.com/bliki/TestCoverage.html.

[mf-tdd]
Martin Fowler. "Bliki: TestDrivenDevelopment." https://martinfowler.com/bliki/
TestDrivenDevelopment.html.

[mf-tih]
Martin Fowler. "Bliki: TypeInstanceHomonym." https://martinfowler.com/bliki/
TypeInstanceHomonym.html.

[mf-ua]
Martin Fowler. "Bliki: UniformAccessPrinciple." https://martinfowler.com/bliki/
UniformAccessPrinciple.html.

[mf-vo]
Martin Fowler. "Bliki: ValueObject." https://martinfowler.com/bliki/ValueObject.html.

[mf-xp]
Martin Fowler. "Bliki: ExtremeProgramming." https://martinfowler.com/bliki/
ExtremeProgramming.html.

[mf-xunit]
Martin Fowler. "Bliki: Xunit." https://martinfowler.com/bliki/Xunit.html.

[mf-yagni]
Martin Fowler. "Bliki: Yagni." https://martinfowler.com/bliki/Yagni.html.

[mocha]
https://mochajs.org.

[Opdyke]
William F. Opdyke. "Refactoring Object-Oriented Frameworks." Doctoral Dissertation. University of Illinois at Urbana-Champaign, 1992. http://www.laputan.org/pub/papers/opdyke-thesis.pdf.

[Parnas]
D. L. Parnas. "On the Criteria to Be Used in Decomposing Systems into Modules." In: *Communications of the ACM, Volume 15 Issue 12, pp. 1053–1058.* Dec. 1972.

[ref.com]
https://refactoring.com.

[Wake]
William C. Wake. *Refactoring Workbook.* Addison-Wesley, 2003. ISBN 0321109295.

[wake-swap]
Bill Wake. "The Swap Statement Refactoring." https://www.industriallogic.com/blog/swap-statement-refactoring/.

訳者あとがき

　GoF のデザインパターンは分析から設計に移る際の悩みについて、問題に対する解決策として道筋を示します。一方リファクタリングは、実装において設計を振り返り、既存の機能を保ちつつコードをよりよい設計へと進化させていく手順を述べたものです。このフォワードとリバースの流れが一体となることで、極めて短い反復を繰り返すアジャイルな開発が可能になります。XP や Scrum、カンバンで開発されているチームの皆さん、ぜひ本書の手法を試してみてください。また、この本ではコード例が豊富に載っているため、実装に慣れていない初心者プログラマの方にもわかりやすい内容となっています。コードのリファクタリングから設計の世界を知り、スキルアップしていくための書でもあるわけです。

　私が Smalltalk に触れリファクタリングの世界に入ってから早 25 年、今やリファクタリングは広く知られる技術となりましたが、本書でぜひ正しいやり方を身につけ、日々の開発に活かしていただければと思います。Enjoy programming!

梅澤真史

　1999 年に出版された初版は、デザインパターンや UML が発表された数年後かつ、サーバーサイド Java の大ブレーク直前という時代背景もあり、さながらオブジェクト指向プログラミングの教則本のような内容でした。しかし今回の第 2 版の主役は関数で、クラスや継承は脇役的な存在になっていることが時代の流れを感じさせます。サンプルコードの記述言語に JavaScript を選んだ理由も、オブジェクト指向と第一級関数を両方サポートしているからなのだと納得できました。

　とはいえ、「簡潔でわかりやすいプログラムを書くことが重要」という Fowler 氏のメッセージは 20 年前から全く変わっていません。ハギスハーリングやモンティパイソンの親父ギャグも健在で、楽しみながら翻訳作業を進めることができました。

　Fowler さん、もう 50 代後半だそうですが、ずっと現役エンジニアを続けてください。そしてまた 20 年後のリファクタリング第 3 版を期待してますよ。

平澤 章

かつてプログラミングは不自由なものでした。動いているコードを書き換えることはタブーでした。プログラムは思考の一部ではなく、思考の結果を表現するだけの機械のように位置づけられていました。

リファクタリングはプログラミングを思考の一部に引き入れます。名前付けや概念の分節の変更がプログラミングにおいても可能になるからです。さらに、型付けやテストにより、そうした変更＝思考過程が常にコンピュータの正確さに支えられます。それが、人の直感だけに頼る視覚的なモデリングでは到底たどり着けないことを可能にします。

恥ずかしながら、私は、リファクタリングの初版に出会った当初、これほどまでに大きな変化を本書がもたらすことを理解できていませんでした。しかし、その後の実践の中で驚くような経験を積むことができました。

もしも、あなたが未だにプログラミングが「不自由」なものと思われているなら、IDE のリファクタリングツールを試してみてください。

友野晶夫

20 年も経って再びリファクタリングの翻訳にかかわることができて、本当に幸せです。本書は、アナリシスパターンとともに、"よい情報システム"の実現という私のライフワークを支えてくれました。この本を手に取っておられる皆さんも、少しは賛同していただけるでしょう。

この本の読み方は、順に例を実行してみることだと思います。Fowler 氏はテストコードを書いてくれていないので、自分で想定して書くしかありません。でも、ステップごとにテストが通って、コードが安全に変化していくさまは快感です。その体験があれば、自分たちの問題にも勇気をもって適用できるでしょう。

第 2 版の翻訳に当たっての基本方針は初版と変わりません。"Bad Smell" は「不吉な臭い」ですし、原書では動詞から始まるリファクタリング名も名詞句にしてあります。説明文中のMotivation、Mechanics、Example もそれぞれ、「動機」、「手順」、「例」のままです。

第 2 版で新たに導入されたのは、各リファクタリングの導入部にあるスケッチの「ちょっとした図」です。Fowler 氏は記憶を呼び出す手がかりに過ぎないと言っていますが、なにやら図形言語としての文法がありそうです。試みに一部だけ解読してみました。

色の意味：グレーは削除、ブルーは追加、黒はそのまま残る。

矢印の意味：赤い矢線はリファクタリングの操作。実線の矢線は参照、破線の矢線は導出。

図形の意味：長円は関数／メソッド、太い線はコード、矩形はモジュール、クラスと明示したいときは二階建て。小さい塗りつぶしの直方体、三角形などのタイルは変数。白抜きの意味はわかりません。

これ以外は読み解けていません。図形言語の文法について、何かわかったら教えてください。

それでは、皆さんのご活躍をお祈りしています。

児玉公信

索引

記号・数字

== 演算子	263
1990 年代	xviii
90%の法則	67

A

Act	100
and	271
API	56, 132, 313
Arrange	100
Assert	100
assert 形式	97
async/await	xvii

B

Babel	8, 37
"Bedarra" Dave Thomas	89
Bill Opdyke	xix, 69
Bill Wake	72
bliki	413
Brian Foote	82

C

C#	70
Chai	97
CI	59, 65
Clock Wrapper	115
Collection Pipelines	177
Command パターン	346
const	250

D

Date.now	115
Don Roberts	xix, 70

E

Eclipse	70
ECMAScript	34
Elliotte Rusty Harold	72
else 節	269
Emacs	70
enrich	157
equals	262
Erich Gamma	xii, 90
ES 2015	212
execute	347
Exercise	100
exercise	100
expect 形式	97

F

filter	82
filter	240
fixture	95
freeze	305

G

Gang of Four	389
getter	43, 140, 252
get メソッド	79
git	9
Given	100
grep	222

H

HTML	4

I

IBM	70

421

IDE	xix, 133
if	272
if/else 文	81
if 文	81
InformIT	xvi
IntelliJ IDEA	70
it ブロック	95

J

Java	xvii
JavaScript	xvii, 212, 251
Jay Fields	72
JetBrains	70
John Brant	xix, 70
Josh Kerievsky	72
JSON	2, 92, 169
JUnit	90

K

Kent Beck	xii, xiv, xix, 68, 113

L

lint	70
linter	210
lodash	157

M

map	82
map	240
Martin Fowler	xi
mercurial	9
Method.invoke	71
Michael Feathers	72
Mocha	95

N

new	342
Node.js	95
not	277

O

OOPSLA	69, 89
or	271

Overloaded Getter Setter	140

P

Pramod Sadalage	72
promise	xvii
protected	362

R

Ralph Johnson	xix, 69
Refactoring Browser	xix
Refactoring HTML	72
Refactoring Workbook	72
ReSharper	70

S

Scott Ambler	72
seam	61
Self Delegation	80
set up	100
setter	100, 102, 140, 216, 252
setter の削除	77, 85, 177, 179, 261, 263, 313, 339
Setup	100
Shane Harvey	72
Singleton	77
slice	242
Smalltalk	xix, 68, 113
Smalltalker	xi
State/Strategy によるタイプコードの置き換え	375
State パターン	389
Strategy	80
Strategy パターン	389
Swap Statement	234
switch	280, 283
switch/case 文	81
switch 文	76, 81

T

TDD	91
teardown	100
Template Method の形成	359
Then	100
then 節	269
this	213, 327

ThoughtWorks xx
throw 283
toString 371, 374
transform 157

U
undefined 396
undo 345

V
Verify 100
verify 100
Visitor 80
Visual Age for Java 70
Visual Studio 70

W
Ward Cunningham .... xix, 68
Web 版 xvi
When 100

X
XML 169
XP 64

Y
Yagni 63

あ行
アーキテクチャ 47
アーキテクト xviii
アキュムレータ 15, 241
アクセサ 216
アサーション 87, 104, 135, 220, 257
アサーションの導入
.... 87, 104, 135, 216, 219, 257-259, 267, 309
アサーション用ライブラリ 96
アジャイル開発手法 64
値オブジェクト 146, 260
値から参照への変更 182, 247, 260, 264, 410, 411
値渡し 114
値を返す関数 233
後始末 100
アルゴリズム 212

アルゴリズムの置き換え 167, 202, 239, 317
安全な手順 223

移行的手順 133
委譲 75, 82, 211, 389
委譲関数 207
委譲によるサブクラスの置き換え 84, 86, 357, 388
委譲によるスーパークラスの置き換え
.... 84, 86, 357, 383, 407
委譲の隠蔽 83, 84, 167, 196, 199
委譲呼び出し 213
依存関係 332
偉大な習慣 48
偉大なプログラマ 48
一時的属性 83
一連の操作 240
イテレーション 89
イテレーティブな開発 89
意図 75
意味的な変更 59
意味のある名前 227
イリノイ大学 .... xix, 69
入れ子 114
入れ子関数 211, 212, 346, 351
インクリメンタル設計 64
インサイダー取引 84
印刷版 xvi
インスタンス 38
インスタンス変数 83
インタフェース 46
インライン化 12, 213
インライン化のリファクタリング 79
インラインコード 230

疑わしき一般化 82
美しいコード 57

永続的 143
エクストリーム・プログラミング .... xix, 64, 68
エクスポート 145
エディタ 70
エラー 103
エラーハンドラ 103

423

エンタープライズ アプリケーションアーキテクチャパターン 296

大きなシステム 1
オーバーライド ....xiii, 80
オーバーヘッド 75
オーバーライド 261, 388, 392, 407
オブジェクト 80, 216
オブジェクト指向 ....xix, 206
オブジェクト指向の純粋なエバンジェリスト 81
オブジェクトそのものの受け渡し 75, 76, 80, 313, 327
オブジェクトとしての関数 151
オブジェクトによるプリミティブの置き換え
....81, 167, 181, 370, 374
オブジェクトのコンポジション 389
オブジェクトの再代入 262
オブジェクトリテラル 296
オープンソースプロジェクト 60

か行

開発環境 xix
開発速度 55
開発プロセス xix
外部から観察可能な振る舞い 104
外部から見た振る舞い 46
外部仕様 219
「拡大と契約」パターン 63
可視性 140, 212
型に応じた振る舞い 43
カタログ ....xii, xviii, 107
ガード節 274
ガード節による入れ子の条件記述の置き換え 267, 274
カプセル化 77, 84, 206, 216
空文字列 102
仮の名前 136
観察可能な副作用 314
干渉 231
関数 ....xvii, 205
関数型プログラミング 77
関数間の結合度 335
関数群のクラスへの集約 76, 78, 79, 111, 150, 155, 159, 167, 207, 281, 287, 297, 300
関数群の変換への集約 78, 79, 111, 150, 155, 297, 307
関数経由でのアクセス 77

関数宣言の変更 12, 17, 36, 46, 58, 62, 71, 74, 82, 85, 87, 111, 130, 147, 148, 226, 253, 261, 318, 320, 333, 334, 340, 353, 354, 359, 360, 373, 383, 385, 411, 412
関数によるコマンドの置き換え 313, 345, 352
関数の移動 27, 37, 43, 46, 78, 79, 83-85, 113, 151, 152, 154, 157, 173, 190, 194, 205, 206, 331, 346, 347, 377, 379, 390, 394, 399-401
関数のインライン化 38, 79, 82, 84, 111, 112, 121, 132, 134, 135, 137, 195, 200, 201, 207, 222, 223, 225-228, 258, 297, 302, 328, 329, 336, 337, 340, 341, 352, 354, 355
関数の抽出 ....xviii, 7, 9, 19, 20, 24, 43, 45, 46, 61, 71, 74-79, 83, 86, 87, 111, 112, 121, 125, 132, 134, 136, 151, 152, 154-158, 161, 162, 167, 173, 187, 221-223, 226, 227, 231, 232, 236-238, 268, 271-273, 280, 290, 291, 297, 299, 303, 306, 311, 313, 330, 333, 336, 337, 350, 352, 353, 364, 366, 377-379, 383, 395
関数のラッピング関数 326
関数名の変更
.....131, 153, 182, 183, 192, 222, 224, 230, 253, 254, 293
関数呼び出しによるインラインコードの置き換え
....114, 205, 230
関数呼び出しの境界線 227
間接層 75
寛容な所有権 58
管理者 55, 57

機に応じたリファクタリング 53
機能ごとのブランチ 59
機能追加 46
機能トグル 59
機能のサブセット 85
機能ブランチ 59
基本ケース 280
基本データ型への執着 80
基本データ（プリミティブ）型 80
基本料金 151
逆参照 393
逆リファクタリング 109
キャッシュ 314
ギャング・オブ・フォー 72
キャンプ場のルール 33
境界条件 102

境界線	225
境界線の変化	225
境界値	101
凝集度	225
共通の関数群	79
共有オブジェクト	219, 260
共有したオブジェクト	340
共有性	75
共有データ	264
共有のフィクスチャ	99
巨大なクラス	84
銀の弾	47

クライアント	83
クライスラー総合給与管理システム	66
クラス	xvii, 76, 205
クラス階層	285
クラス階層の平坦化	82, 357, 387
クラス定義	80
クラスのインタフェース不一致	85
クラスのインライン化	79, 82, 167, 189, 193
クラスの抽出	
78, 80, 81, 83-85, 167, 189, 193, 207, 261, 327, 383	
クラス分割	85
クラス変数	77
グリーン	97, 124
グローバル関数	206
グローバル情報	266
グローバルなデータ	76
グローバル変数	76, 139

計画されたリファクタリング	53
経済的効果	57
継承	34, 285
継承階層	86
継承は有害だ	389
継続的インテグレーション	59, 64, 65
継続的デリバリ	61, 65
結果	100
結合度	338, 389, 408
決して通過しない分岐	82
権限の委譲	84
言語サーバ	71
言語モデル	xvii

検証	100
原則	xi, xviii

公開されたインタフェース	58
公開の属性	85
公開メソッド	98
更新処理のコード	77
構造化	4
構造体	236
構文木	70
顧客	55
古典的なオブジェクト指向	34
コード	xi, xii
コード断片	231
コード値	344
コードの意図	75
コードの敵役	102
コードのきれいさ	4
コードの自己記述性	75
コードの所有権	58
コードの不吉な臭い	xix, 73
コードベース	49, 225
コード量	33
コードレビュー	54
コードレビュー時のリファクタリング	54
コピー＆ペースト	4, 358
コマンド	345
コマンドオブジェクト	345
コマンドとクエリの分離原則	233, 314, 346
コマンドによる関数の置き換え	75, 313, 345, 352
コミット	11
ゴミ拾いのためのリファクタリング	52
コメント	75, 86, 113
コメントアウト	246
コールスタック	46
コレクション	240
コレクションのカプセル化	167, 169, 175, 176
コレクションのパイプライン	240
コンストラクタ	38, 92, 253
コンストラクタ本体の引き上げ	357, 361, 363, 383
コンソール	95
コンテキスト	78, 125, 205, 206
コンテキストの境界	78
コンパイラ	4, 113

コンパイルエラー	37
コンパイル時のスイッチ	309
コンフリクト	59
コンポーネント	66

さ行

再構築	46
最適化	237
再利用の機会	82
サーバオブジェクト	196
サブクラス	xiii, 74, 84, 280, 289, 369
サブクラス責務エラー	360
サブクラスによるタイプコードの置き換え	
	38, 81, 85, 357, 369, 376
サブクラスの削除	357, 369, 376
サブルーチン	75
差分プログラミング	376
サポート関数	352
三項演算子	270
参照から値への変更	
	78, 175, 182, 190, 192, 247, 260, 264
参照透過性	333, 335

式125	
自己カプセル化	139, 370
自己完結型の独立した関数	280
自己犠牲	48
地獄の第四層から来た悪魔	76
自己診断	5
自己テスト	90
自己テストコード	60, 61, 64, 65
辞書	169
システム時計	115
システムの設計	xviii
実行	100
実行速度	46
自動化されたリファクタリング	xviii, 70
自動化されたリファクタリングツール	89
自動リファクタリング	60
自動リファクタリングツール	xix, 133
シャドーイング	211
シャローコピー	27
収益逓減の法則	104
収集用変数	248

柔軟性の仕組み	63
重複したコード	47, 74, 84, 85
重複したスイッチ文	81
準備	100
準備のためのリファクタリング	51
条件	100
条件記述	267
条件記述の統合	267, 271, 275, 278
条件記述の分解	76, 267, 268, 323-325
条件付きロジック	369
条件判定	268
条件文	234
条件分岐	52, 76
条件分岐ロジック	81, 267
条件ロジック	279
除菌用ビネガー	78
職業プログラマ	xvii
ショートカット	xix
進化的アーキテクチャ	64
新規機能	4
シンタックス	34
シンタックスエラー	37
シンプルな設計	64
シンボル型	369

数値型	369
スクリプト	62
すぐれた設計	47, 57
スケッチ	107
スコープ	7, 78, 114, 213, 252
スタイル	xvii
ステップ	21
ステートメント	205
ステートメントの関数内への移動	205, 221, 225
ステートメントのスライド	18, 20, 74, 77, 109, 118, 205,
	218, 222, 225, 238, 364, 365
ステートメントの呼び出し側への移動	
	123, 124, 161, 205, 221, 225, 292
スーパークラス	xiii, 84, 285, 359
スーパークラスの抽出	85, 357, 382, 390, 403
スペシャルケース	296
スライド	226

制御用変数	242

生産性	43
整数	80
静的解析	207, 209
静的型付け	71, 133
性能	175
性能のボトルネック	237
責務	280
設計判断	215
接合部	61
設定	100
セルフテストコード	309
選択可能性	75
前提条件	100
操作	240
相続拒否	86
属性	212
速度性能	20
ソースコード解析ツール	210
ソフトウェア	xi
ソフトウェアの品質向上	xiv
ソフトウェアは劣化するもの	xv
ソフトウェア要素	206
ソフトウェアを構造化	78

た行

第一級関数	82, 345
大規模プログラム	1
対象としているドメイン	80
対象ドメイン	50
代替クラス	83
タイプ／インスタンス同音異義語	408
タイプコード	81, 280, 343, 369
他のクラスへの置き換え	85
単体テスト	104, 309
小さな関数	75
小さなステップ	xii
小さなプログラム	1
小さな変更	8
チェックポイント	97
仲介人	84, 199
仲介人の除去	84, 167, 196, 199
中間オブジェクト	83

中間データ構造	86, 161
中間的なデータ構造	24
抽象化	225
抽象化によるブランチ	54
抽象化の境界線	225
抽象クラス	82
抽象レイヤ	54
チューニング	14
長期のリファクタリング	54
直接参照	77
継ぎ目	130
強いコードの所有権	58
ディープコピー	156, 306
適切な名前付け	74
デザインスタミナ仮説	50
デザインパターン	xi, 346
手順	108
テスト	5, 211
テスト過多	105
テストカバレージ	61, 105
テストカバレッジ	233
テスト駆動開発	64, 91
テストケース	83
テスト−コーディング−リファクタリング	91
テスト実行エラー	103
テスト失敗	103
テストスイート	60, 70, 89
テストの種類	105
テスト不足	105
テストフレームワーク	5, 95
テストランナー	97
データオブジェクト	25
データ型	216
データクラス	85
データ構造	76, 78, 79
データ構造の欠陥	215
データの集まり	80
データの群れ	80
データベース	62, 219
データベーススキーマ	62
データベースのリファクタリング	62
データベース・リファクタリング	62, 72

データ変換関数 155
デッドコード 246
デッドコードの削除 83, 205, 246, 257, 258, 302,
　　　　　　　　　　　 328, 329, 353, 355, 373, 390
デバッグ 89, 125, 309
テーブル 252
デメテルの法則 199
電子書籍版 xvi
テンプレート 17
電話番号 131

問い合わせと更新の分離 77, 186, 272, 313, 314
問い合わせによる一時変数の置き換え
　　　　　　 11, 19, 75, 114, 120, 125, 167, 185, 333
問い合わせによる導出変数の置き換え 78, 247, 256
問い合わせによるパラメータの置き換え
　　　　　　　　　　　　　　 76, 313, 332, 335
統一アクセス原理 153
同一コンポーネント 85
等価関数 261
等価判定メソッド 261
統合 59
動的型付け言語 299
特殊ケース 296
特殊ケースの導入 83, 267, 296
特性の横恋慕 79, 327
トップレベル 24
ドメイン駆動設計 215
トランクベース開発 59
トレードオフ 52

な行
内部オブジェクト 260
内部メソッド 253
長い関数 75
長いクラス 79
長いパラメータリスト 76
長いメソッド 79
名前付け 18
名前の変更 74
名前変更 222
怠け者の要素 82
生のレコード 216

入力パラメータ 250
人月の神話 252

ヌルオブジェクトの導入 267
ヌルオブジェクトパターン 296

ネーミング規約 224

は行
バージョン管理システム 9
パイプライン 240
パイプライン操作 82
パイプラインによるループの置き換え
　　　　　　　　　 29, 82, 205, 239, 240, 379
バインド 17
ハギスハーリング 249
バグ .... xi, 311
バグの温床 247
バグフィックス 56
バグレポート 105
バグを明白に再現できるテスト 105
バージョン管理システム 58, 97, 246
派生値 86, 155
パターン指向リファクタリング入門 72, 277
パターン本 72
ハッキング xiv
ハッシュ 169
ハッシュコードを生成するメソッド 261
ハッシュマップ 169
ハッピーパス 101
ハードリアルタイムシステム 66
パフォーマンス 14
パフォーマンスチューニング .... xiv, 20
パフォーマンスの最適化 20
パラケルススの格言 77
パラメータ 7, 209
パラメータオブジェクトの導入
　　　　　　 75, 76, 80, 81, 111, 146, 151, 327
パラメータ付きの関数 318
パラメータによる関数の統合 51, 64, 313, 318, 359
パラメータによる問い合わせの置き換え 313, 332, 335
パラメータ名 224, 244
パラメータリスト 75, 332
バリエーション 82, 280

バリエーションの振る舞い 289
バリデーションロジック 370
範囲 148
汎化階層 285
反復コード 221

美意識 73
非決定論的な要素 99
非公開フィールド 253
ビジネスロジック 92
非推奨 58, 132
否定演算子 278
ビデオレンタル店 1
標準フィクスチャ 100
表明 100

ファクトリ関数 280
ファクトリ関数によるコンストラクタの置き換え
.... 38, 313, 342, 364, 370, 371, 377, 378, 389, 392
フィードバック 8, 96
フィールド 205
フィールドの移動 79, 84, 190, 191, 195, 205, 215
フィールドの押し下げ 86
フィールドのカプセル化 139
フィールド名の変更 74, 252
フィクスチャ 95
フィールドの押し下げ 357, 368, 370, 387
フィールドの引き上げ...357, 359, 361, 368, 382-384, 387
フィールド名の変更 362
フェーズ 24, 160
フェーズの分離....xv, xviii, 24, 43, 78, 79, 86, 111, 160
付加された関数 216
不可思議な名前 74
不吉な臭い 79
不吉な臭いの予兆 87
副作用 232
副作用のないコード 77
部署 200
二つの帽子 46, 47
フック 345
フットプリント 47
浮動小数点数 80
部分適用 76, 326
不変クラス 338

不変な属性 86
プラクティス 59
フラグパラメータの削除 76, 313, 322
フラグ引数 322
プラットフォーム 50
ブランチ 58
プリミティブ 181
ブール型 323
ブルックスの金言 252
振る舞い 80, 86, 215
振る舞いを再利用 86
プルリクエスト 55
プレースホルダ 98
フレッド・ブルックス 252
フレームワーク .... xi, 69
プロキシ 174, 342
プログラミング 215
プログラミング言語 .... xi, xvii, 206
プログラミング言語で最も難しい二つのこと 74
プログラミングの共通語彙 xiv
プログラム 215
プログラムの設計 4
フローチャート 252
ブロック 95
プロパティ 43, 135, 217, 259
プロファイラ 67
プロフェッショナル 55
分解可能 349

ペア・プログラミング .... xii, 55
ベースクラス 74
ベストプラクティス xi
ヘルパー関数 23, 206
変更可能 77, 138, 333
変更可能なデータ 77, 256
変更の偏り 78
変更のたびのテスト 8
変更の分散 79
変更不可 139, 218, 248
変更不可性 338
変更不能 77
変更要求 5
変数のインライン化............11, 14, 19, 20, 43, 111, 125, 129,
        136, 153, 158, 159, 186, 187, 211, 301, 336, 379

429

変数のカプセル化 77, 109, 111, 138, 143, 144, 169, 170,
　　　　　　　172, 177, 181, 182, 200, 201, 217, 257, 371
変数の抽出
　　　......... 70, 111, 125, 129, 136, 330, 336, 337, 352, 354
変数の分離 77, 114, 118, 120, 233, 247, 248, 256, 258
変数名の変更 74, 111, 143, 247, 251

ホットスポット 67
ボトルネック 68
ポリモーフィズム 34, 81, 132, 279, 369
ポリモーフィズムによる条件記述の置き換え
　　　......... 34, 39, 43, 45, 76, 81, 267, 279, 367, 369, 370, 373
ポリモーフィック 122, 207

ま行
マージ 59
マップ 169

短い関数 75
未使用のパラメータ 82
「醜い」コード 4
ミューテータ 346

ムーデイト 48
群れをなしたデータ 80

明確で速いコード 20
明確に分離された関数 231
メインブランチ 59
メソッド 206
メソッドの入口と出口 275
メソッドの押し下げ ... 86, 357, 358, 361, 367, 370, 373, 387
メソッドの引き上げ
　　　......... 74, 357, 358, 364, 366, 367, 382, 383, 385-387
メッセージの過剰な連鎖 83
メッセージの連鎖 83
メトリックス 73
メンタリング .... xviii, 57

モジュール .... xvii, 205
モジュール化 33
モジュール性 206
文字列 80
文字列型 369

「文字列で型付けされた」変数 81
モディファイア 346
モンティパイソン 280

や行
優先度 182

良い関数名 230
良いコード 44
呼び出しにかかるコスト 75

ら行
ライブラリ 80
ライブラリ関数 230
ラッピング関数 323
ラムダ式 244

理解のためのリファクタリング 51
リグレッション 90
リスク主導 98
リズムの変化 48
リテラル 51, 343
リテラル値 323
リネーム機能 329
リファクタリング .... xi, xiv, 45, 46, 65
リファクタリング：Ruby エディション 72
リファクタリング自動化ツール 137
リファクタリングする 45
リファクタリングツール 70
リファクタリングとパフォーマンス 177, 237
リファクタリングの一般原則 xv
リファクタリングのカタログ xv
リファクタリングの定義 45
リファクタリングの問題点 56
リファクタリングの優先度 33
リファクタリングの例 1
リファクタリング不足 57
リファクタリング・ブラウザ 69
リベース 59
リポジトリ 58, 264, 411
リンク 410

ルーチン 16
ループ 11, 76, 82, 205, 236

430

ループの分離 18, 20, 76, 205, 236
ループ変数 242
ループ用変数 248

黎明期 xix
レガシーコード 61, 138
レガシーコード改善ガイド 61, 72
レガシーシステム 62
レコード 86, 215
レコード型 216
レコード構造 80

レコードのカプセル化
.................85, 139, 141, 151, 152, 167, 168, 218, 252, 253
列挙型 369
レッド 97
連想配列 169

ローカル変数 236
ログ出力 220

わ行
ワールド・ワイド・ウェブ xvi

431

著者および寄稿者紹介（原稿執筆当時）

● Martin Fowler（マーチン・ファウラー）

アジャイル開発を中心とするテクノロジー企業である ThoughtWorks の主任研究員。
自称「物書き、講演者、コンサルタント、その他ソフトウェア開発全般についてのご意見番」。
エンタープライズソフトウェアの設計に従事しており、良い設計を生み出すもの、そのために必要なプラクティスについて探求している。

● Kent Beck（ケント・ベック）

著名なプログラマにしてテスター、リファクター、著述家、バンジョー奏者。

訳者紹介

●児玉公信（こだま きみのぶ）

（株）情報システム総研代表取締役社長。技術士（情報工学）、博士（情報学）。最近の仕事は、概念モデリングの集大成として企業情報システムの基幹システムの再構築のためのアプリケーションフレームワーク製品を開発したので、これを使ってドメイン主導設計開発を実践すること。著書に『UML モデリングの本質（第2版）』、『UML モデリング入門』など。情報処理学会情報システムと社会環境研究会主査。

●友野晶夫（ともの まさお）

フリーランスプログラマー。『アナリシスパターン』、『リファクタリング（初版）』からファウラーの本と付き合いはじめ、はや20年超。その間、さまざまな領域でのモデリング／プログラミングを実践する。経験を通じ、「リファクタリングはプログラミングに自由を与える」こと、「自由なプログラミングは、視覚的なモデリングの限界を凌駕する」ことを学んだ。

●平澤 章（ひらさわ あきら）

ウルシステムズ株式会社 所属。
メインフレームからオープンシステム、マイコンまで多種多様なシステム開発を経験した後、2001年にウルシステムズのスタートアップに参画し、現在に至る。直近では、長らく務めた管理職業務を後進に譲り、現役エンジニアとして還暦を迎えることを目標に日々精進している。
著書・翻訳書に『オブジェクト指向でなぜつくるのか』『UML モデリングレッスン』（日経 BP 社）、『レガシーコード改善ガイド』（翔泳社）などがある。

●梅澤真史（うめざわ まさし）

Smalltalk エバンジェリスト。2003 年度 IPA 未踏ソフトウェア創造事業スーパークリエータ。（株）オージス総研、（株）豆蔵にてオブジェクト指向関連のコンサルティング、開発業務に従事した後、合同会社ソフトウメヤを立ち上げ現在に至る。SORABITO 株式会社の技術フェローも兼任。
著書に『自由自在 Squeak プログラミング』（ソフト・リサーチ・センター）、訳書に『ケント・ベックの Smalltalk ベストプラクティス・パターン』（ピアソン・エデュケーション）、『データベース・リファクタリング』（ピアソン・エデュケーション）などがある。
Smalltalk のライブラリ作成が趣味。http://github.com/mumez

- 本書の内容に関する質問は、オーム社ホームページの「サポート」から、「お問合せ」の「書籍に関するお問合せ」をご参照いただくか、または書状にてオーム社編集局宛にお願いします。お受けできる質問は本書で紹介した内容に限らせていただきます。なお、電話での質問にはお答えできませんので、あらかじめご了承ください。
- 万一、落丁・乱丁の場合は、送料当社負担でお取替えいたします。当社販売課宛にお送りください。
- 本書の一部の複写複製を希望される場合は、本書扉裏を参照してください。

JCOPY ＜出版者著作権管理機構 委託出版物＞

リファクタリング（第2版）
―既存のコードを安全に改善する―

2014 年 7 月 25 日	第 1 版第 1 刷発行
2019 年 11 月 30 日	第 2 版第 1 刷発行
2025 年 5 月 15 日	第 2 版第 7 刷発行

著　者	Martin Fowler
訳　者	児玉公信・友野晶夫・平澤　章・梅澤真史
発行者	髙田光明
発行所	株式会社 オーム社
	郵便番号　101-8460
	東京都千代田区神田錦町 3-1
	電話　03(3233)0641(代表)
	URL　https://www.ohmsha.co.jp/

© オーム社 2019

組版　トップスタジオ　　印刷・製本　広済堂ネクスト
ISBN978-4-274-22454-6　Printed in Japan

好評関連書籍

エクストリームプログラミング

Kent Beck・Cynthia Andres 共著
角 征典 訳
A5判 208頁 定価(本体2200円【税別】)

テスト駆動開発

Kent Beck 著／和田卓人 訳
A5判 344頁 定価(本体2800円【税別】)

ディジタル作法
カーニハン先生の「情報」教室

Brian W. Kernighan 著／久野 靖 訳
A5判 336頁 定価(本体2200円【税別】)

新装版 達人プログラマー
職人から名匠への道

Andrew Hunt・David Thomas 共著
村上雅章 訳
A5判 384頁 定価(本体3200円【税別】)

型システム入門
プログラミング言語と型の理論

Benjamin C. Pierce 著
住井英二郎 監訳
遠藤侑介・酒井政裕・今井敬吾・
黒木裕介・今井宜洋・才川隆文・
今井健男 共訳
B5判 528頁 定価(本体6800円【税別】)

アジャイルサムライ
――達人開発者への道

Jonathan Rasmusson 著
西村直人・角谷信太郎 監訳
近藤修平・角掛拓未 訳
A5判 336頁 定価(本体2600円【税別】)

◎定価の変更、品切れが生じる場合もございますので、ご了承ください。
◎書店に商品がない場合または直接ご注文の場合は下記宛にご連絡ください。
TEL.03-3233-0643　FAX.03-3233-3440　https://www.ohmsha.co.jp/

不吉な臭い	対処する一般的リファクタリング
一時的属性 (p.83)	関数の移動 (p.206) クラスの抽出 (p.189) 特殊ケースの導入 (p.296)
インサイダー取引 (p.84)	委譲によるサブクラスの置き換え (p.388) 委譲によるスーパークラスの置き換え (p.407) 委譲の隠蔽 (p.196) 関数の移動 (p.206) フィールドの移動 (p.215)
疑わしき一般化 (p.82)	関数宣言の変更 (p.130) 関数のインライン化 (p.121) クラス階層の平坦化 (p.387) クラスのインライン化 (p.193) デッドコードの削除 (p.246)
基本データ型への執着 (p.80)	オブジェクトによるプリミティブの置き換え (p.181) クラスの抽出 (p.189) サブクラスによるタイプコードの置き換え (p.369) パラメータオブジェクトの導入 (p.146) ポリモーフィズムによる条件記述の置き換え (p.279)
巨大なクラス (p.84)	クラスの抽出 (p.189) サブクラスによるタイプコードの置き換え (p.369) スーパークラスの抽出 (p.382)
クラスのインタフェース不一致 (p.85)	関数宣言の変更 (p.130) 関数の移動 (p.206) スーパークラスの抽出 (p.382)
グローバルなデータ (p.76)	変数のカプセル化 (p.138)
コメント (p.86)	アサーションの導入 (p.309) 関数宣言の変更 (p.130) 関数の抽出 (p.112)
相続拒否 (p.86)	委譲によるサブクラスの置き換え (p.388) 委譲によるスーパークラスの置き換え (p.407) フィールドの押し下げ (p.368) メソッドの押し下げ (p.367)
仲介人 (p.84)	関数のインライン化 (p.121) 仲介人の除去 (p.199)
重複したコード (p.74)	関数の抽出 (p.112) ステートメントのスライド (p.231) メソッドの引き上げ (p.358)
重複したスイッチ文 (p.81)	ポリモーフィズムによる条件記述の置き換え (p.279)
データクラス (p.85)	setter の削除 (p.339) 関数の移動 (p.206) 関数の抽出 (p.112) フェーズの分離 (p.160) レコードのカプセル化 (p.168)
データの群れ (p.80)	オブジェクトそのものの受け渡し (p.327) クラスの抽出 (p.189) パラメータオブジェクトの導入 (p.146)